できる ポケット

エクセル

Excel 困った！& 便利技 339

Office 2021/2019/2016 & Microsoft 365 対応

きたみあきこ & できるシリーズ編集部

インプレス

本書の読み方

解説

ワザのポイントや、「困った！」への対処方法を解説しています。

操作手順

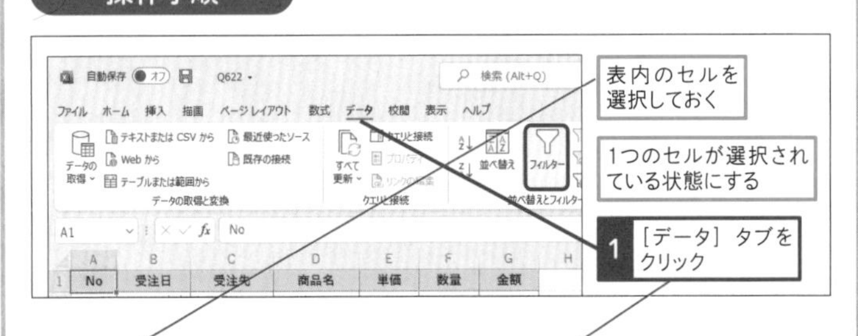

●解説

操作の前提や意味、操作結果について解説しています。

●操作解説

実際の操作を1つずつ説明しています。番号順に操作してください。

関連情報

操作内容を補足する要素を種類ごとに色分けして掲載しています。

●ショートカットキー

ワザに関連したショートカットキーを紹介しています。

●関連ワザ

紹介している機能に関連するワザを参照できます。

●役立つ豆知識

ワザに関連した情報や別の操作方法など、豆知識を掲載しています。

●ステップアップ

一歩進んだ活用方法や、もっと便利に使うためのお役立ち情報を掲載しています。

お役立ち度

各ワザの役立ち度を星の数で表しています。

対応バージョン

各ワザを実行できるバージョンを表しています。

動画で見る

解説している操作を動画で見られます。詳しくは4ページで紹介しています。

176 Q オートフィルターって何？

動画で見る

365 2021 2019 2016

お役立ち度 ★★★

A 便利な抽出機能です

「オートフィルター」の機能を使用すると、見出しのセルに表示されるフィルターボタン（▼）で、簡単にデータの抽出を実行できます。テーブルでは、あらかじめ見出しにフィルターボタンが表示されていますが、通常の表の場合は、以下の手順でフィルターボタンを表示します。

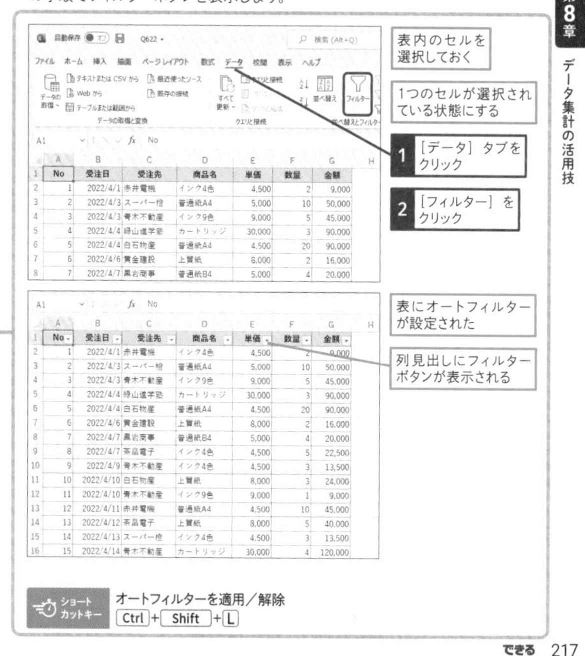

※ここに掲載している紙面はイメージです。実際のレッスンページとは異なります。

ご利用の前にお読みください

本書は、2022 年 8 月現在の情報をもとに Windows 版の「Microsoft 365 の Excel」「Microsoft Excel 2021」「Microsoft Excel 2019」「Microsoft Excel 2016」の操作方法について解説しています。本書の発行後に「Excel」の機能や操作方法、画面などが変更された場合、本書の掲載内容通りに操作できなくなる可能性があります。本書発行後の情報については、弊社の Web ページ(https://book.impress.co.jp/)などで可能な限りお知らせいたしますが、すべての情報の即時掲載ならびに、確実な解決をお約束することはできかねます。また本書の運用により生じる、直接的、または間接的な損害について、著者ならびに弊社では一切の責任を負いかねます。あらかじめご理解、ご了承ください。

本書で紹介している内容のご質問につきましては、巻末をご参照のうえ、お問い合わせフォームかメールにてお問合せください。電話や FAX 等でのご質問には対応しておりません。また、本書の発行後に発生した利用手順やサービスの変更に関しては、お答えしかねる場合があることをご了承ください。

動画について

操作を確認できる動画をYouTube動画で参照できます。画面の動きがそのまま見られるので、より理解が深まります。二次元バーコードが読めるスマートフォンなどからはワザタイトル横にある二次元バーコードを読むことで直接動画を見ることができます。パソコンなど二次元バーコードが読めない場合は、以下の動画一覧ページからご覧ください。

▼動画一覧ページ
https://dekiru.net/ex2021pbp

●用語の使い方

本文中では、「Microsoft Excel 2021」のことを、「Excel 2021」または「Excel」、「Microsoft Windows 11」のことを「Windows 11」または「Windows」、「Microsoft Word 2021」のことを、「Word 2021」または「Word」と記述しています。また、本文中で使用している用語は、基本的に実際の画面に表示される名称に則っています。

●本書の前提

本書では、「Windows 11」に「Microsoft Excel 2021」がインストールされているパソコンで、インターネットに常時接続されている環境を前提に画面を再現しています。

第2章 セル編集とワークシートの便利技

第3章 書式設定の時短と便利技

第4章 印刷の便利技

第5章 集計と関数の便利技

第6章 エラー対処に役立つ解決技

第7章 グラフや図形の便利技

第8章 データ集計の活用技

第9章 ブックとファイルの便利技

第10章 共同作業とアプリ連携の便利技

第11章 ショートカットキーの便利技

●本書に掲載されている情報について

- 本書で紹介する操作はすべて、2022年8月時点の情報です。
- 本書では、「Windows 11」に「Excel 2021」がインストールされているパソコンで、インターネットに常時接続されている環境を前提に画面を再現しています。他のバージョンのExcelの場合は、お使いの環境と画面解像度が異なることもありますが、基本的に同じ要領で進めることができます。
- 本書は2022年8月発刊の『できるExcel パーフェクトブック 困った!&便利ワザ大全 Office 2021/2019/2016 & Microsoft 365対応』の一部を再編集し構成しています。重複する内容があることを、あらかじめご了承ください。

第1章

知っておきたい基本と入力の快適技

Excel上達の第一歩は、基本を確実に習得すること。まずは基礎知識を身に付け、基本中の基本である入力技を覚えましょう。入力作業が効率よく進むことはもちろん、入力ミスも減らせます。

001 Q Microsoft 365って何が違うの？

365 2021 2019 2016
お役立ち度 ★★★

A いつでも最新版の機能が使えます

第1章 知っておきたい基本と入力の快適技

「Microsoft 365 Personal」は、月額や年額の料金を支払う期間契約のサブスクリプション製品です。「Microsoft 365」にはビジネス向けもありますが、「Microsoft 365 Personal」は個人利用向け製品です。
Microsoft 365の最大のメリットは更新を行うことで、常に最新機能を使用できる点です。Office 2021にもOffice 2019にない新機能が追加されましたが、それらの新機能は既にMicrosoft 365に搭載されているものでした。Microsoft 365には、今後も新機能が追加されていくでしょう。
このほか、Microsoft 365 Personalではインストール可能な端末が多い点や、大容量のOneDriveを使用できる点も魅力です。

●Microsoft 365 Personalの料金

契約期間	料金
1カ月	1,284円／月
1年（一括）	12,984円／年

※消費税10％込みでの金額

●複数の端末でいつも最新機能が利用可能

複数台のWindowsパソコンまたはMac

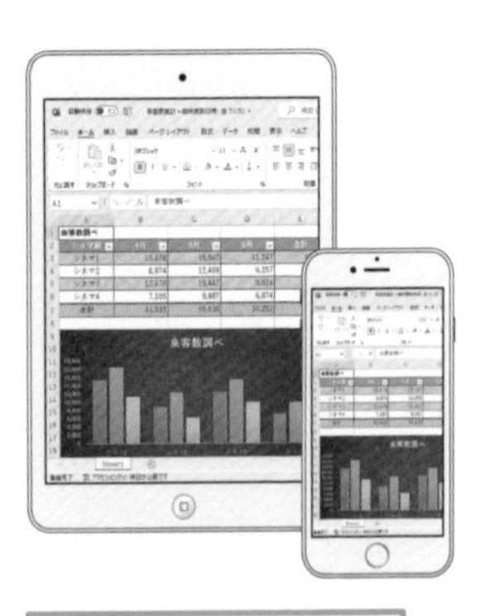

複数台のスマートフォンやタブレット

002 Q タスクバーから簡単に起動できるようにしたい

365 2021 2019 2016
お役立ち度 ★★★

A タスクバーにピン留めします

Excelを起動すると、デスクトップの下部にあるタスクバーにExcelのボタンが表示されます。通常、このボタンはExcelを終了すると消えてしまいますが、以下のように操作するとタスクバーにExcelのボタンが常に表示され、クリックでいつでも簡単にExcelを起動できるようになります。タスクバーのボタンが不要になったときは、右クリックして［タスクバーからピン留めを外す］をクリックしてください。

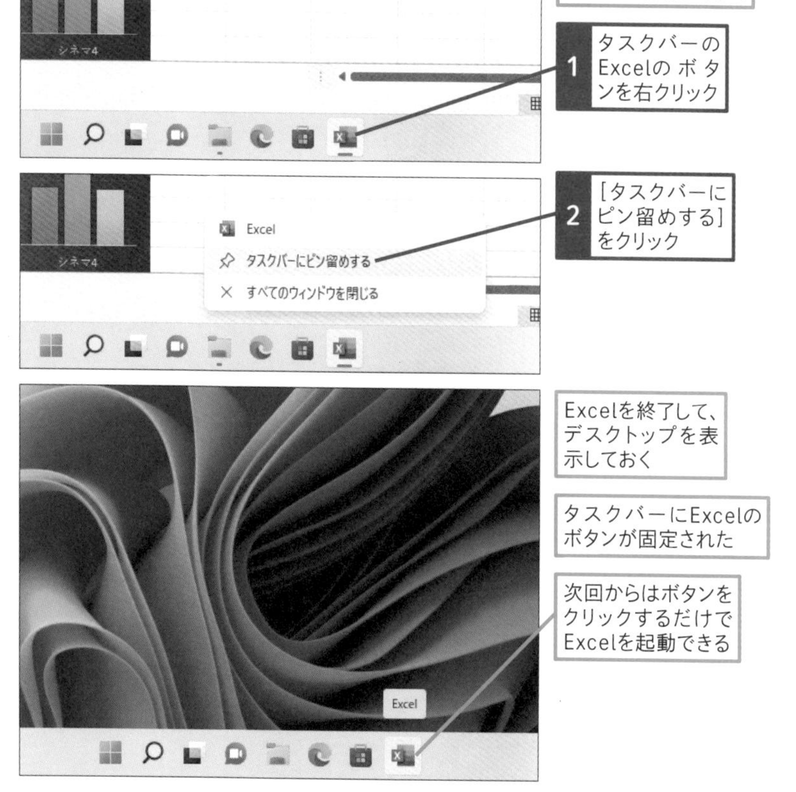

003 Q クイックアクセスツールバーを使いたい

365 2021 2019 2016
お役立ち度 ★★★

A タブを右クリックして表示できます

第1章 知っておきたい基本と入力の快適技

Microsoft 365とExcel 2021の場合、標準の状態でクイックアクセスツールバーは表示されません。表示したい場合は、リボンのいずれかのタブを右クリックして［クイックアクセスツールバーを表示する］をクリックします。初期設定ではリボンの下に表示されますが、表示されたクイックアクセスツールバーを右クリックして［クイックアクセスツールバーをリボンの上に表示］を選択してリボンの上に移動することもできます。クイックアクセスツールバーにボタンを配置する方法は、ワザ004を参照してください。

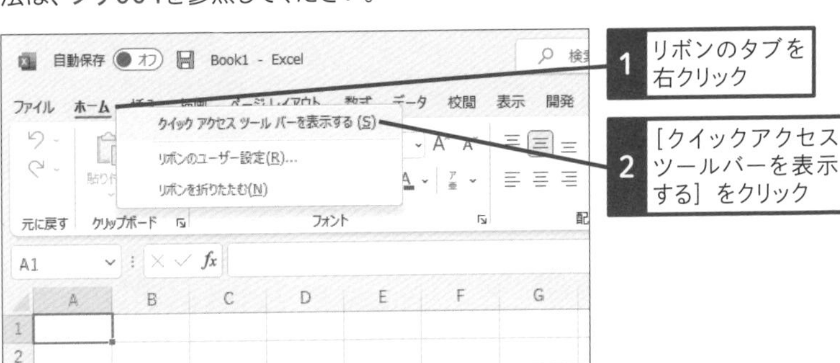

1 リボンのタブを右クリック

2 ［クイックアクセスツールバーを表示する］をクリック

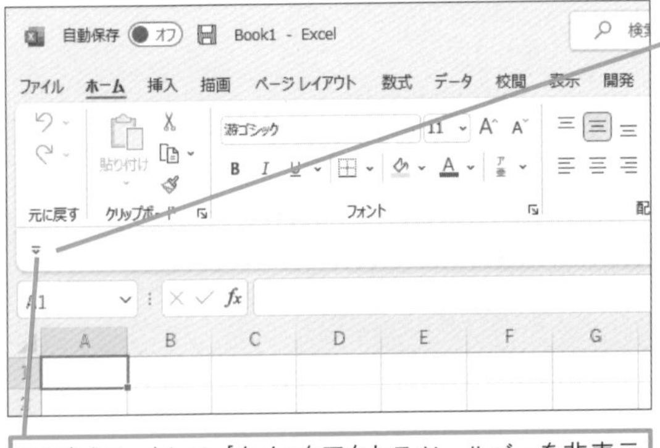

クイックアクセスツールバーが表示された

ここをクリックして［クイックアクセスツールバーを非表示にする］をクリックすると、クイックアクセスツールバーを非表示にできる

004 Q ［元に戻す］や［やり直し］を登録したい

365 2021 2019 2016
お役立ち度 ★★★

A ［クイックアクセスツールバーのユーザー設定］から登録します

頻繁に利用する機能をクイックアクセスツールバーにボタンとして登録しておくと、いつでもワンクリックで実行できるので便利です。［元に戻す］［やり直し］などの基本機能や、［新規作成］［開く］［クイック印刷］などファイルや印刷関連の機能は、［クイックアクセスツールバーのユーザー設定］のメニューから簡単に追加できます。

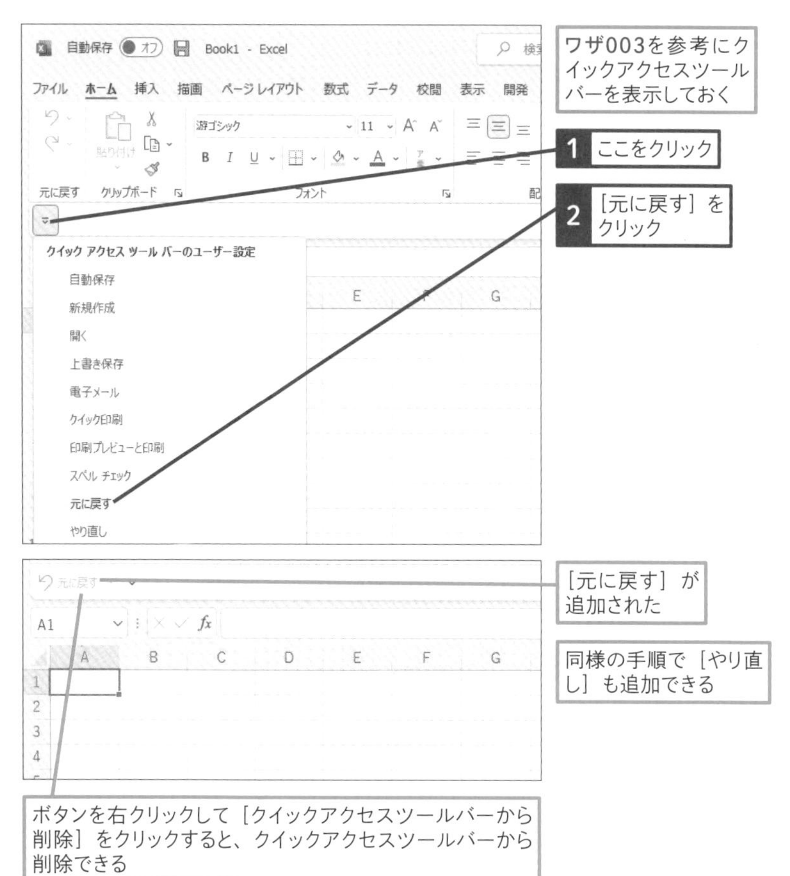

005 Q データを入力する範囲を指定する方法は？

365 2021 2019 2016
お役立ち度 ★★★

A あらかじめ範囲を選択します

あらかじめセル範囲を選択しておくと、その範囲内でアクティブセルを移動しながら入力できます。行方向にZ型に入力したいときはTabキーで、列方向に逆N字型に入力したいときはEnterキーでアクティブセルを移動します。誤って方向キーを押すと選択範囲が解除されてしまうので注意しましょう。

●選択した範囲内で行ごとに移動する場合

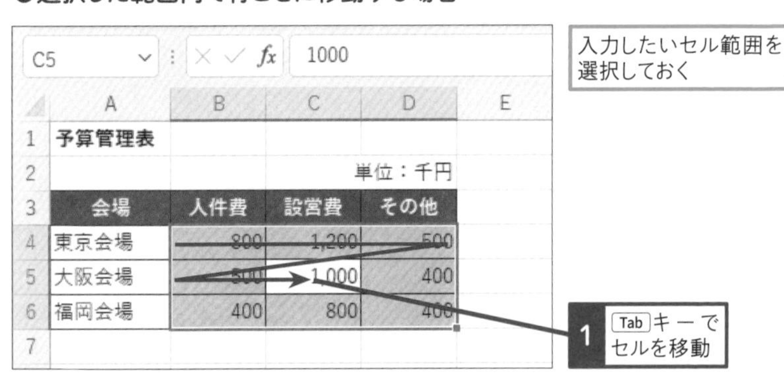

●選択した範囲内で列ごとに移動する場合

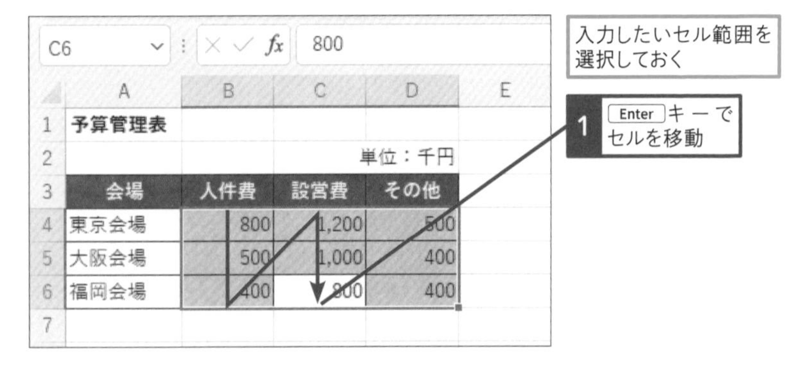

006

Q 入力済みのセルの一部を修正したい

365 2021 2019 2016
お役立ち度 ★★★

A ［編集］モードに切り替えます

セルをダブルクリックするかF2キーを押すと［編集］モードになり、セルの内部にカーソルが表示され、データを部分的に修正できます。セルを選択してそのまま入力すると、データが上書きされてしまうので注意してください。

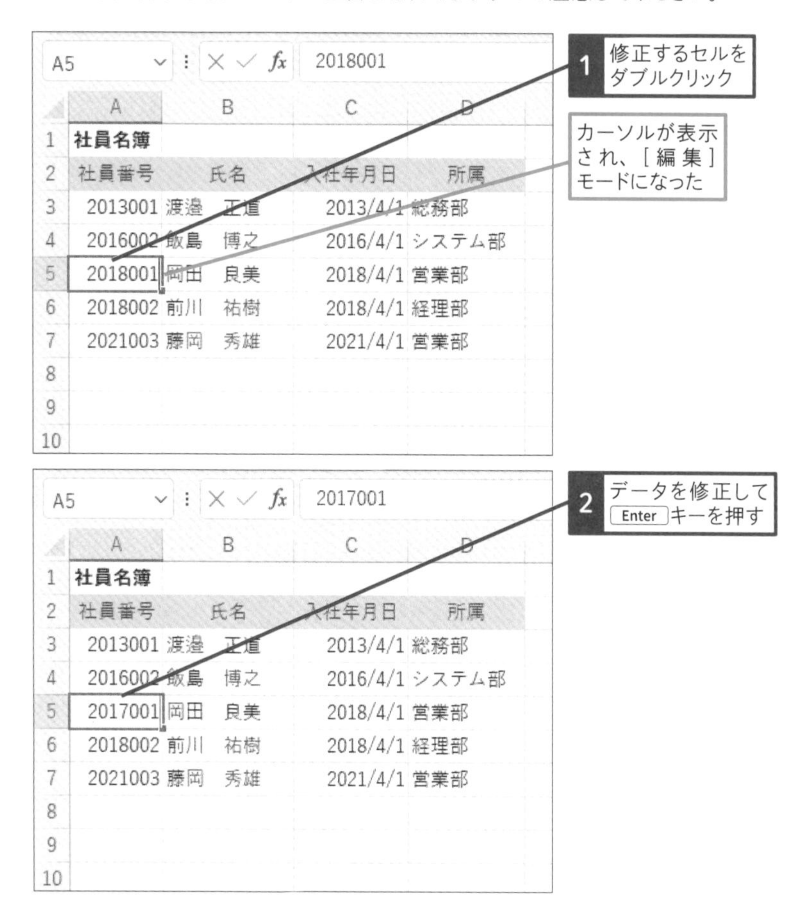

007 Q 数値が「####」と表示されてしまう

365 2021 2019 2016
お役立ち度 ★★★

A 列の幅を広げます

数値が「####」と表示されるのは、列の幅が狭すぎてデータをすべて表示できないためです。試しにセルの幅を広げてみましょう。数値が正しく表示されます。なお、列の幅を変更したくない場合は、フォントサイズを小さくする、表示形式を設定して表示するけた数を少なくする、などの対処方法が考えられます。

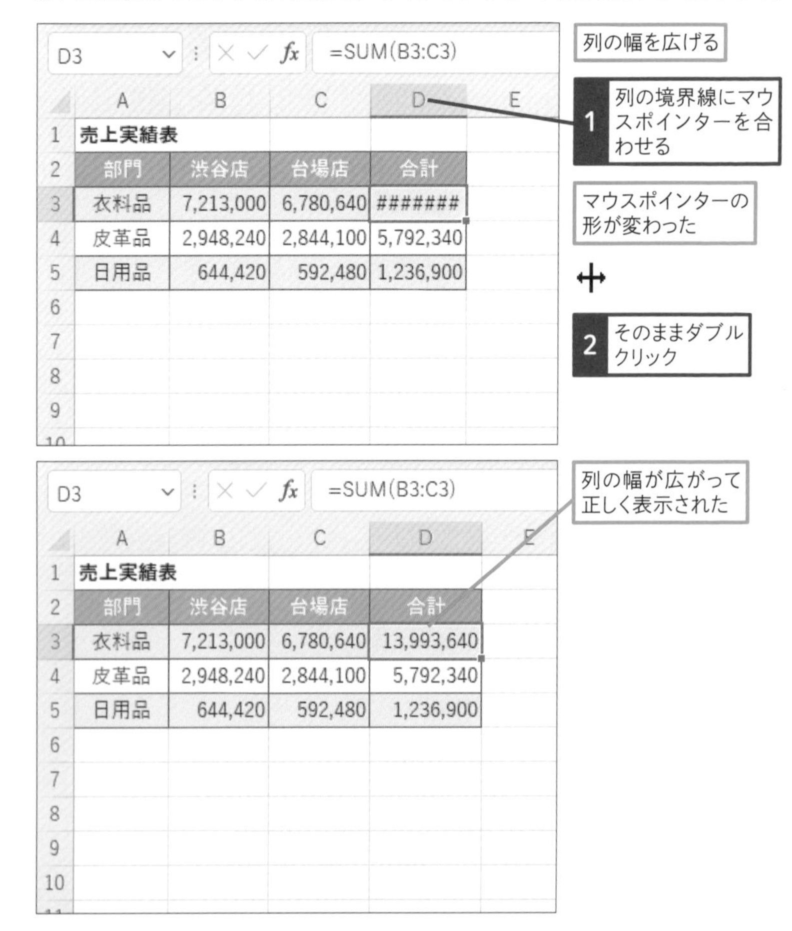

008 Q 数値が「4.E+04」のように表示されてしまう

365 2021 2019 2016
お役立ち度 ★★★

A 列の幅と表示形式を確認します

入力した数値が「1.75E+08」などの指数で表示される原因は、多くの場合、列の幅が狭いためです。列の幅を広げれば、入力した数値が表示されます。列の幅を広げても指数のままの場合は、指数の表示形式が設定されていると考えられます。ワザ009を参考に[数値]や[通貨]などの表示形式を設定しましょう。

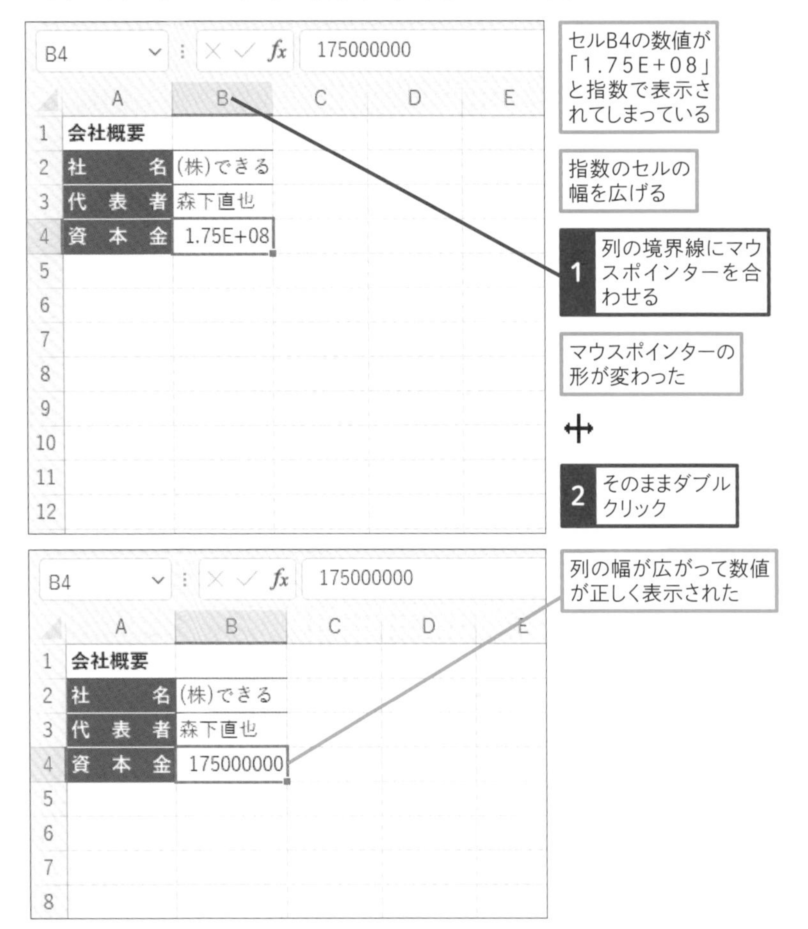

009 Q データを入力した通りにセルに表示したい

365 2021 2019 2016
お役立ち度 ★★★

A 表示形式を［文字列］にします

Excelでは入力したデータが勝手に数値や日付と判断されて、入力したときとは異なるデータに変更されることがあります。入力した通りにセルに表示するには、先頭に「'」（シングルクォーテーション）を付けて、データを文字列として入力します。
もしくは、以下の手順で先にセルの表示形式を［文字列］に変更してからデータを入力します。データを入力してから［文字列］に変更しても、入力したときのデータに戻らないので気を付けましょう。

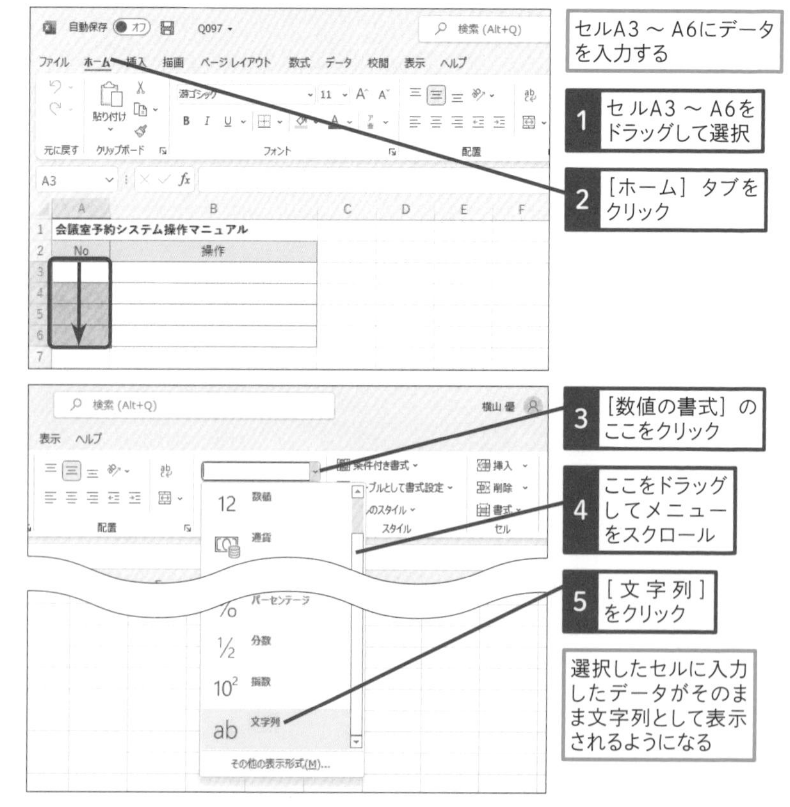

010 「0318」を入力すると「318」と表示されてしまう

365 2021 2019 2016
お役立ち度 ★★★

A 先頭に「'」を付けて入力します

数値の先頭に付けた「0」は、確定時に消えてしまうため、「0318」と入力してもセルには「318」と表示されます。先頭の「0」を表示するには、「'0318」のように「'」（シングルクォーテーション）を付けて入力しましょう。または、ワザ009を参考にセルの表示形式を［文字列］にしてから、「0318」と入力すると「0318」のまま表示できます。
なお、計算に使用する数値の先頭に「0」を付ける方法は、ワザ052を参照してください。

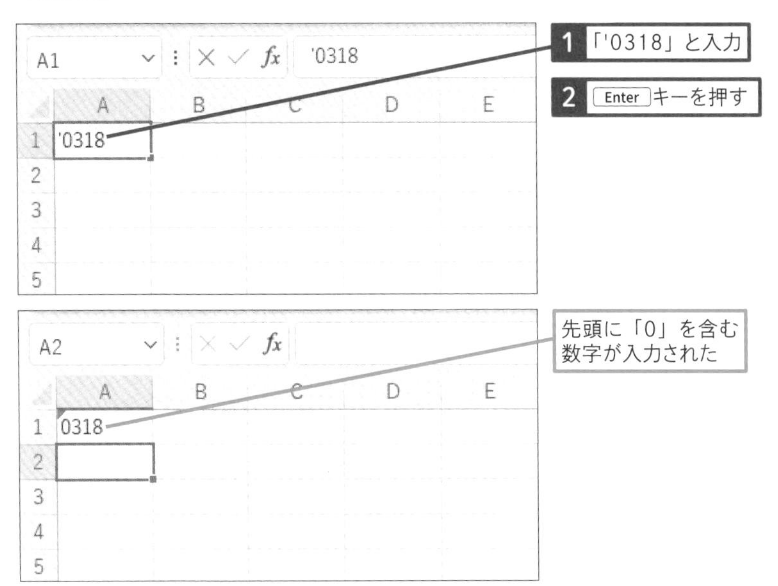

関連 052 先頭に「0」を補って数値を4けたで表示したい ▸ P.76

011 Q 連続するデータを簡単に入力する方法はある?

365 2021 2019 2016
お役立ち度 ★★★

A 「オートフィル」を使います

Excelには、1件目のデータを入力するだけで、隣接するセルに連続するデータを自動作成する「オートフィル」という機能が用意されています。オートフィルを利用するには、データを入力したセルを選択し、右下のフィルハンドルを上下左右のいずれかの方向にドラッグします。この方法で連続データを作成できるのは、日付データ、または、「第1」「1人」のように文字列と数字を組み合わせたデータです。

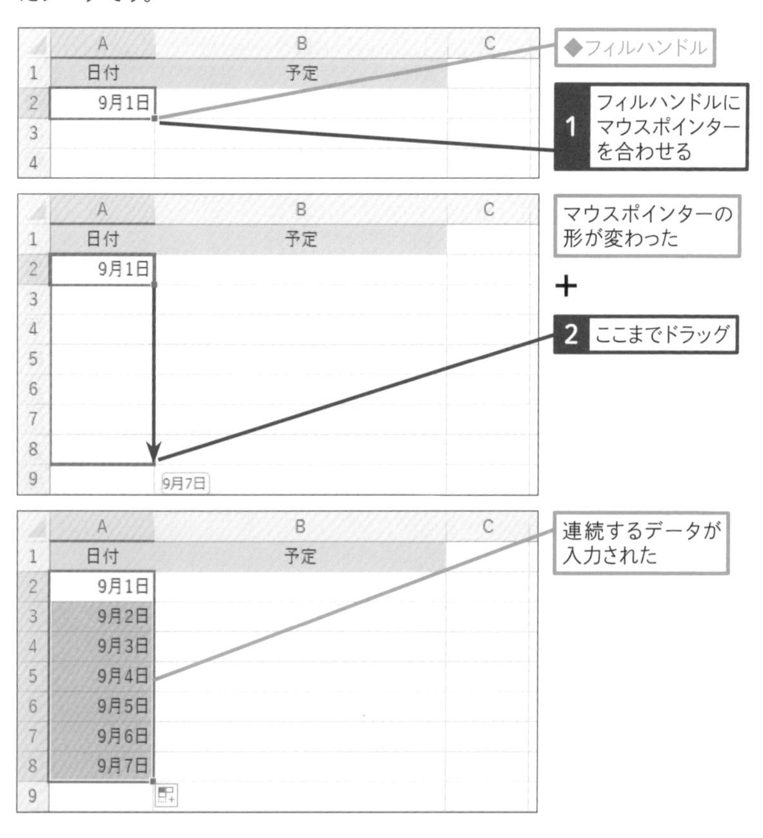

012

Q 「1、2、3……」のような数値の連続データを入力したい

365 2021 2019 2016
お役立ち度 ★★★

A ［オートフィルオプション］から［連続データ］を選択します

数値を入力したセルのフィルハンドルをドラッグすると、連続データは作成されずに、数値がコピーされます。以下の手順のように［オートフィルオプション］ボタンを使用すると、コピーされた数値を連続データに変更できます。また、ワザ013を参考に、セルに「1」と「2」を入力して、それを基にオートフィルを実行しても、数値の連続データを作成できます。
このほか、数値を入力したセルのフィルハンドルを、Ctrlキーを押しながらドラッグしても、数値の連続データを作成できます。なお、日付データや文字列と数字を組み合わせたデータの場合、Ctrlキーを押しながらフィルハンドルをドラッグするとセルのコピーになります。

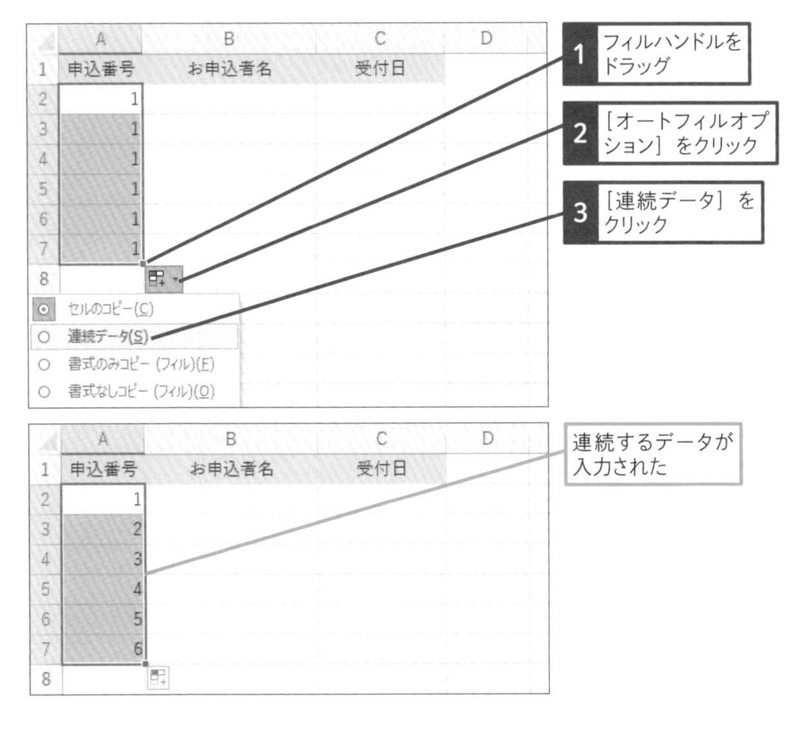

013 Q 10飛びの数を連続して入力したい

365 2021 2019 2016
お役立ち度 ★★★

A 最初の2件のデータを入力します

ワザ012の方法では、1つずつ増加する数値しか作成できません。「10、20、30……」や「2、4、6……」のように自由な増分で連続データを作成したい場合は、最初の2件のデータを入力してそれらのセルを選択し、オートフィルを実行します。

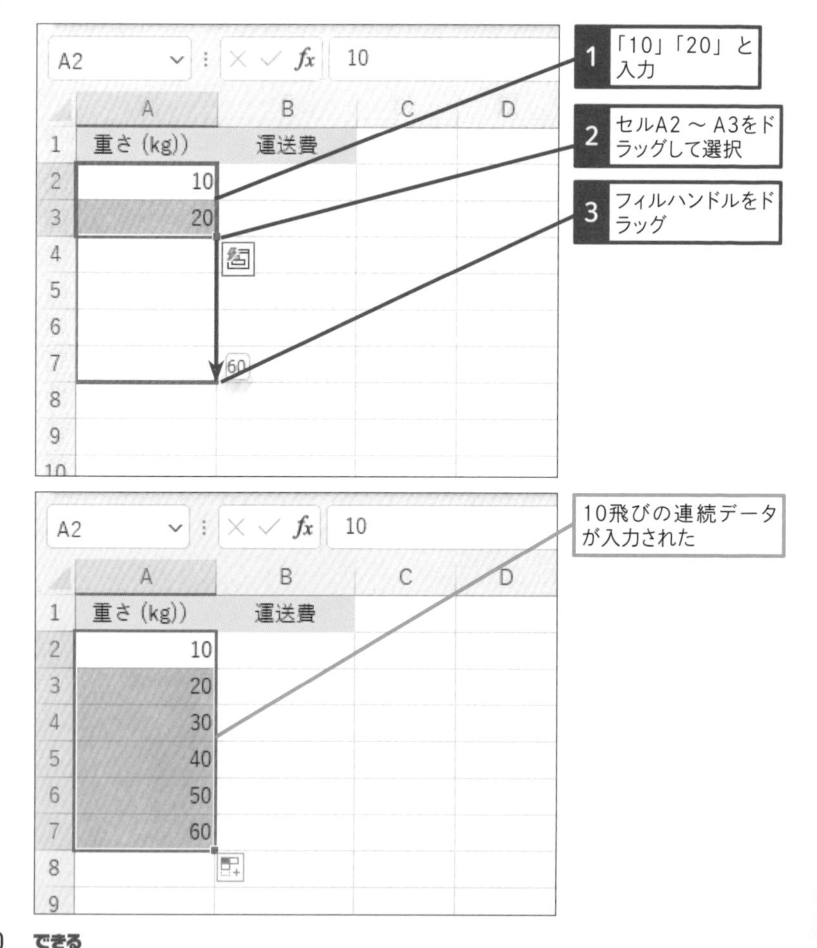

014 Q 独自の連続データを入力できるようにするには

365 2021 2019 2016
お役立ち度 ★★★

A ［ユーザー設定リスト］に登録します

部署名や商品名など、独自のデータを連続データとして扱いたい場合は、あらかじめその並び順をユーザー設定リストに登録しておきましょう。登録した並び順はオートフィルによる連続データの入力や並べ替えの基準として利用できます。なお、リストはパソコンに登録されるので、ほかのファイルでも利用できます。

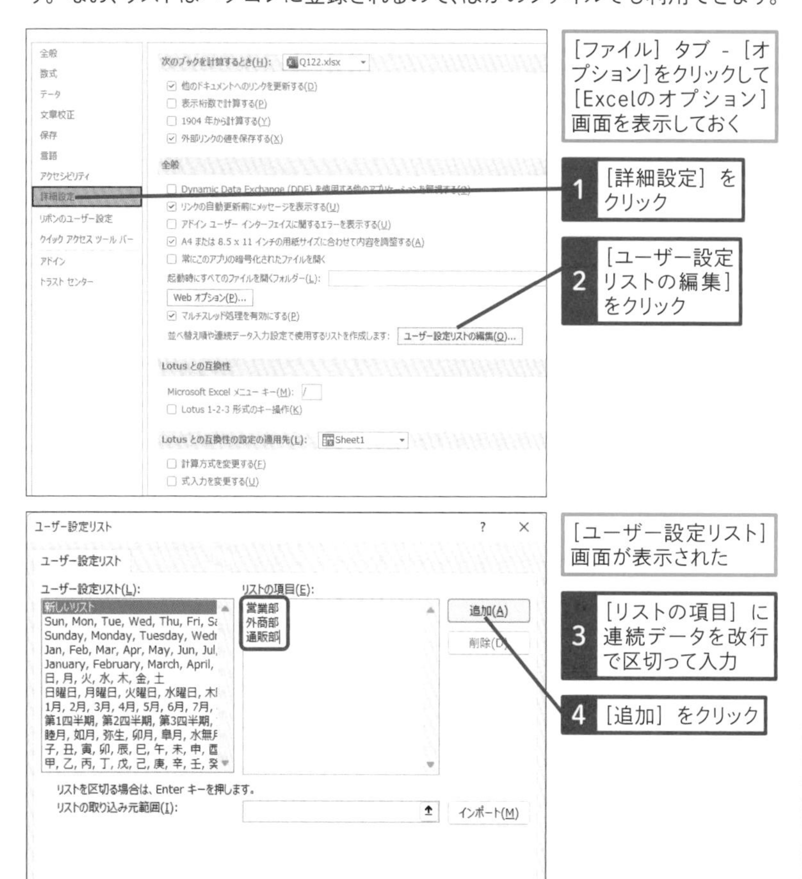

次のページに続く➡

●ユーザー設定リストの登録を完了する

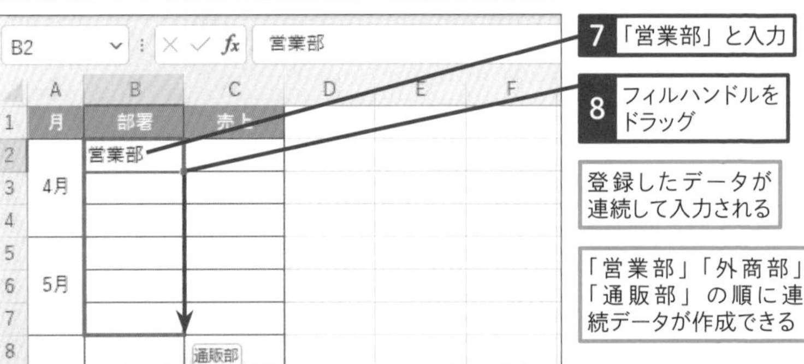

登録したデータが連続して入力される

「営業部」「外商部」「通販部」の順に連続データが作成できる

015 Q オートフィルをもっと素早く実行したい

365 2021 2019 2016
お役立ち度 ★★★

A フィルハンドルをダブルクリックします

隣接する列にすでにデータが入力されている場合、フィルハンドルをダブルクリックするだけで、隣接する列のデータ数と同じ数の連続データを素早く作成できます。1列に入力されているデータ数が多い場合、下までドラッグするのが面倒ですが、その手間が省けるので便利です。

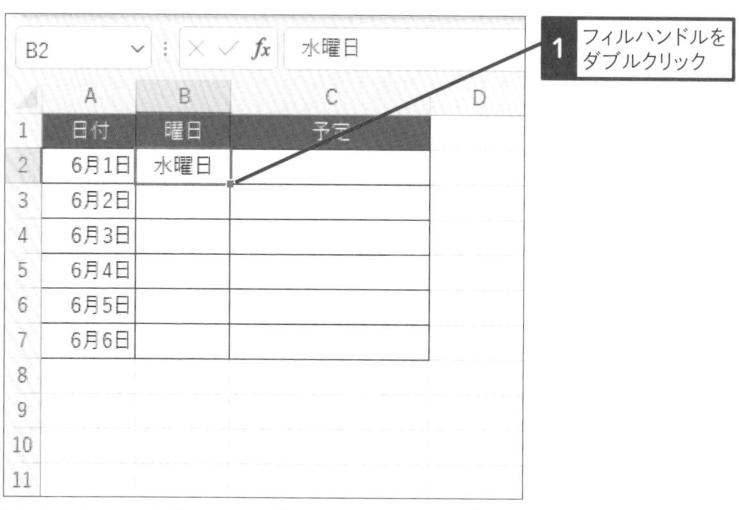

B2 水曜日

連続データが入力された

	A	B	C	D
1	日付	曜日	予定	
2	6月1日	水曜日		
3	6月2日	木曜日		
4	6月3日	金曜日		
5	6月4日	土曜日		
6	6月5日	日曜日		
7	6月6日	月曜日		
8				

016 Q 同じ文字を何度も入力するのが面倒

365 2021 2019 2016
お役立ち度 ★★★

A Alt + ↓ キーを押します

セルに文字を入力するとき、同じ列に同じ文字があれば、このワザで紹介する2つの方法で入力の手間を省けます。Alt + ↓ キーを押せば、同じ列内の連続したセル範囲に入力されている文字データのリストが表示され、選択するだけで入力ができます。また、セルに途中まで文字を入力すると、列内の連続したセル範囲のデータの中から、先頭がその文字と一致するものが入力候補として表示され、Enter キーを押すと確定します。この機能を「オートコンプリート」と呼びます。

●リストを利用する場合

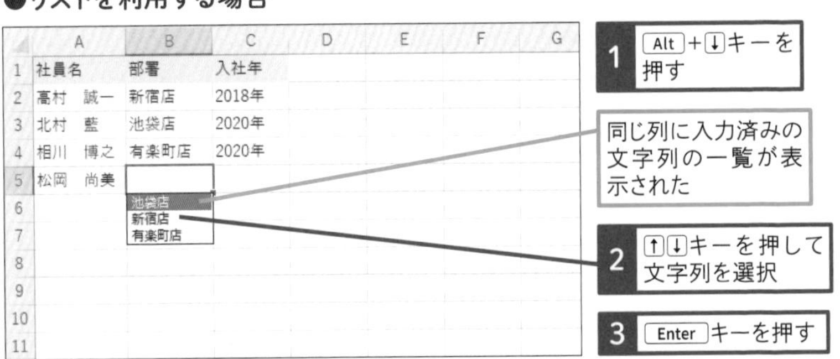

●オートコンプリートを利用する場合

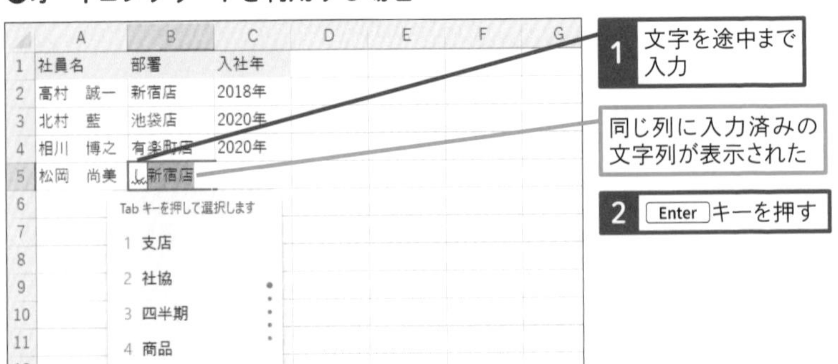

017 Q 入力するデータをリストから選べるようにするには？

365 2021 2019 2016
お役立ち度 ★★★

A ［データの入力規則］で［リスト］を選択します

セルに入力するデータを一覧リストの選択肢から選べるようにするには、［データの入力規則］画面で選択肢を設定します。選択肢は、「データ1,データ2,データ3,……」のように、「,」（カンマ）で区切って指定します。もしくは、選択肢が入力されたセル範囲を「=$A$1:$A$4」の形式で指定したり、名前の付いた範囲を「=名前」の形式で指定することもできます。

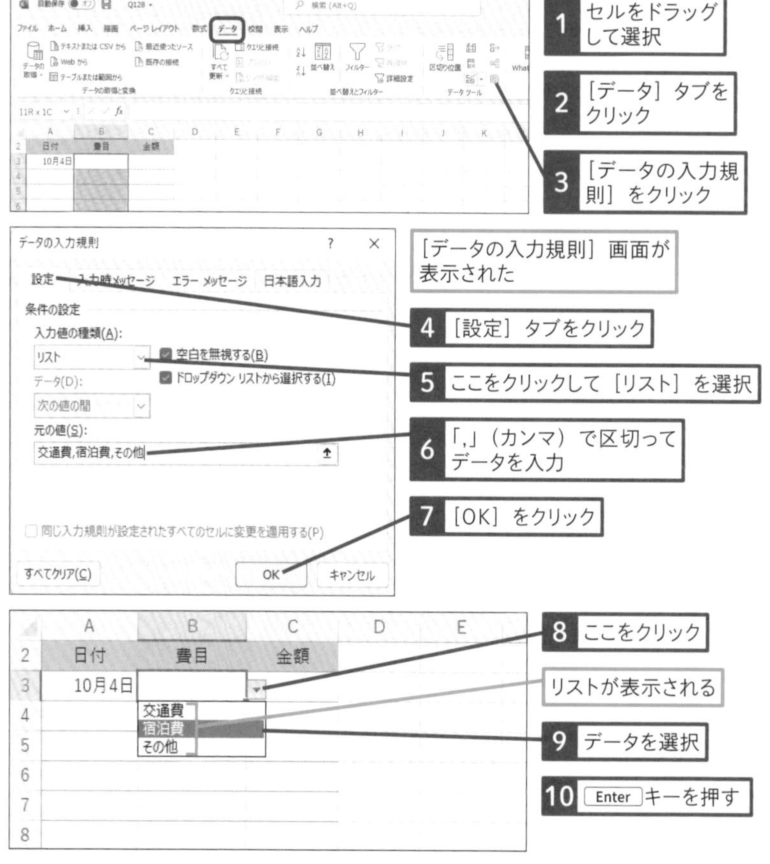

018 Q セルごとに入力モードを自動的に切り替えたい

365 2021 2019 2016
お役立ち度 ★★★

A ［データの入力規則］を設定します

住所録のようにさまざまな種類のデータを入力する表では、頻繁に入力モードの切り替えが必要になり面倒です。例えば、［氏名］の列は［ひらがな］で、［郵便番号］の列は［オフ］でというようにあらかじめ表の列ごとに入力モードを設定しておくと、入力時に入力モードが自動的に切り替わって、効率良く入力できます。

［ひらがな］で入力するセルを選択しておく

ワザ017を参考に［データの入力規則］画面を表示しておく

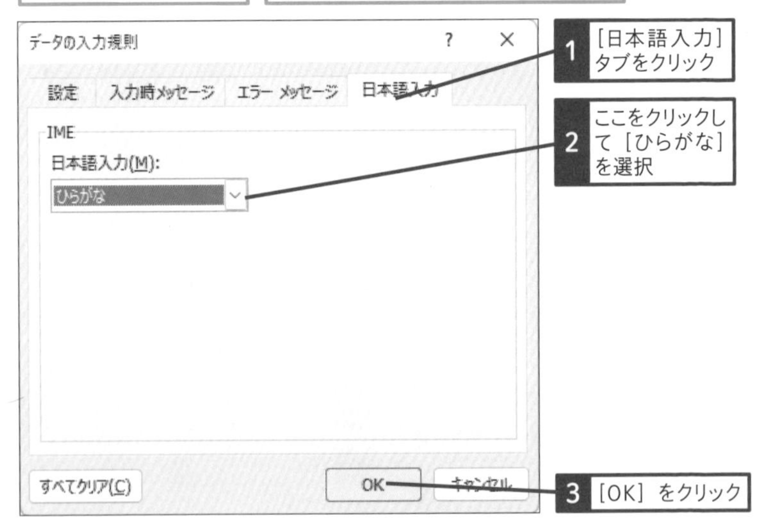

関連017 入力するデータをリストから選べるようにするには? ▸ P.35

関連019 入力できるデータの範囲を制限したい ▸ P.37

019 Q 入力できるデータの範囲を制限したい

365 2021 2019 2016
お役立ち度 ★★★

A ［データの入力規則］で指定します

［データの入力規則］画面で入力可能なデータの種類と条件を設定しておくと、それ以外のデータを入力できなくなります。

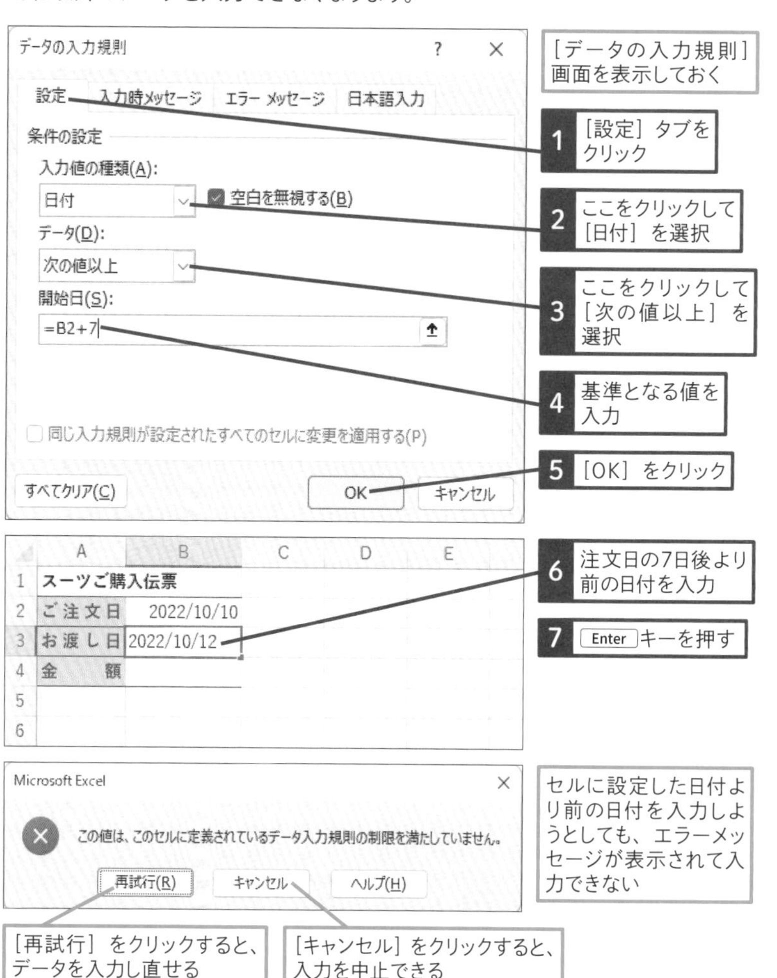

020 Q セル内の氏名から姓だけを取り出したい

365 2021 2019 2016
お役立ち度 ★★★

A ［フラッシュフィル］を使います

［フラッシュフィル］を使用すると、先頭のセルに入力したデータの規則性に基づいて以降のセルにデータを自動入力できます。隣の列のデータを空白の位置で分割したり、隣2列のデータを連結したりしたいときに便利です。オートフィルを使用する方法とリボンやショートカットキーを使用する方法がありますが、後者の方法では、思い通りのデータが入力できなかった場合に［フラッシュフィルオプション］ボタンをクリックして入力を取り消せます。また、後者の方法では表の見出し行とデータ行が自動認識されるので、正しく区別されるように見出し行に太字などの書式を設定しておきましょう。

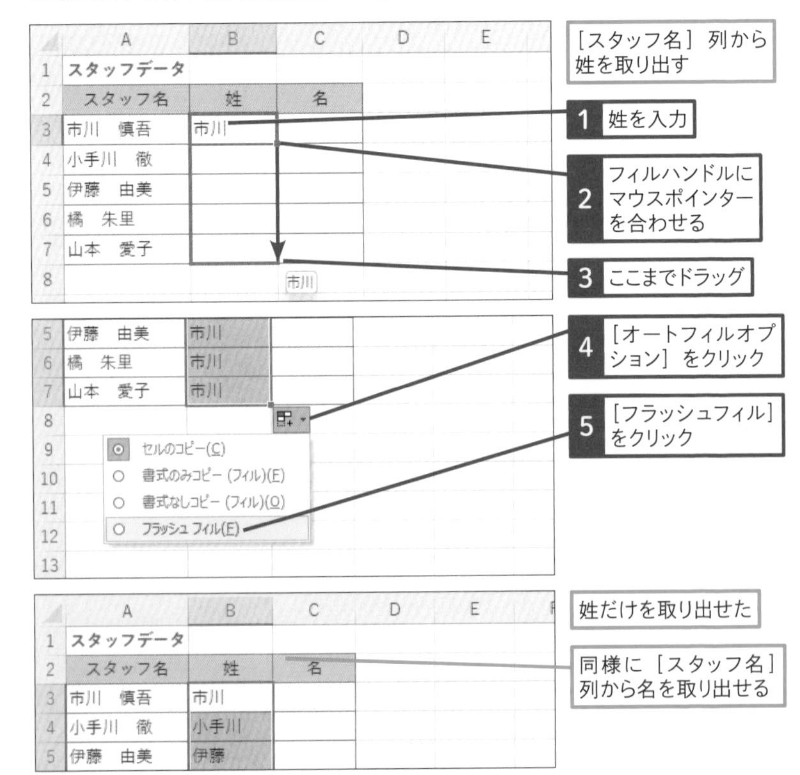

021 Q 郵便番号から住所を素早く入力できる？

365 2021 2019 2016
お役立ち度 ★★

A 郵便番号を入力して変換します

入力モードを[ひらがな]にし、「１５３－００４２」と入力して space キーを押すと、郵便番号に該当すれば変換候補に住所が表示されます。数字の入力だけで住所を簡単に入力できるので便利です。

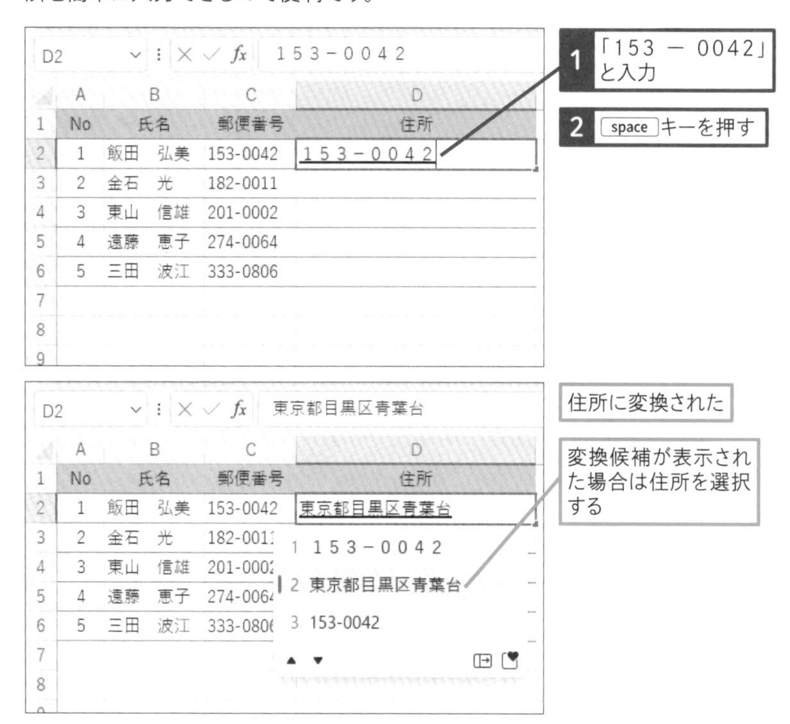

役立つ豆知識

住所から郵便番号を表示する

上記の方法で住所を入力した場合、PHONETIC関数を使用して住所のセルから郵便番号を取り出せます。例えば、郵便番号欄のセルに「=PHONETIC(D2)」と入力すると「153-0042」が表示されます。郵便番号を二重に入力しなくても済むので便利です。

022 Q ふりがなを表示したい

365 2021 2019 2016
お役立ち度 ★★★

A ［ふりがなの表示/非表示］で表示できます

セルを選択して以下のように操作すると、セルにふりがなを表示できます。表示されるふりがなは、キーボードからセルにデータを入力したときの変換前の読みになります。従って、Wordやメールなど、ほかのソフトウェアで入力したデータをExcelにコピーした場合は、ふりがなが表示されません。

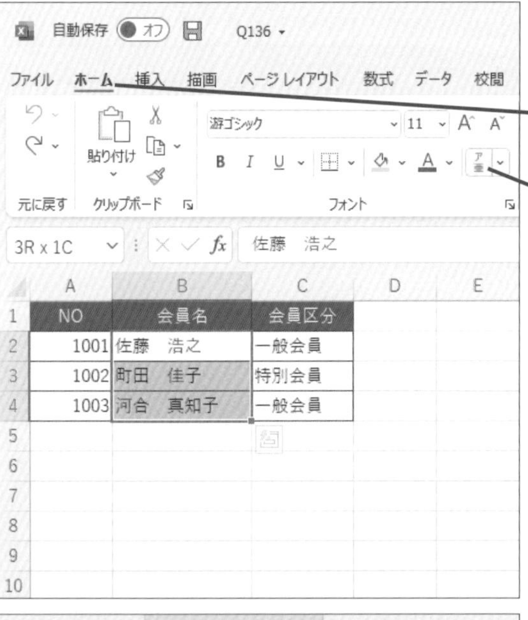

023 Q 「(c)」と入力したいのに「©」に変換されてしまう

365 2021 2019 2016
お役立ち度 ★★★

A オートコレクトをオフにします

「(c)」や「(r)」と入力すると「©」や「®」に変換されてしまうのは、オートコレクトで自動修正する項目リストにこれらのデータが登録されているためです。「(c)」や「(r)」とそのまま入力したい場合は、オートコレクトの機能を一時的にオフにしてから入力を行いましょう。「i」と入力したいのに大文字の「I」に変換されて困るという場合も、同様の操作で対処できます。

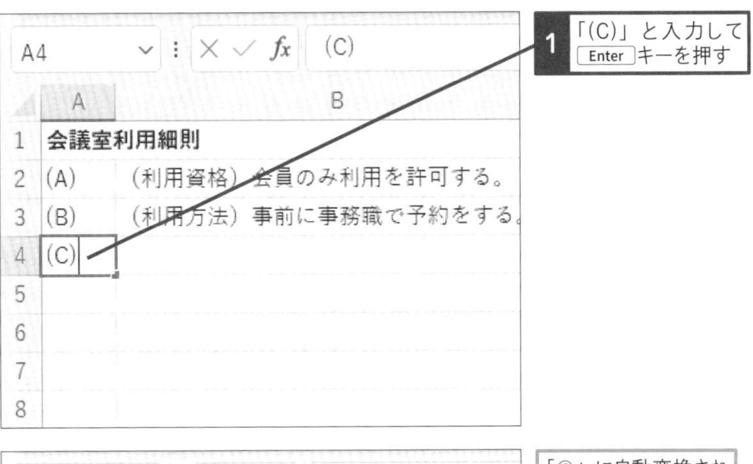

A5

	A	B
1	会議室利用細則	
2	(A)	(利用資格) 会員のみ利用を許可する。
3	(B)	(利用方法) 事前に事務職で予約をする。
4	©	
5		
6		
7		
8		

「©」に自動変換されてしまう

次のページに続く ➡

●オートコレクトをオフにする

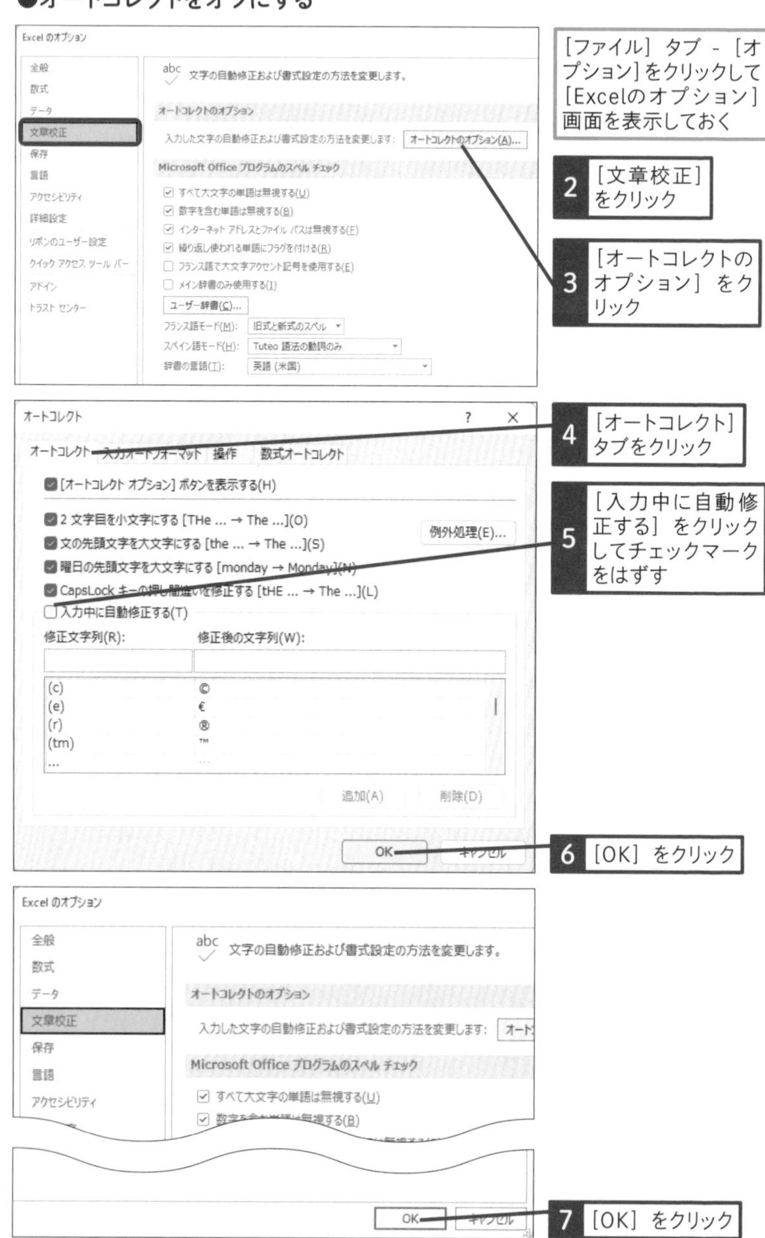

第2章

セル編集とワークシートの便利技

この章では、表を作成するときに役立つ編集技を紹介します。コピーや移動、挿入や削除のワザを駆使すれば、作成済みの表やワークシートをとことん使い回せます。日々の作業もグンと楽になるでしょう。

024 Q 離れたセルを同時に選択できる？

365 2021 2019 2016
お役立ち度 ★★★

A Ctrlキーを押しながら選択します

離れたセル範囲を選択するには、最初のセルを選択した後、Ctrlキーを押しながら離れたセル範囲を選択します。Ctrlキーを押さないと、前に選択したセル範囲の選択が解除されてしまうので注意してください。

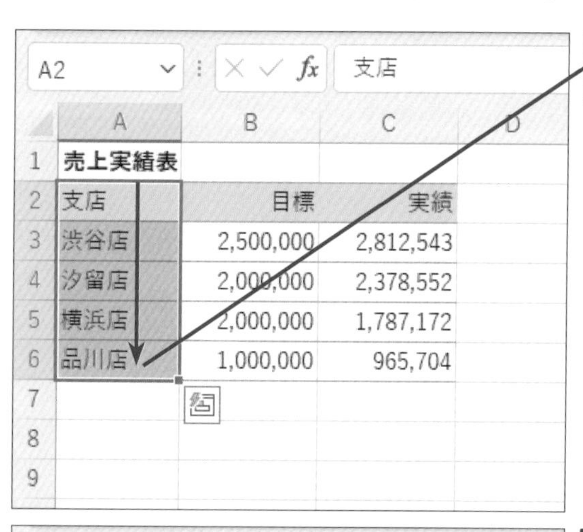

C2
実績

	A	B	C	D
1	売上実績表			
2	支店	目標	実績	
3	渋谷店	2,500,000	2,812,543	
4	汐留店	2,000,000	2,378,552	
5	横浜店	2,000,000	1,787,172	
6	品川店	1,000,000	965,704	

2 Ctrlキーを押しながらセルC2 ～ C6をドラッグして選択

離れたセル範囲が同時に選択できる

第2章 セル編集とワークシートの便利技

025 Q 広いセル範囲を正確に選択するには

365 2021 2019 2016
お役立ち度 ★★★

A Shift キーを押しながら最後のセルを選択します

スクロールを伴うような広大なセル範囲をドラッグで選択する場合、表の終わりに近づくと自動的にドラッグのスピードが落ちます。しかし、うっかり表の終点を見過ごしてしまうこともあるでしょう。広大なセル範囲を選択するときは、始点をクリックしたあと、スクロールバーでスクロールしながら落ち着いて終点を探し、Shift キーを押しながらクリックすれば、確実に選択できます。

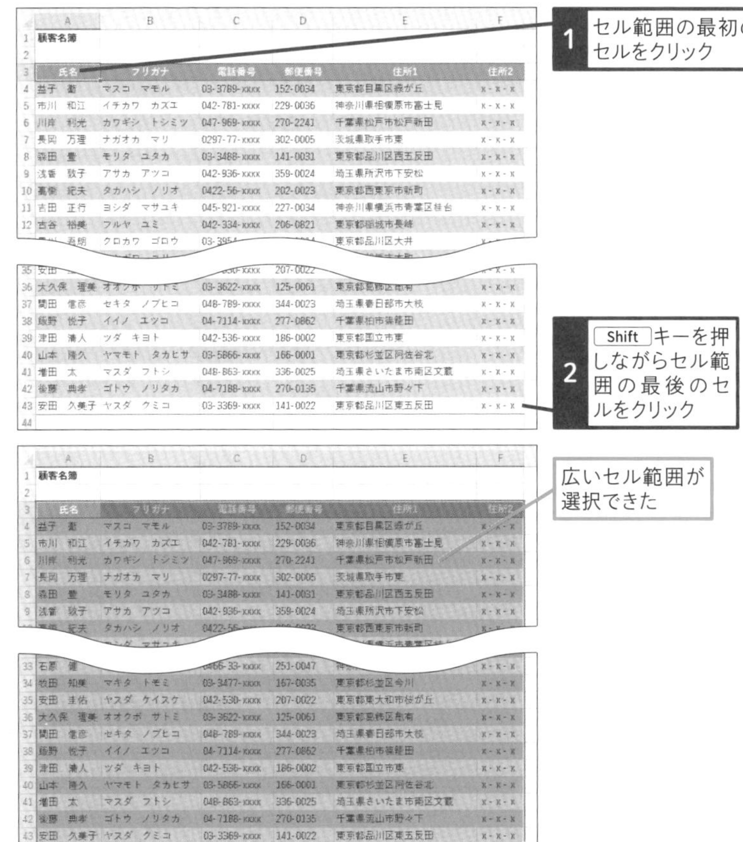

026 Q 数値が入力されたセルだけを選択したい

365 2021 2019 2016
お役立ち度 ★★★

A ［検索と選択］で条件を指定します

表内の見出しや数式は残して、数値データだけを削除したいときなどは、数値が入力されているセルだけを選択できると便利です。以下の手順で［選択オプション］画面を表示し、［定数］をクリックして［数値］だけにチェックマークを付ければ、数式や文字列を除いた数値データのセルのみを選択できます。なお、以下の手順のようにあらかじめセル範囲を選択しておくと、指定したセル範囲内の数値データが選択されます。最初にセルを1つだけ選択していた場合は、ワークシート全体が対象になります。

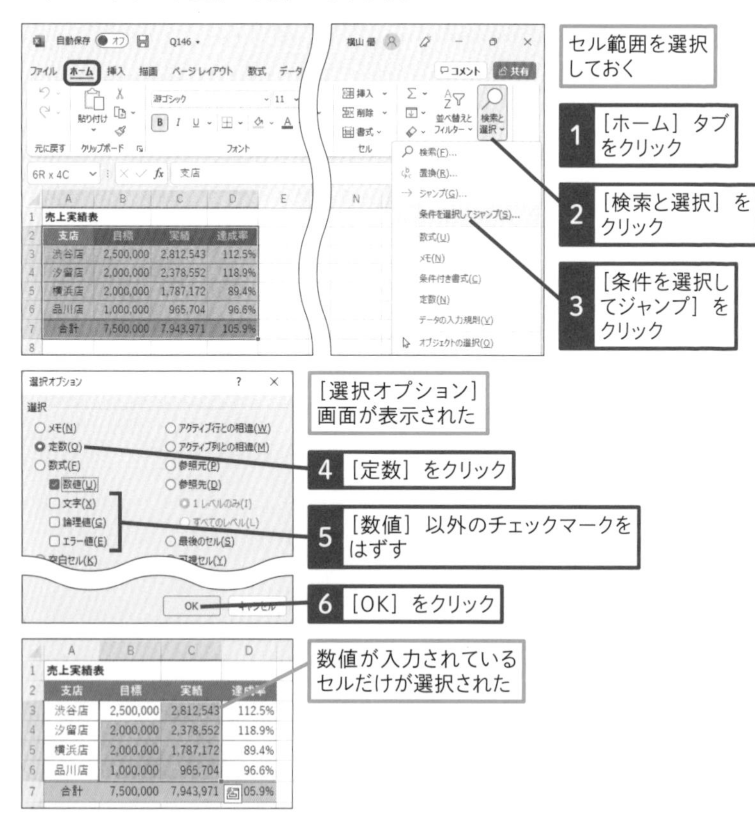

027 Q 表を移動またはコピーしたい

365 2021 2019 2016
お役立ち度 ★★★

A クリップボードを使います

遠くのセルやほかのワークシートに表を移動/コピーするには、切り取り/コピーと貼り付けを別々に行います。切り取り/コピーを実行すると、表が「クリップボード」と呼ばれる記憶場所に保管されます。貼り付けを実行すると、クリップボードから表が取り出されて貼り付けられます。なお、コピーを実行したときにセル範囲が点滅しますが、点滅している間は何度でも繰り返し貼り付けを実行できます。

●リボンを使う場合

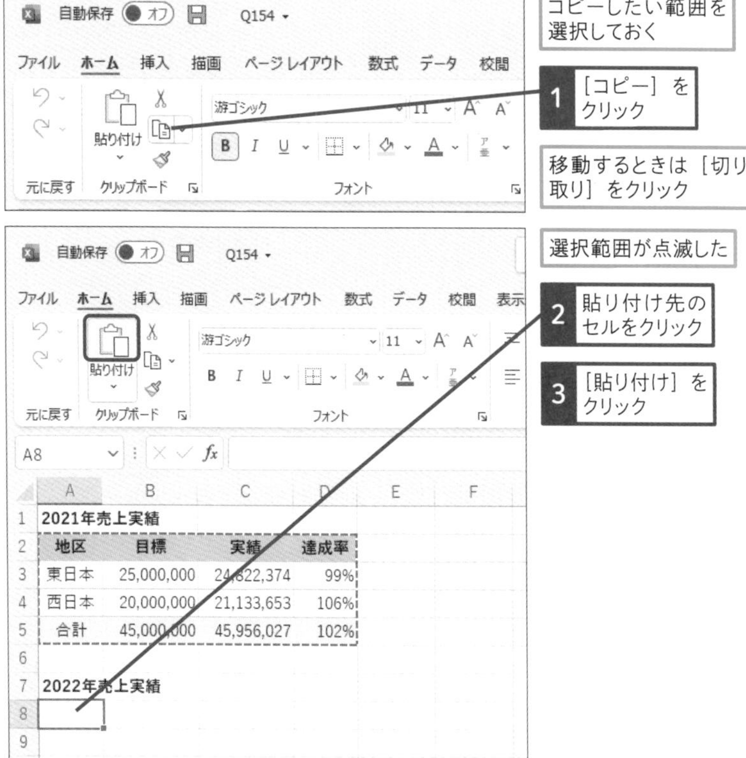

次のページに続く➡

●表が貼り付けられた

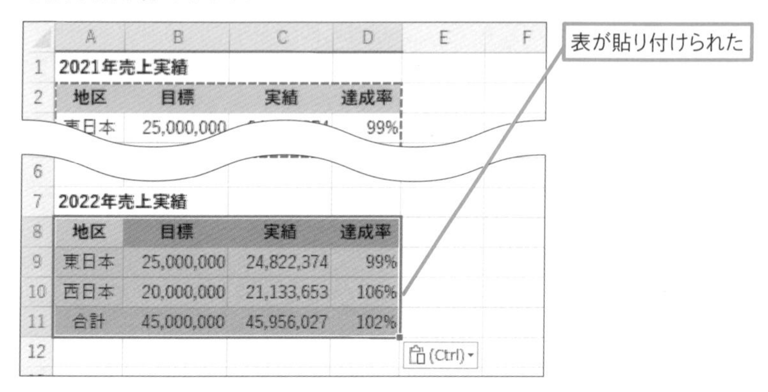

●右クリックメニューを使う場合

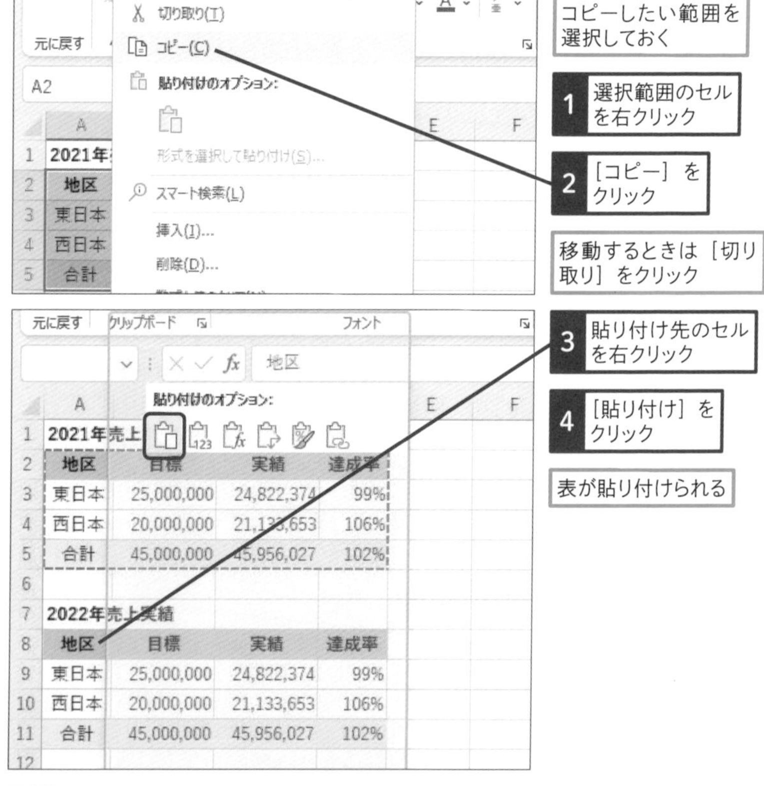

028 Q 元の列の幅のまま表をコピーできる？

365 2021 2019 2016

お役立ち度 ★★★

A 貼り付けオプションで［元の列幅を保持］を選択します

表を丸ごとコピーして貼り付けたときに、列の幅が変わってしまい不便に感じることがあります。元の列の幅をコピー先の表にも反映させたいときは、以下の手順のように操作しましょう。

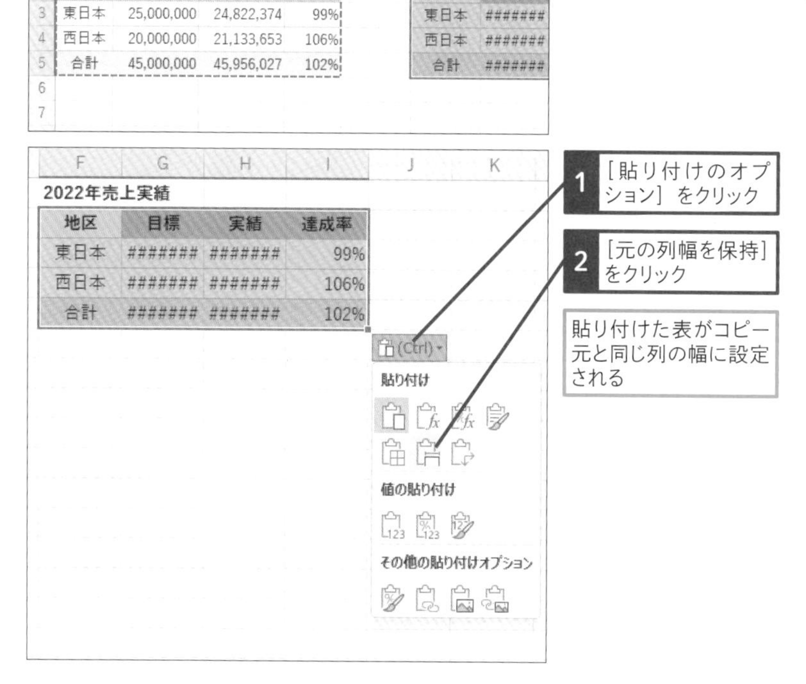

029 Q 数式ではなく計算結果をコピーしたい

365 2021 2019 2016
お役立ち度 ★★★

A 値として貼り付けます

数式が入力されたセルをコピーして貼り付け操作を行うと、数式そのものがコピーされます。しかし、計算結果を固定しておきたいときなど、数式ではなくセルに表示されている値そのものをコピーしたい場合があります。コピーを実行した後、以下のように操作すると、表示されている値のみを貼り付けられます。

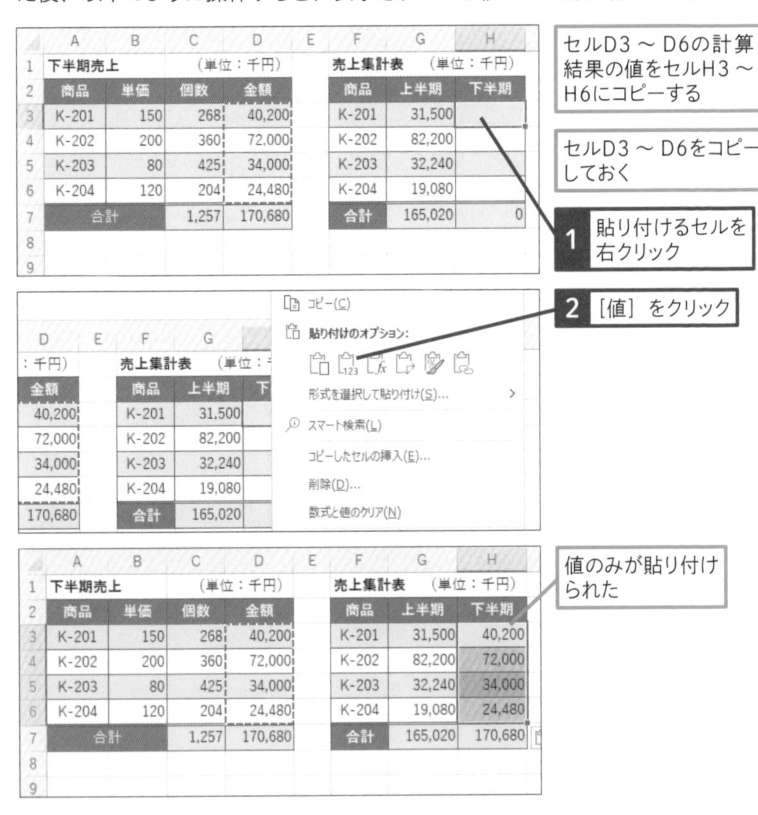

商品	単価	個数	金額
K-201	150	268	40,200
K-202	200	360	72,000
K-203	80	425	34,000
K-204	120	204	24,480
合計		1,257	170,680

商品	上半期	下半期
K-201	31,500	40,200
K-202	82,200	72,000
K-203	32,240	34,000
K-204	19,080	24,480
合計	165,020	170,680

030 Q 書式だけをコピーするには

365 2021 2019 2016
お役立ち度 ★★★

A [書式のコピー/貼り付け] ボタンを使います

[書式のコピー/貼り付け] ボタンを使用すると、罫線や色、フォントなど、セルの書式だけをまとめて別のセルにコピーできます。

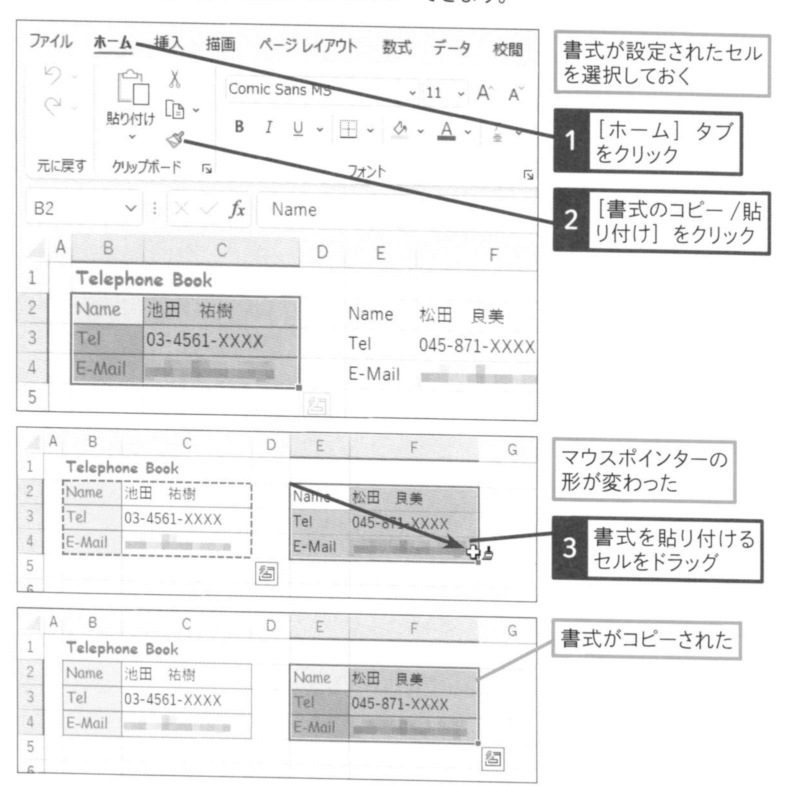

役立つ豆知識

繰り返し書式をコピーできる?

[書式のコピー/貼り付け] ボタンをダブルクリックします。[書式のコピー/貼り付け] ボタン( ) をダブルクリックすると、連続して貼り付け操作を行えます。解除するには、もう一度 [書式のコピー/貼り付け] ボタン ( ) をクリックしましょう。

031 Q 列幅が異なる表を同じシートに並べたい

365 2021 2019 2016
お役立ち度 ★★★

A 表を図として貼り付けます

通常、セルをコピー/貼り付けするとセルとして貼り付けられますが、以下の手順で操作すると、画像として貼り付けることができます。別々のワークシートに作成した複数の表を1ページに印刷したいときに、画像として貼り付けて並べれば、列の幅が異なる表でもバランスよく配置できます。このワザのように［リンクされた図］を選ぶと、貼り付けた画像がコピー元の表とリンクします。画像そのものは編集できませんが、元の表のデータを変更すると、画像に反映されます。

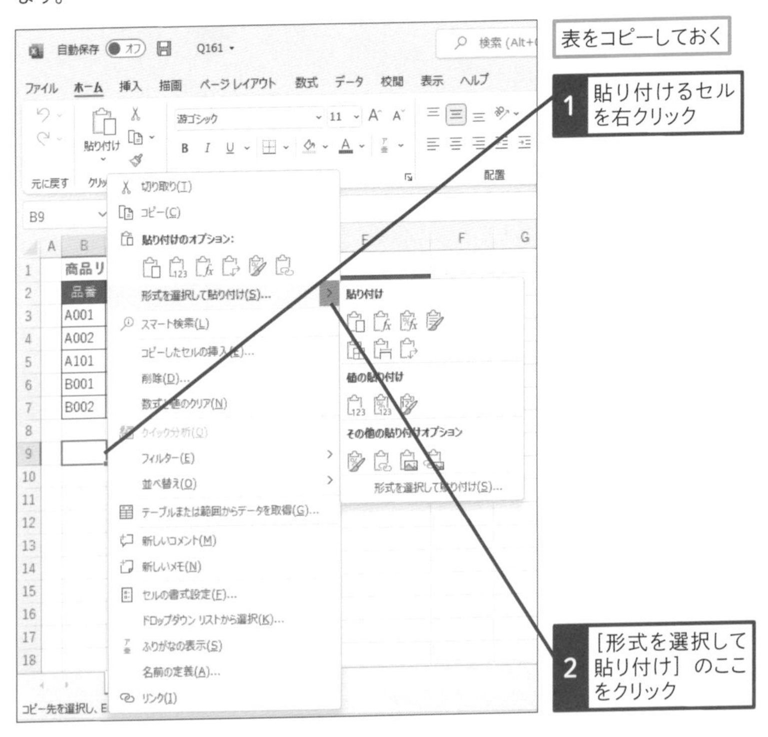

ショートカットキー 選択範囲をコピー
Ctrl + C

●セルを画像として貼り付ける

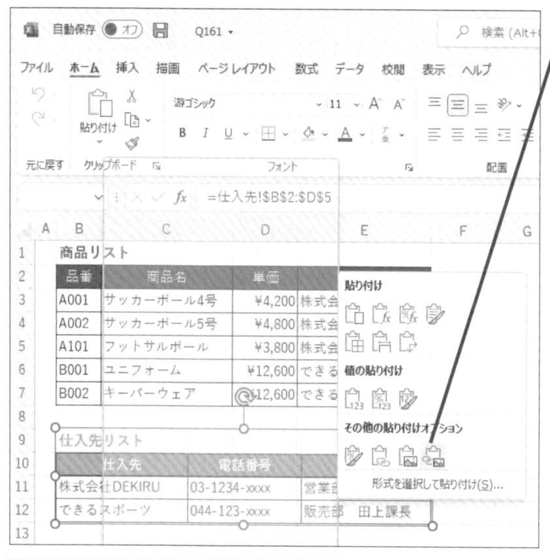

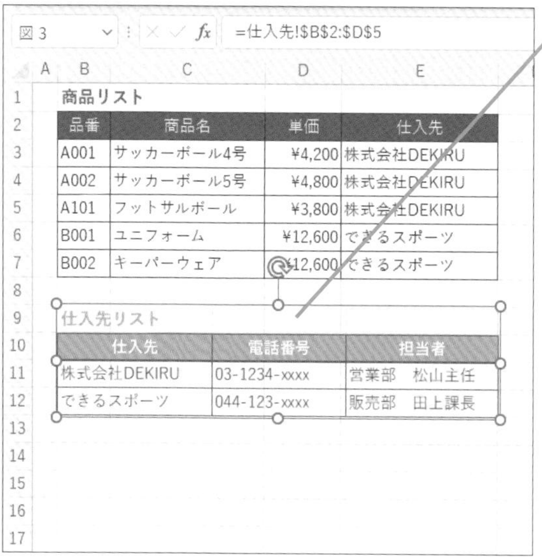

032 Q 列を丸ごとほかの列の間に移動／コピーするには

365 2021 2019 2016
お役立ち度 ★★★

A 列の境界線を Shift キーを押しながらドラッグします

列をほかの列の間に移動する場合は、選択した列の境界線にマウスポインターを合わせて、Shift キーを押しながらドラッグします。コピーの場合は Ctrl キーも同時に押して操作しましょう。

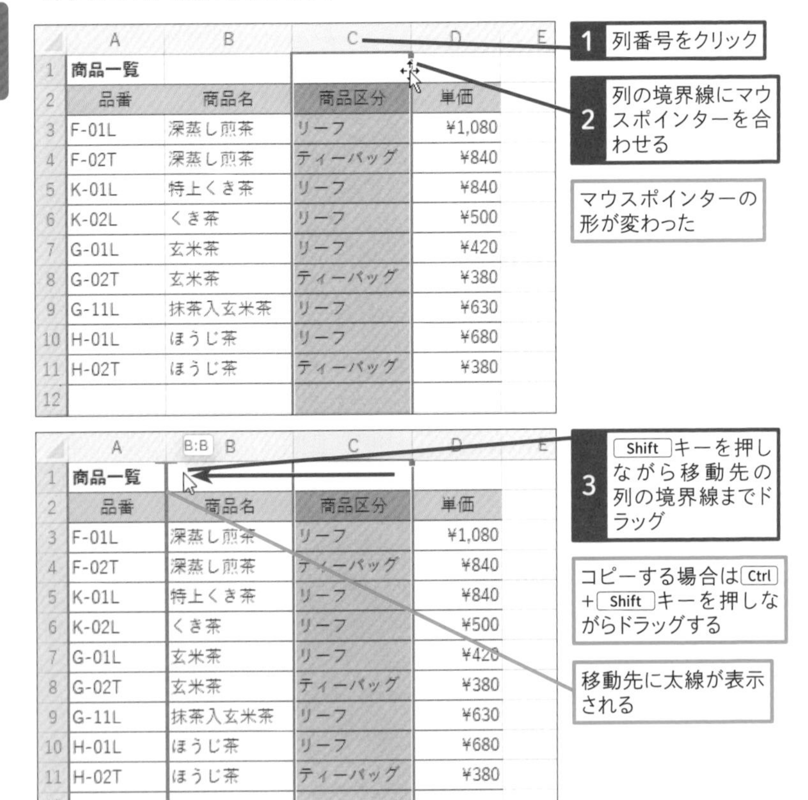

	A	B	C	D
1	商品一覧			
2	品番	商品名	商品区分	単価
3	F-01L	深蒸し煎茶	リーフ	¥1,080
4	F-02T	深蒸し煎茶	ティーバッグ	¥840
5	K-01L	特上くき茶	リーフ	¥840
6	K-02L	くき茶	リーフ	¥500
7	G-01L	玄米茶	リーフ	¥420
8	G-02T	玄米茶	ティーバッグ	¥380
9	G-11L	抹茶入玄米茶	リーフ	¥630
10	H-01L	ほうじ茶	リーフ	¥680
11	H-02T	ほうじ茶	ティーバッグ	¥380

033 Q セルをほかのセルの間に挿入するには

365 2021 2019 2016
お役立ち度 ★★★

A ［セルの挿入］を選択します

セルを挿入するときに［下方向にシフト］を指定すると、選択範囲にあった元のデータを下の行にずらして移動できます。右にずらして挿入も可能です。

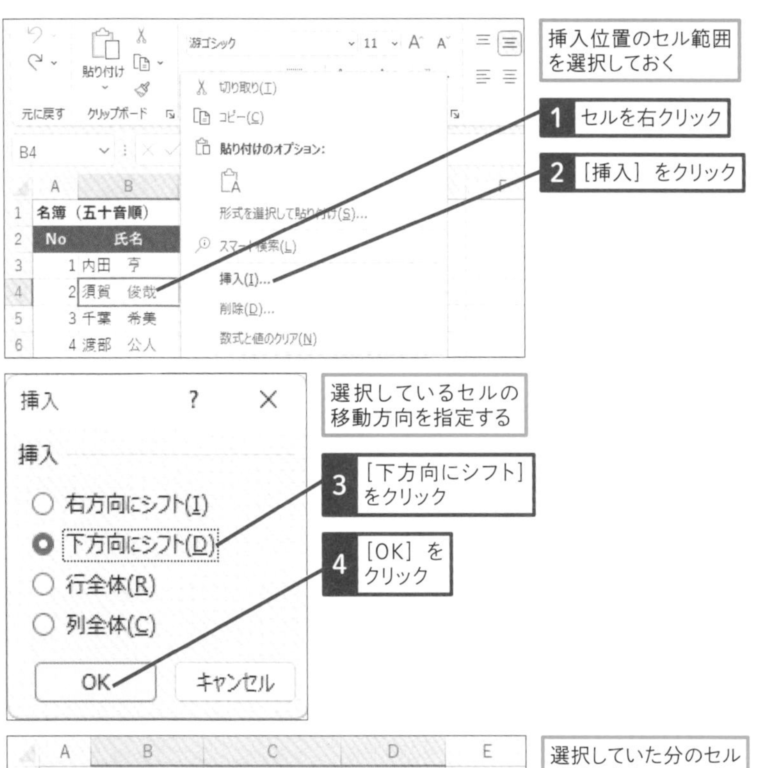

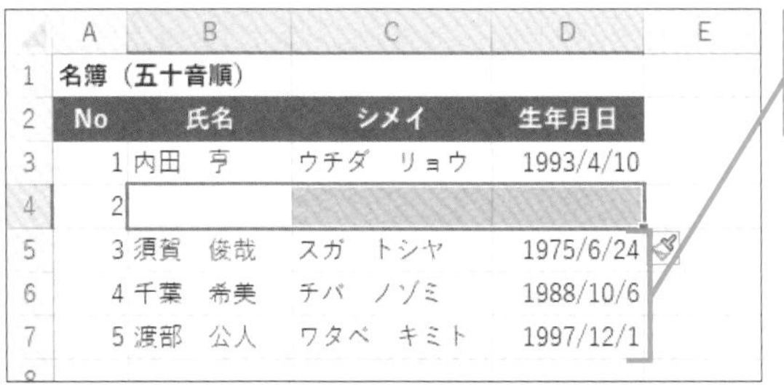

034 Q 表に行や列を挿入したい

365 2021 2019 2016
お役立ち度 ★★★

A 行や列を選択して［挿入］をクリックします

行や列を選択して［挿入］ボタンをクリックすると、選択した行の上側もしくは選択した列の左側に新しい行や列が挿入されます。行番号または列番号を右クリックして表示されるショートカットメニューから、行や列を挿入することもできます。

●右クリックを使う場合

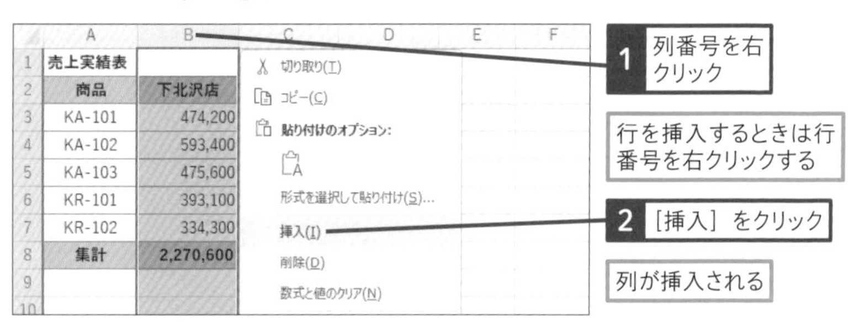

●［ホーム］タブを使う場合

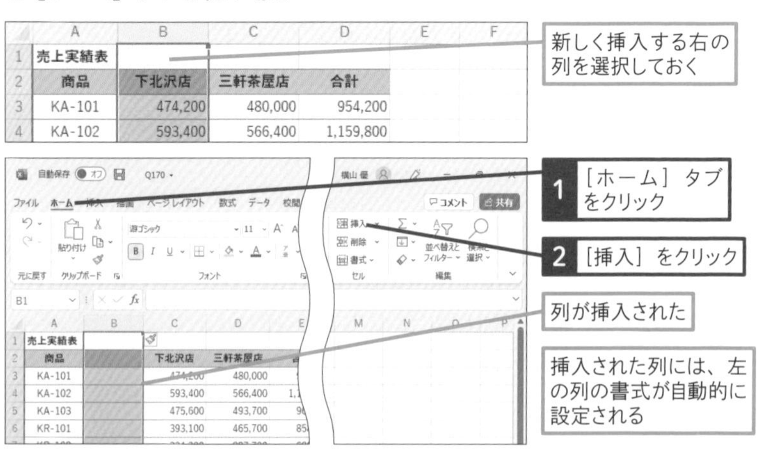

ショートカットキー
行や列を挿入
Ctrl + Shift + ;

035 Q 書式を引き継がずに行や列を挿入できる？

365 2021 2019 2016
お役立ち度 ★★★

A ［挿入オプション］で書式をクリアします

行を挿入すると、新しい行にすぐ上の行の書式が引き継がれます。また、列を挿入すると、新しい列に左隣の列の書式が引き継がれます。上下左右の書式を引き継がず、新しい行や列を挿入するには、行や列を挿入した後で［挿入オプション］ボタンを利用して書式をクリアします。

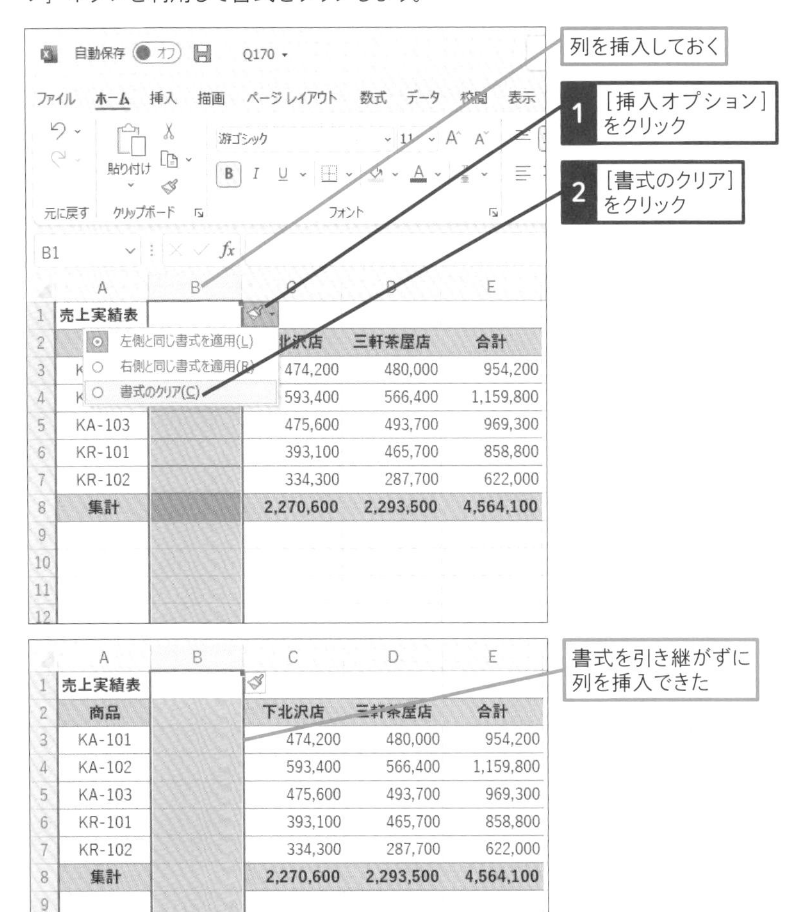

	A	B	C	D	E
1	売上実績表				
2	商品		下北沢店	三軒茶屋店	合計
3	KA-101		474,200	480,000	954,200
4	KA-102		593,400	566,400	1,159,800
5	KA-103		475,600	493,700	969,300
6	KR-101		393,100	465,700	858,800
7	KR-102		334,300	287,700	622,000
8	集計		2,270,600	2,293,500	4,564,100
9					

036 Q 行や列を削除するには

365 2021 2019 2016
お役立ち度 ★★★

A 行や列を選択して［削除］をクリックします

不要な行や列を削除したいときは、行番号または列番号を右クリックして、［削除］をクリックします。

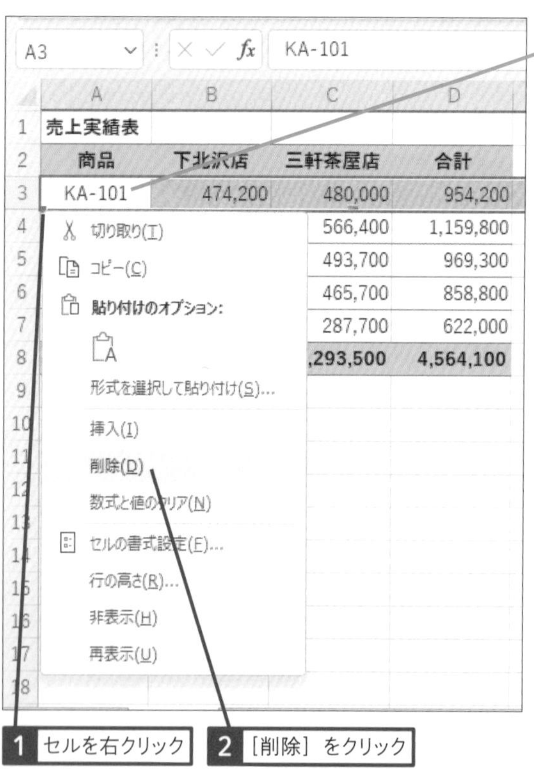

ショートカットキー
行や列を削除
Ctrl + −

037 Q 複数の行の高さや列の幅をそろえるには

365 2021 2019 2016
お役立ち度 ★★★

A 複数の行や列を選択して境界をドラッグします

複数の列を選択して、そのうちのいずれかの列番号の右の境界線をドラッグすると、選択したすべての列の幅がそろいます。行の高さについても同様です。

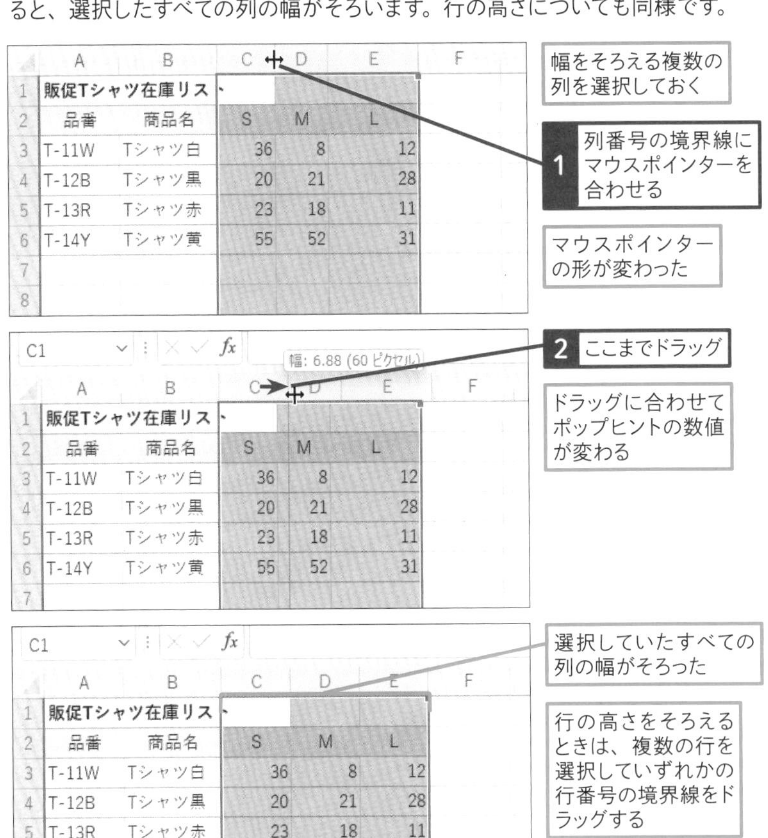

第2章 セル編集とワークシートの便利技

038 Q セルの内容に合わせて列の幅を自動調整するには

365 2021 2019 2016

お役立ち度 ★★★

A 列の境界線をダブルクリックします

列の幅を列内の最も文字数の多いセルに合わせるには、列番号の境界線をダブルクリックします。複数の列を選択して実行した場合は、それぞれ最適な列の幅になります。行についても同様です。

A1 fx 販促Tシャツ在庫リスト

	A	B	C	D	E	F
1	販促Tシャ	ツ在庫リスト				
2	品番	商品名	S	M	L	
3	T-11W	Tシャツ（ホ	36	8	12	
4	T-12B	Tシャツ（ブ	20	21	28	
5	T-13R	Tシャツ（レ	23	18	11	
6	T-14Y	Tシャツ（イ	55	52	31	
7						

1 列番号の境界線にマウスポインターを合わせる

マウスポインターの形が変わった

2 そのままダブルクリック

A1 fx 販促Tシャツ在庫リスト

	A	B	C	D	E
1	販促Tシャ	ツ在庫リスト			
2	品番	商品名	S	M	L
3	T-11W	Tシャツ（ホワイト）	36	8	12
4	T-12B	Tシャツ（ブラック）	20	21	28
5	T-13R	Tシャツ（レッド）	23	18	11
6	T-14Y	Tシャツ（イエロー）	55	52	31
7					

セルの文字数に合わせて列の幅が変更された

行の高さを調整するときは、行の境界線をダブルクリックする

役立つ豆知識

ダブルクリックしても列の幅が調整されない！

行番号や列番号の境界線をダブルクリックすると、結合していないセルに入力された文字量を基準にサイズが調整されるので結合されているセルは無視されます。

039 Q 表のタイトル以外の内容に合わせて列の幅を調整したい

365 2021 2019 2016
お役立ち度 ★★★

A 範囲を選択してから列の幅を調整します

長いタイトルが入力されている列の境界線をダブルクリックすると、タイトルの長さに合わせて列の幅が変更されてしまいます。表に入力されているデータに合わせて列の幅を調整したい場合は、以下の手順で表のセル範囲のみを基準に列の幅を調整しましょう。

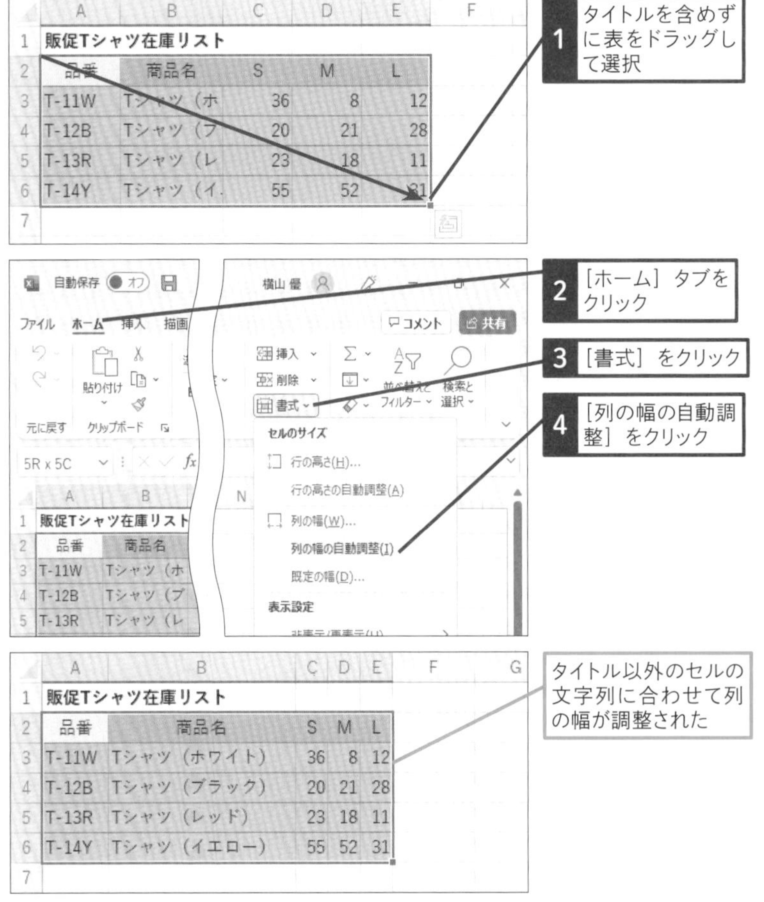

040 Q 新しいワークシートを挿入するには

365 2021 2019 2016
お役立ち度 ★★★

A [新しいシート] をクリックします

シート見出しの右横にある [新しいシート] ボタンをクリックすると、現在前面に表示されているワークシートの右に新しいワークシートを追加できます。新しいワークシートには「Sheet1」のような名前が自動的に付けられるので、適宜変更しましょう。

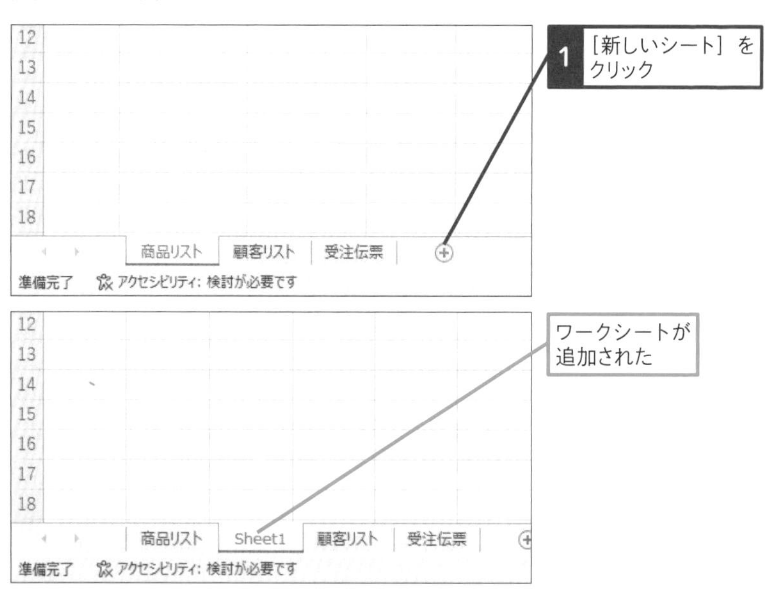

ショートカットキー 新しいワークシートを挿入
Shift + F11

役立つ豆知識

新しいシートを左に追加するには

キーボードを操作しているときは、Shift キーを押しながら F11 キーを押すと、現在前面に表示されているワークシートの左に新しいワークシートを素早く追加できます。マウスを操作しているときは、[新しいシート] ボタンでいったん右側に追加してからシート見出しをドラッグして左に移動するのが早いでしょう。

041 Q 複数のワークシートをまとめて操作したい

365 2021 2019 2016
お役立ち度 ★★★

A Shift キーを押しながら複数のシートを選択します

ワークシートをグループ化すると作業グループになり、前面に表示されているワークシートで行った操作が、グループ化したすべてのワークシートに反映されます。連続するシート見出しはShiftキーを押しながら、離れたシート見出しはCtrlキーを押しながらクリックすればグループ化できます。

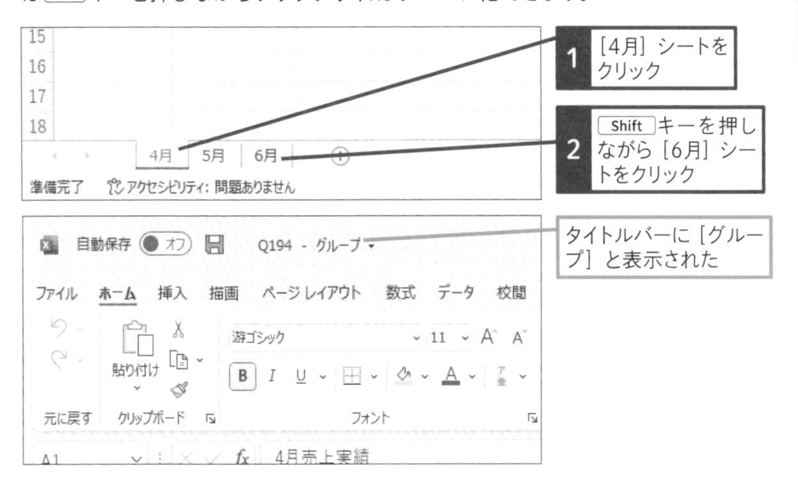

役立つ豆知識

ワークシートのグループ化を解除するには

ワークシートのグループ化を解除するには、シート見出しを右クリックして [シートのグループ解除] を選択するか、グループ化されていないシート見出しをクリックします。

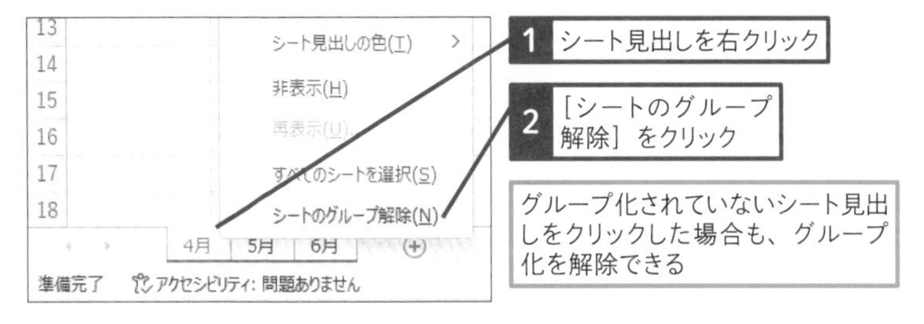

042 Q ワークシートをほかのブックにコピーまたは移動するには

365 2021 2019 2016
お役立ち度 ★★★

A ［移動またはコピー］を実行します

あらかじめコピー先／移動先のブックを開いてから、［移動またはコピー］を実行します。

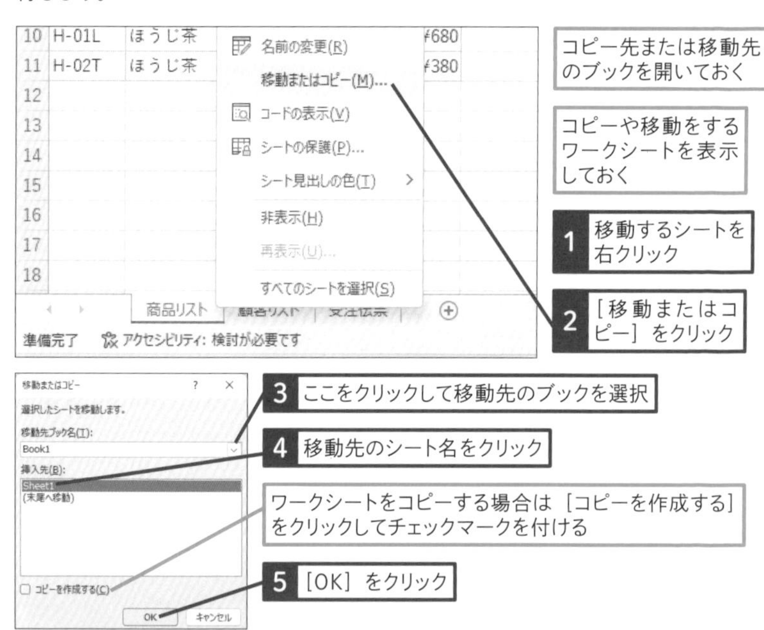

役立つ豆知識

ワークシートをブック内でコピーして使いたい

Ctrlキーを押しながらシート見出しをドラッグすると、ワークシートをコピーできます。

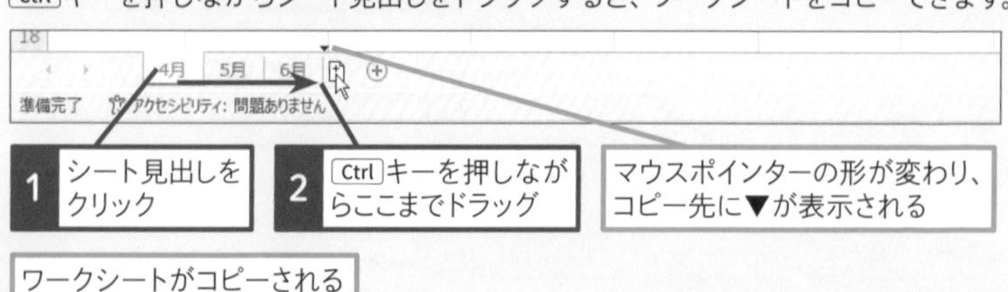

043 Q 特定のデータが入力されたセルを探したい

365 2021 2019 2016
お役立ち度 ★★★

A ［検索と置換］機能を使います

［検索と置換］画面に検索キーワードを入力し、［次を検索］ボタンをクリックすると該当セルが初期設定では行ごとに順番に検索されます。あらかじめセル範囲を選択していた場合は、選択範囲内が検索されます。セル範囲を選択していなかった場合は、ワークシート全体が検索対象となります。

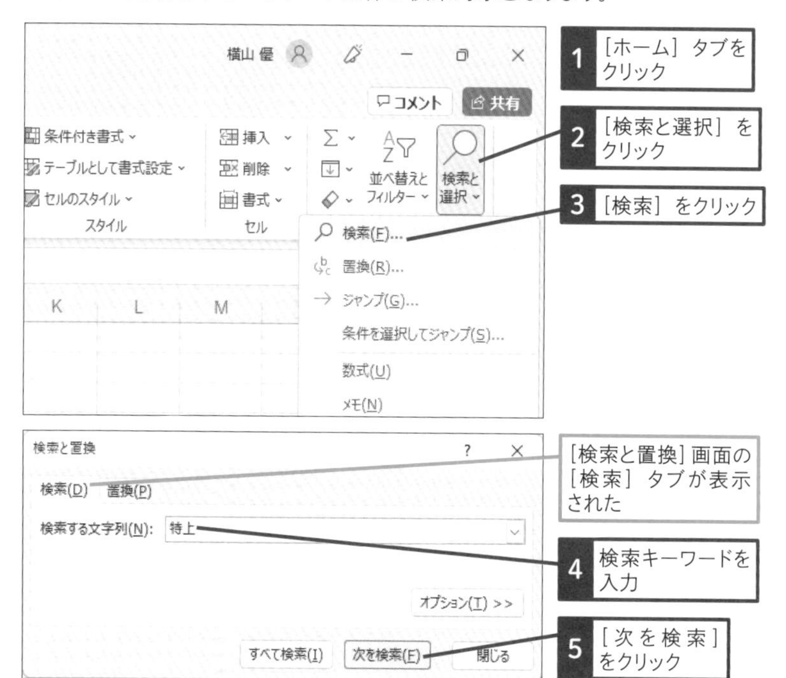

ショートカットキー ［検索と置換］画面を表示
Ctrl + F

次のページに続く ➡

●検索結果を確認する

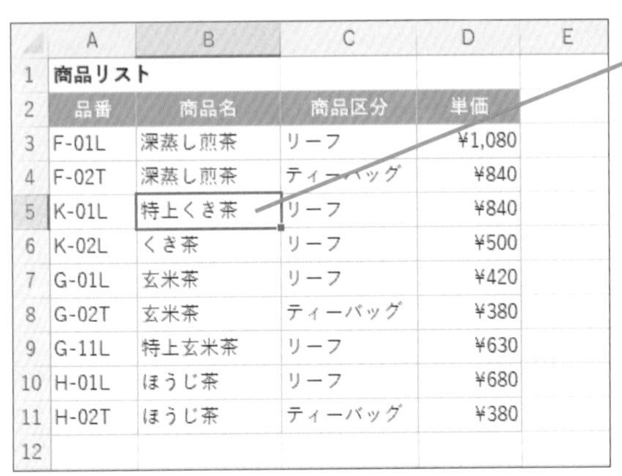

	A	B	C	D	E
1	商品リスト				
2	品番	商品名	商品区分	単価	
3	F-01L	深蒸し煎茶	リーフ	¥1,080	
4	F-02T	深蒸し煎茶	ティーバッグ	¥840	
5	K-01L	特上くき茶	リーフ	¥840	
6	K-02L	くき茶	リーフ	¥500	
7	G-01L	玄米茶	リーフ	¥420	
8	G-02T	玄米茶	ティーバッグ	¥380	
9	G-11L	特上玄米茶	リーフ	¥630	
10	H-01L	ほうじ茶	リーフ	¥680	
11	H-02T	ほうじ茶	ティーバッグ	¥380	
12					

該当するデータのセルが選択された

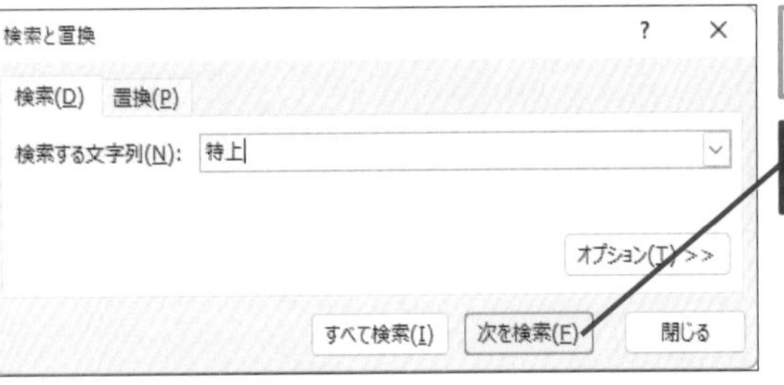

続けて同じキーワードで検索する

6 ［次を検索］をクリック

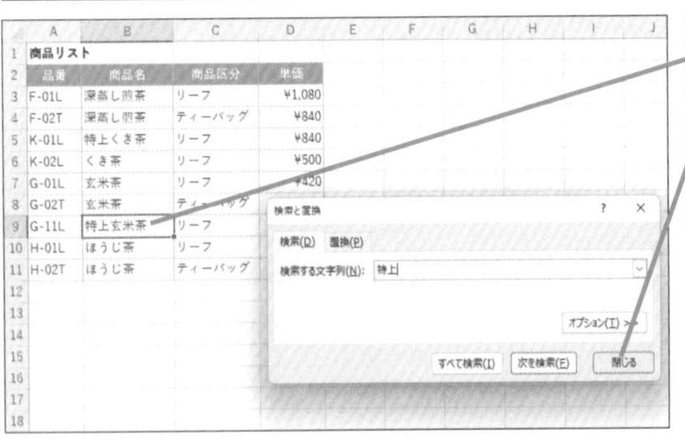

次に該当するデータのセルが選択された

検索を終了するときは［閉じる］をクリックする

044 Q 「東京都○○市」といったあいまいな条件でも検索できる？

365 2021 2019 2016
お役立ち度 ★★★

A ワイルドカードを使います

ワイルドカードを使用すると、文字列の一部だけを指定したあいまいな条件で検索できます。ワイルドカードとは、任意の文字を表す特別な文字です。「*」（半角アスタリスク）は0文字以上の任意の文字列、「?」（半角クエスチョン）は任意の1文字の代わりとなります。例えば、「東京都○○市」と入力されているセルを探すときは、検索したい文字列に「東京都*市」と入力しましょう。「*」は0文字以上の任意の文字列を表すので、2文字の「稲城」市や3文字の「八王子」市がすべて検索対象になります。なお、検索する文字列を「東京都??市」とした場合は、2文字の市だけが検索対象になります。

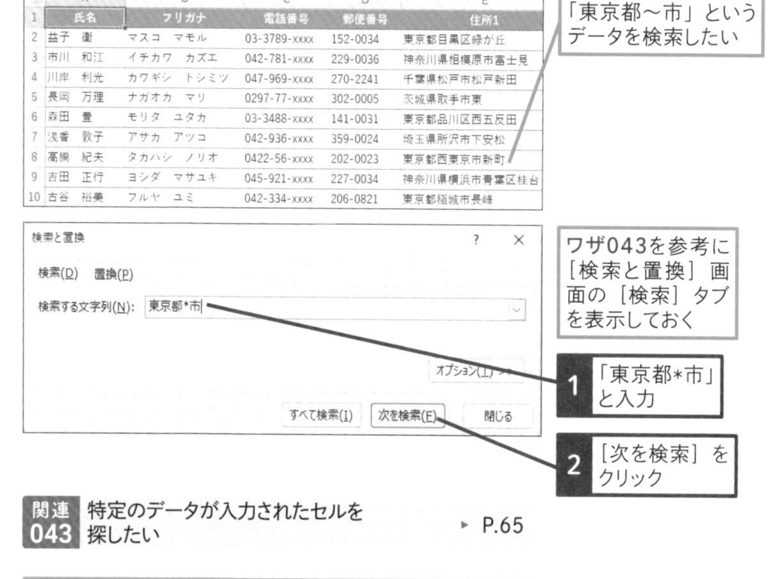

	A	B	C	D	E
1	氏名	フリガナ	電話番号	郵便番号	住所1
2	益子 衛	マスコ マモル	03-3789-xxxx	152-0034	東京都目黒区緑が丘
3	市川 和江	イチカワ カズエ	042-781-xxxx	229-0036	神奈川県相模原市富士見
4	川岸 利光	カワギシ トシミツ	047-969-xxxx	270-2241	千葉県松戸市松戸新田
5	長岡 万理	ナガオカ マリ	0297-77-xxxx	302-0005	茨城県取手市東
6	森田 豊	モリタ ユタカ	03-3488-xxxx	141-0031	東京都品川区西五反田
7	浅香 敦子	アサカ アツコ	042-936-xxxx	359-0024	埼玉県所沢市下安松
8	高橋 紀夫	タカハシ ノリオ	0422-56-xxxx	202-0023	東京都西東京市新町
9	吉田 正行	ヨシダ マサユキ	045-921-xxxx	227-0034	神奈川県横浜市青葉区桂台
10	古谷 裕美	フルヤ ユミ	042-334-xxxx	206-0821	東京都稲城市長峰

関連 043 特定のデータが入力されたセルを探したい ▸ P.65

役立つ豆知識

同じ条件で続けて検索するには

前回と同じ条件で検索する場合、［検索と置換］画面を表示しなくても、Shift + F4 キーを押すと、次々とセルを検索できます。

045 Q 特定の文字を別の文字に置き換えたい

365 2021 2019 2016
お役立ち度 ★★★

A ［置換］で置き換え後の文字を指定します

［検索と置換］画面の［置換］ボタンを使うと、ワークシートから該当の文字列を探し、1件ずつ確認しながら別の文字列に置換できます。［すべて置換］ボタンを使えば、ワークシート内の該当の文字列を一気に置換することも可能です。

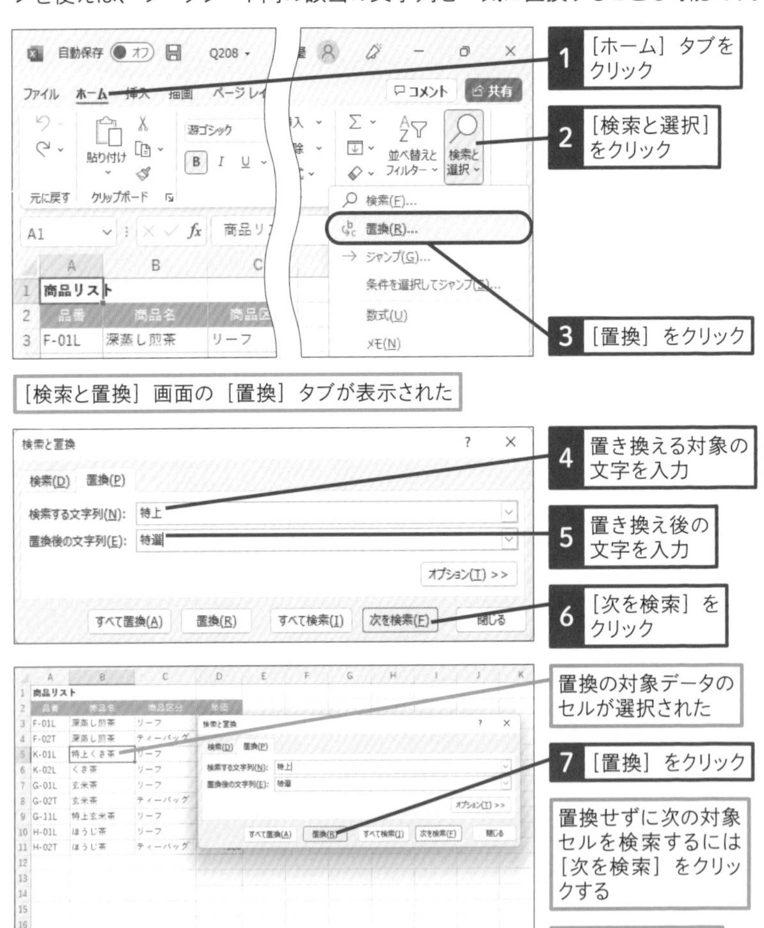

046 Q メールアドレスやURLに勝手にリンクが設定されて困る

365 2021 2019 2016
お役立ち度 ★★★

A 手動で削除できます

セルにURLやメールアドレスを入力すると、自動的にハイパーリンクが挿入されます。挿入後に表示される［オートコレクトオプション］ボタンから［元に戻す - ハイパーリンク］を選択すれば、ハイパーリンクを削除できます。もしくは、挿入直後に Ctrl + Z キーを押しても、ハイパーリンクを素早く削除できます。前者の方法では罫線や色などセルの書式が削除されますが、後者の方法では削除されません。

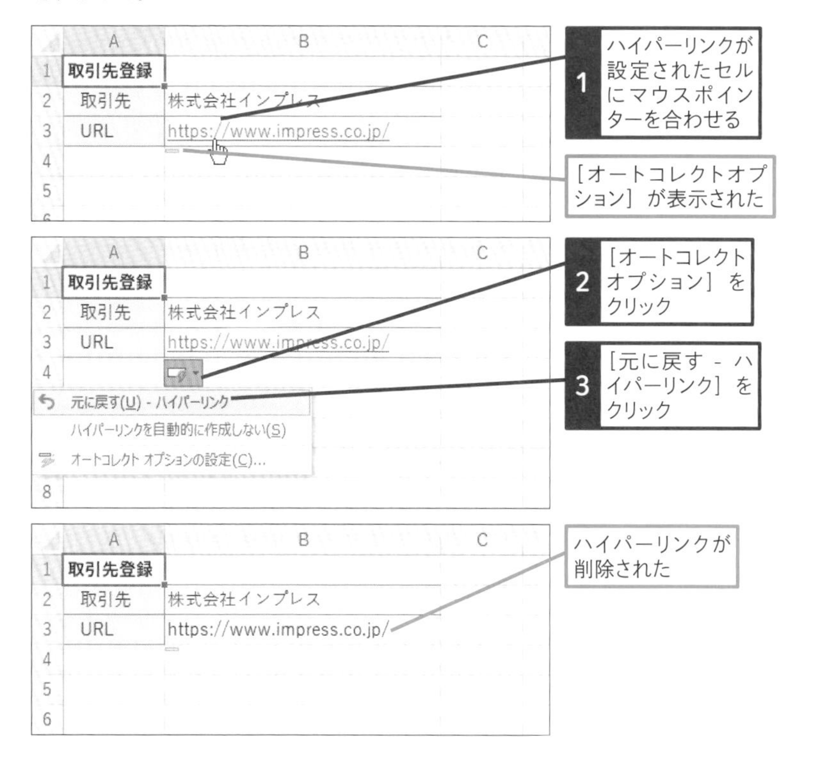

047 Q ハイパーリンクをまとめて削除したい

365 2021 2019 2016
お役立ち度 ★★★

A ［ハイパーリンクのクリア］または［ハイパーリンクの削除］を選択します

「名簿のメールアドレス欄に設定されたハイパーリンクを削除したい」といったときは、メールアドレス欄のすべてのセルを選択して一気に削除できると効率的です。ショートカットメニューから［ハイパーリンクの削除］を実行すると、複数のセルのハイパーリンクを簡単に削除できます。その際、下線や青字など、ハイパーリンクの書式も削除されます。また、セルに色や罫線などの書式が設定されていた場合、それらの書式も削除されます。

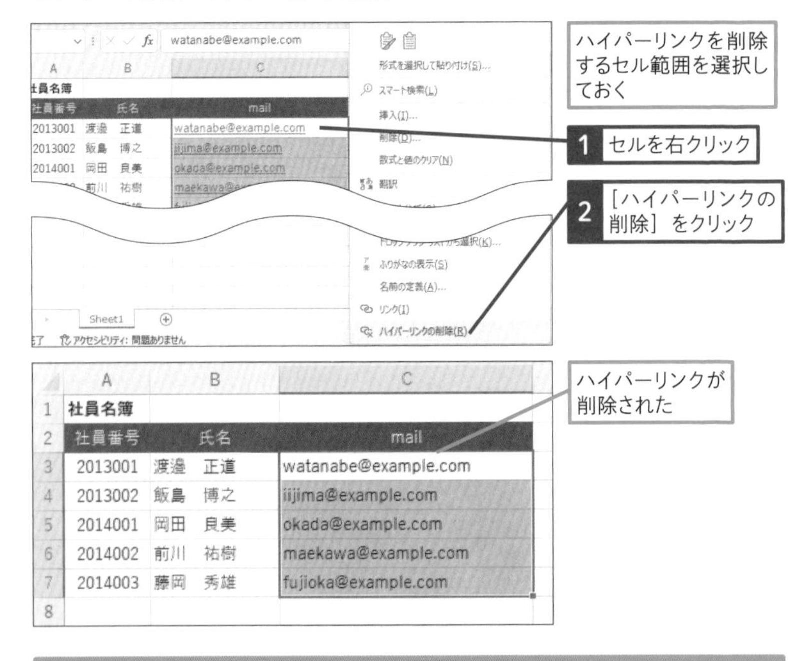

役立つ豆知識

書式を削除したくない場合は

書式を削除せずにハイパーリンクを解除したい場合は、ハイパーリンクを解除するセル範囲を選択し、［ホーム］タブの［クリア］-［ハイパーリンクのクリア］をクリックします。

第3章

書式設定の時短と便利技

見やすくて美しい表を作るには、書式設定が欠かせません。データの配置や表示形式に気を配り、読みやすい表に仕上げましょう。色や罫線を適度に利用して、表の見栄えも上げましょう。

048 Q セルの数値を通貨表示に変更したい

365 2021 2019 2016
お役立ち度 ★★★

A 表示形式を変更します

表示形式を設定すると、数値をさまざまな形で表示できます。例えば「1234」と入力して、[通貨表示形式] ボタン( ) をクリックすると「¥1,234」と表示でき、[桁区切りスタイル] ボタン( ) をクリックすると「1,234」と表示できます。

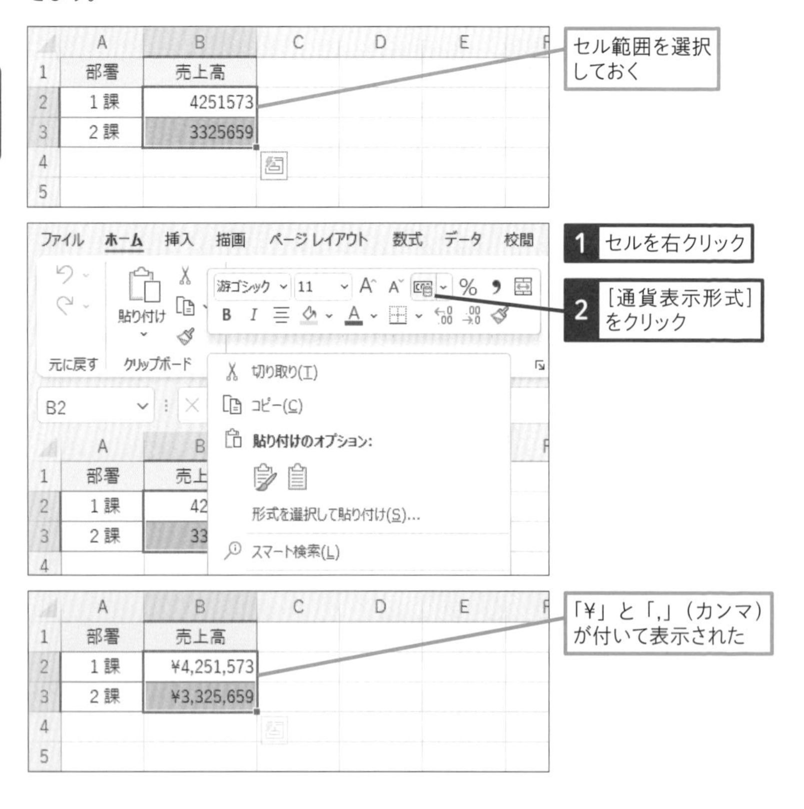

ショートカットキー
表示形式を [通貨表示形式] にする
Ctrl + Shift + $

049 Q セルの数値をパーセント表示にするには

365 2021 2019 2016
お役立ち度 ★★★

A ［パーセントスタイル］を設定します

［パーセントスタイル］を設定すると、セルの数値を100倍して％記号を追加できます。例えば「0.75」と入力したセルに設定すると、「75%」と表示されます。

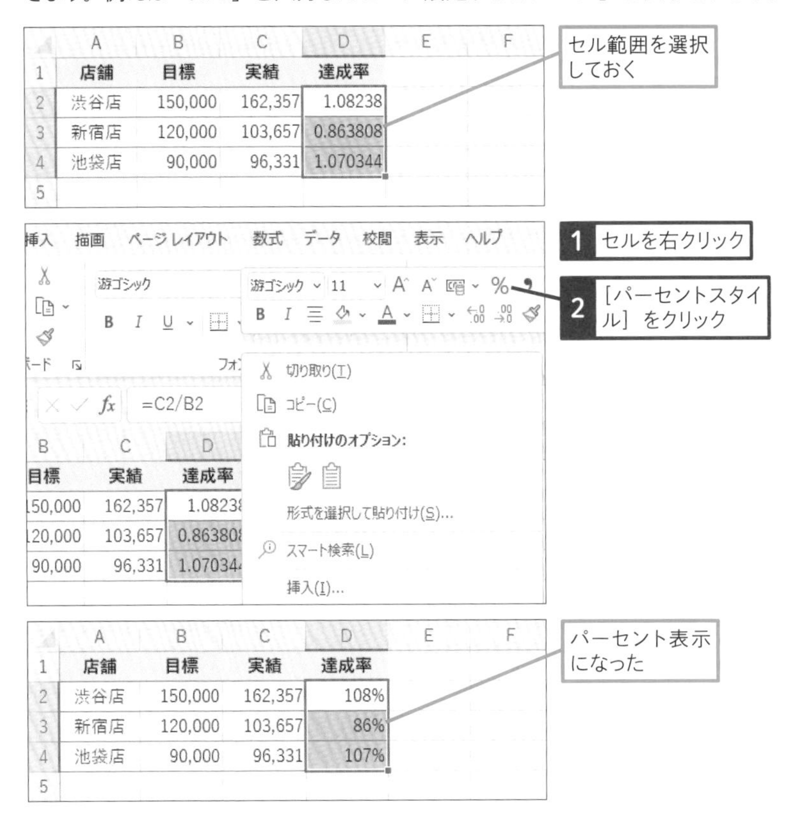

ショートカットキー 表示形式を［パーセンテージ］にする
Ctrl + Shift + %

050 Q 通貨記号やパーセントをはずしたい

365 2021 2019 2016
お役立ち度 ★★★

A 表示形式を［標準］に戻します

数値に設定した表示形式を解除するには、[標準]という表示形式を設定します。例えば「￥1,234」は「1234」に、「75%」は「0.75」になります。なお、日付のセルに［標準］を設定すると、日付がシリアル値という数値に変わるので注意してください。

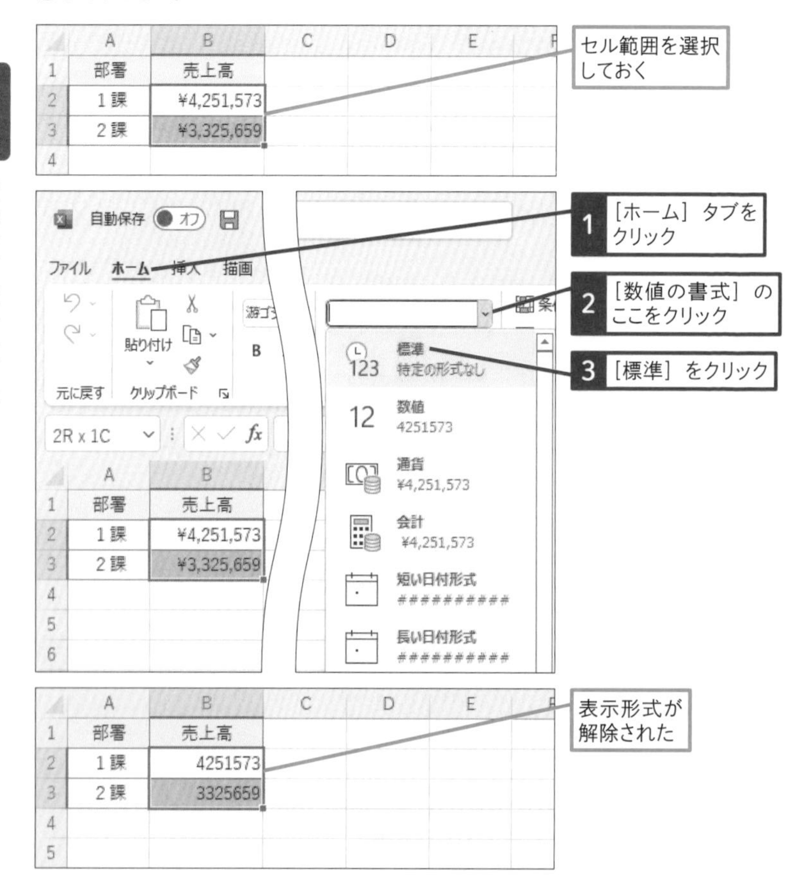

第3章 書式設定の時短と便利技

051 Q 小数の表示けた数を指定するには

365 2021 2019 2016
お役立ち度 ★★★

A ボタンでけた数を増減できます

[小数点以下の表示桁数を増やす] ボタン（ ）や [小数点以下の表示桁数を減らす] ボタン（ ）を使うと、小数の表示けた数を調整できます。
表示上の数値は四捨五入されますが、実際にセルに入力されている値に変化はありません。

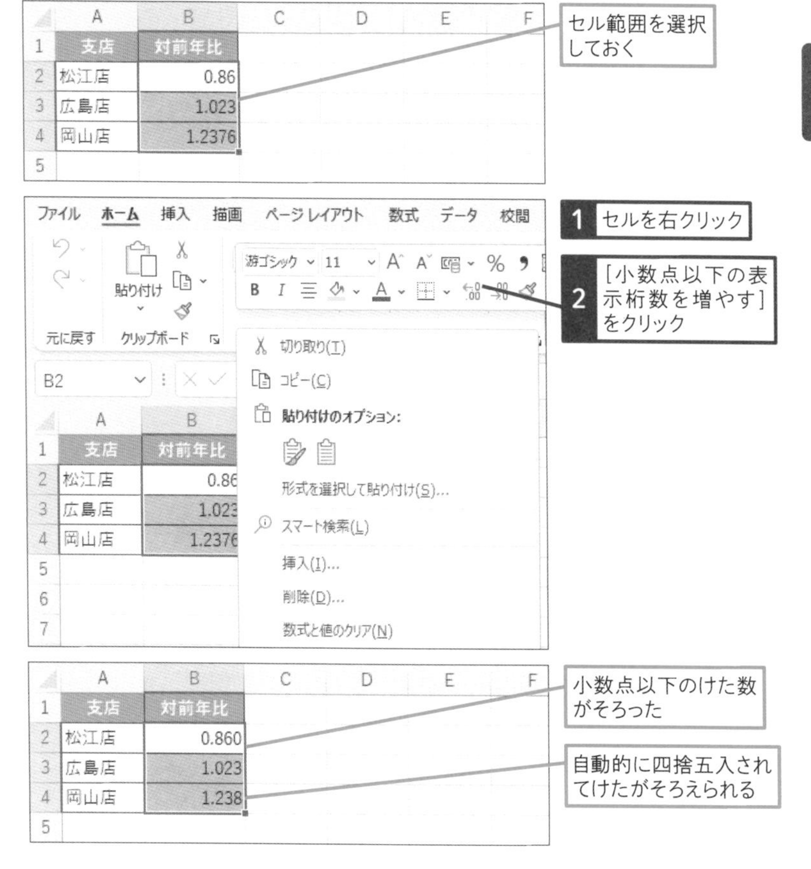

052 先頭に「0」を補って数値を4けたで表示したい

365 2021 2019 2016
お役立ち度 ★★★

A ユーザー定義で「0000」と指定します

「書式記号」と呼ばれる記号を使用すると、独自の表示形式を定義できます。数値1けたを表す書式記号である「0」（ゼロ）を使うと、数値を指定したけた数で表示できます。例えば、「0」を4つ使用して「0000」と定義すると、「1」は「0001」、「12」は「0012」、「123」は「0123」という具合に、先頭に「0」を補って数値が必ず4けたで表示されます。「12345」のような5けた以上の数値の場合は、数値がそのまま「12345」と表示されます。

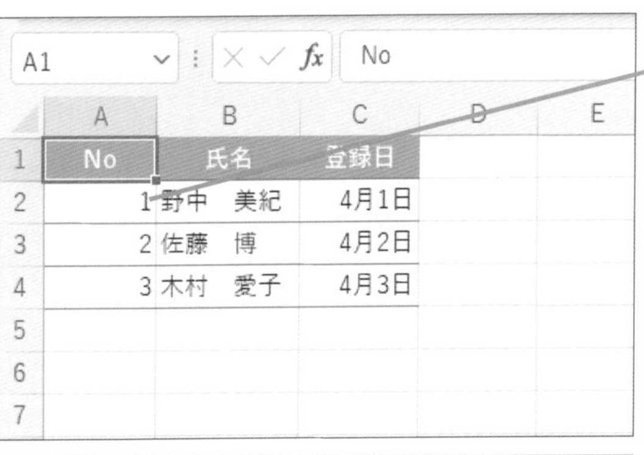

	A	B	C	D	E
1	No	氏名	登録日		
2	1	野中　美紀	4月1日		
3	2	佐藤　博	4月2日		
4	3	木村　愛子	4月3日		

セルを選択しておく

[セルの書式設定] 画面を表示
ショートカットキー Ctrl + 1 （テンキー不可）

●表示形式を変更する

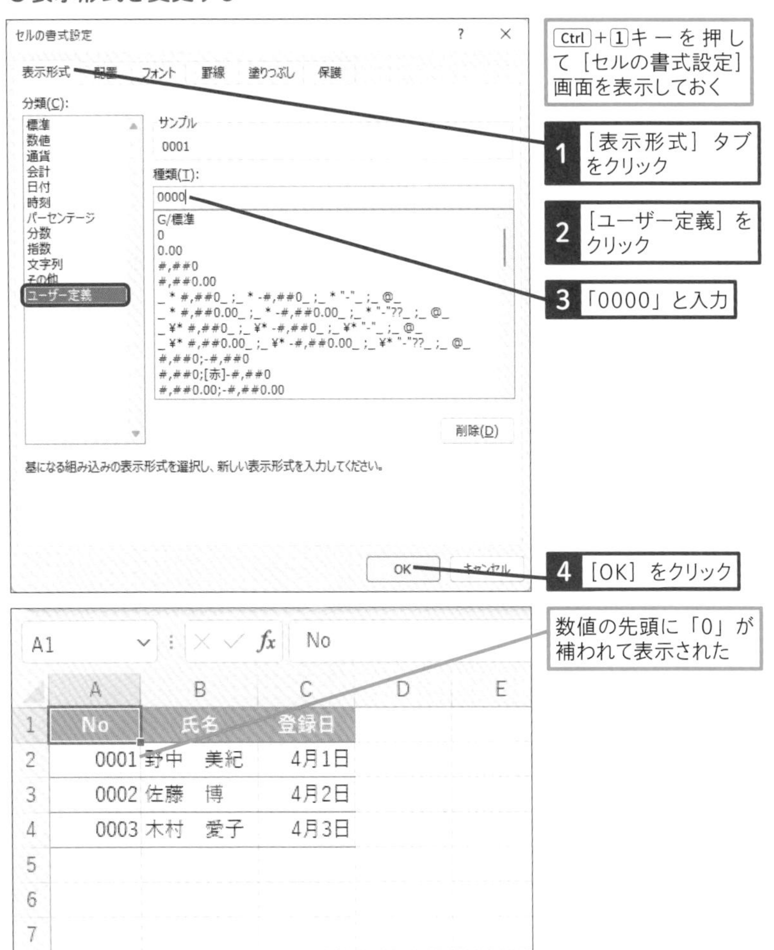
セルの書式設定
表示形式
配置
フォント
罫線
塗りつぶし
保護
分類(C):
標準
数値
通貨
会計
日付
時刻
パーセンテージ
分数
指数
文字列
その他
ユーザー定義
サンプル
0001
種類(T):
0000
G/標準
0
0.00
#,##0
#,##0.00
削除(D)
基になる組み込みの表示形式を選択し、新しい表示形式を入力してください。
OK
キャンセル
Ctrl+1キーを押して[セルの書式設定]画面を表示しておく
1 [表示形式]タブをクリック
2 [ユーザー定義]をクリック
3 「0000」と入力
4 [OK]をクリック
数値の先頭に「0」が補われて表示された
A1
No
No
氏名
登録日
0001 野中 美紀 4月1日
0002 佐藤 博 4月2日
0003 木村 愛子 4月3日

053 Q 「918千円」のように下3けたを省略するには

365 2021 2019 2016
お役立ち度 ★★★

A ユーザー定義に「#,##0,」と入力します

数値1けたを表す書式記号の「#」（シャープ）とけた区切りの書式記号「,」（カンマ）を組み合わせて表示形式を「#,##0」と定義すると、「1234」を「1,234」、「1234567」を「1,234,567」という具合に数値を3けた区切りで表示できます。「#」や「,」は数値のけたが少ないときには無視されるので、「12」などの数値はそのまま「12」と表示されます。

また、末尾に「,」を1つ付けて「#,##0,」と定義すれば下3けた、2つ付けて「#,##0,,」と定義すれば下6けたを省略できます。さらに「#,##0,"千円"」と定義すれば、単位も付けられます。例えば、「1234」は「1千円」、「1234567」は「1,235千円」となります。

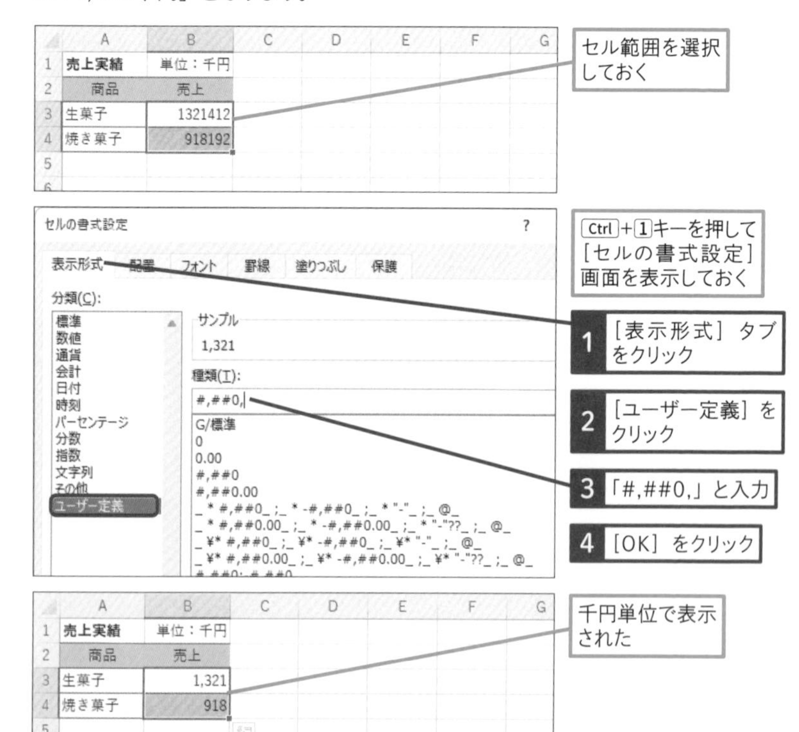

054 Q 数値に単位を付けて表示するには？

365 2021 2019 2016
お役立ち度 ★★★

A ユーザー定義に単位を入力します

セルに「10人」と入力すると数値と見なされず、「10」として計算できません。「人」という単位を付けたいときは、「10」と入力して「0"人"」というユーザー定義の表示形式を設定しましょう。そうすれば、セルには「10人」と表示でき、なおかつ、「人」の単位を付けたまま計算にも使用できます。

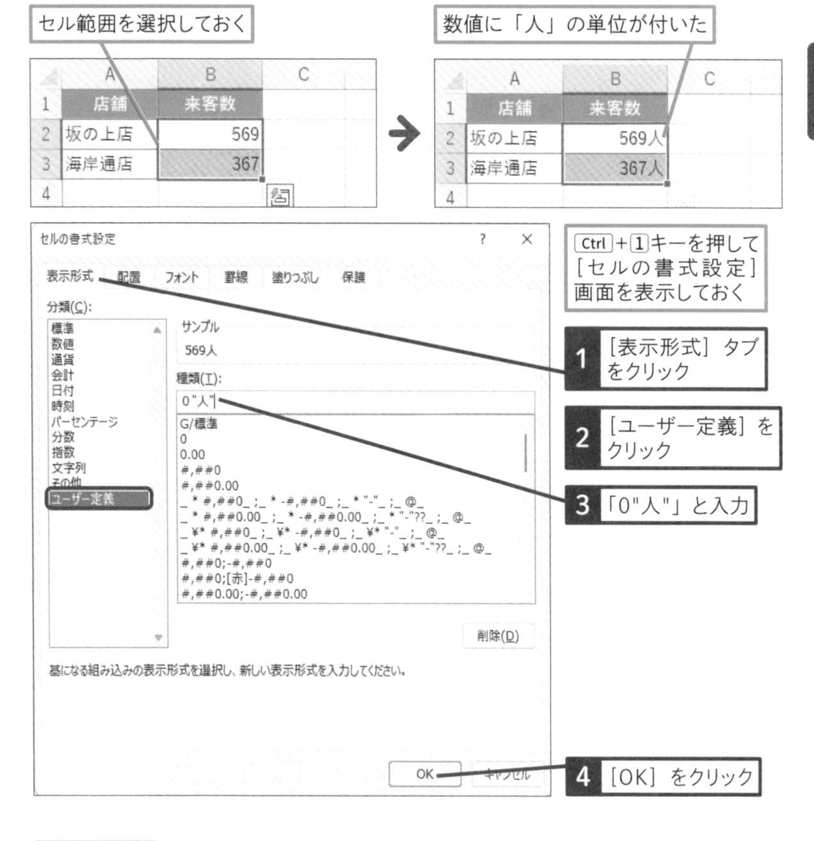

ショートカットキー
［セルの書式設定］画面を表示
Ctrl+1（テンキー不可）

055 Q 日付の後に曜日を表示したい

365 2021 2019 2016
お役立ち度 ★★★

A ユーザー定義で「yyyy/m/d(aaa)」と入力します

「2022/10/3 (月)」のように曜日を含めて日付を入力しても、日付データとして認識されないため、オートフィルや計算に活用できません。
曜日を含めて日付の形式を有効にするには、「2022/10/3」のように日付だけを入力し、表示形式の設定で曜日を表示する方がいいでしょう。曜日は「aaa」(月)、「aaaa」(月曜日)、「ddd」(Mon)、「dddd」(Monday) などの書式記号を使って表示できます。例えば、「2022/10/3 (月)」の形式でセルに表示したい場合は、表示形式を「yyyy/m/d(aaa)」のように設定しましょう。

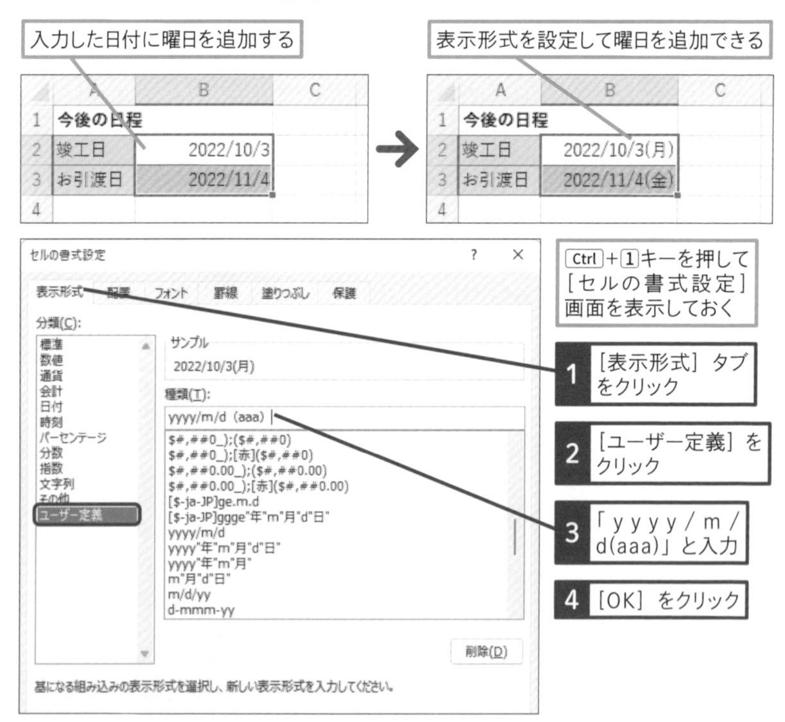

ショートカットキー [セルの書式設定] 画面を表示
Ctrl+1 (テンキー不可)

第3章 書式設定の時短と便利技

056 Q 月日に0を入れて2けたで表示したい

365 2021 2019 2016
お役立ち度 ★★

A ユーザー定義で「mm/dd」と入力します

9月8日を「09/08」と表示するときは、[ユーザー定義] で独自の表示形式を設定しましょう。「mm/dd」と設定すると、9月8日を「09/08」のように2けたで表示できます。

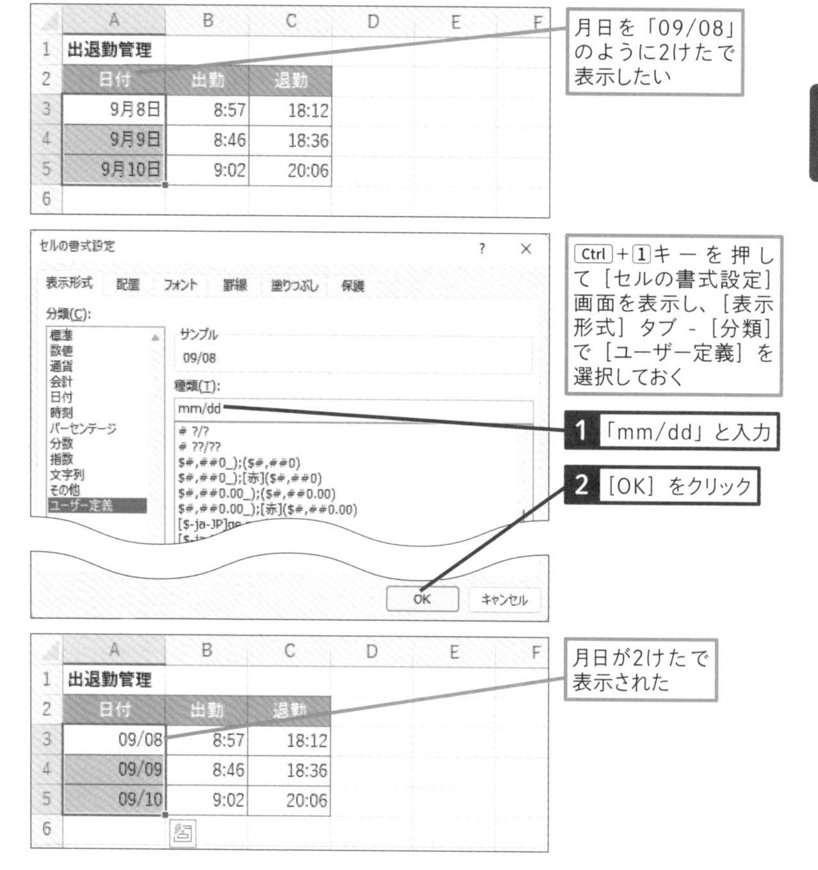

ショートカットキー [セルの書式設定] 画面を表示
Ctrl+1 (テンキー不可)

057 Q 表の文字を縦書きにするには

365 2021 2019 2016
お役立ち度 ★★

A ［方向］から［縦書き］を選択します

セル内の文字列を縦書きで表示するには、以下の手順で操作します。縦書きを解除するには、再度同じ手順で操作しましょう。

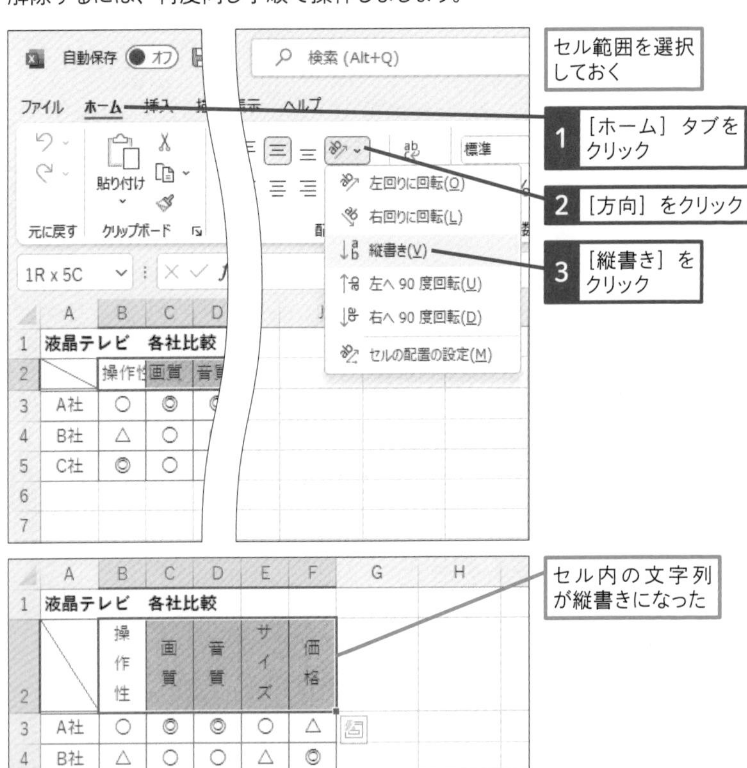

058 Q セル内で折り返して すべての文字を表示するには

365 2021 2019 2016
お役立ち度 ★★★

A ［折り返して全体を表示する］をクリックします

セルの折り返しを有効にすると、セルの幅以上の文字数を入力したときに、自動的に折り返されて文字列全体がセル内に表示されます。折り返せるのは文字列だけで、数値や日付は折り返されずに指数表記や「####」などで表示されます。

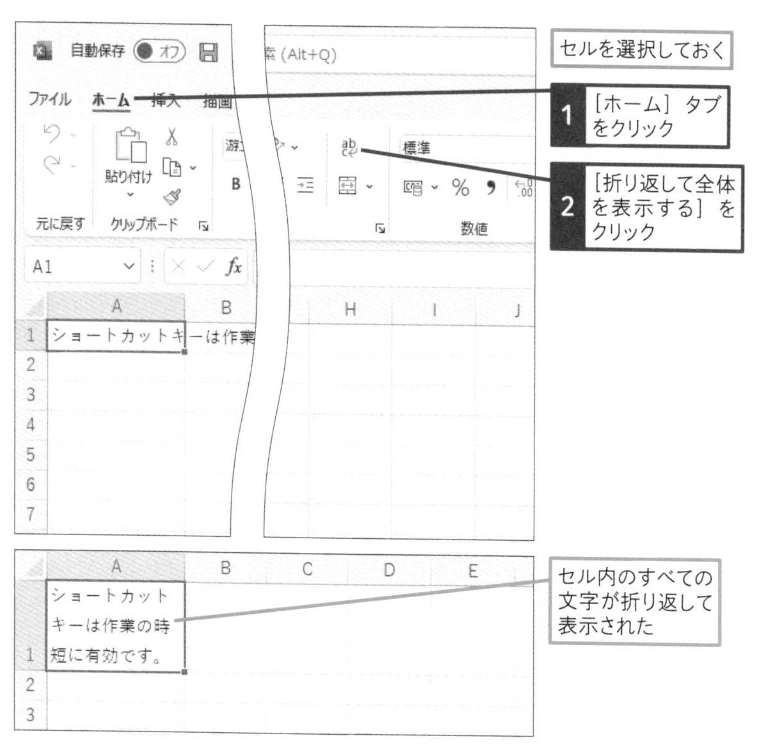

第3章 書式設定の時短と便利技

059 Q 複数のセルを1つにつなげるには

365 2021 2019 2016
お役立ち度 ★★★

A ［セルを結合して中央揃え］をクリックします

隣接する複数のセルを選択して［セルを結合して中央揃え］ボタンをクリックすると、複数のセルが結合して1つのセルになり、データがセルの中央に配置されます。選択した複数のセルにデータが入力されていた場合、左上隅のセルのデータが結合したセルに入力されます。

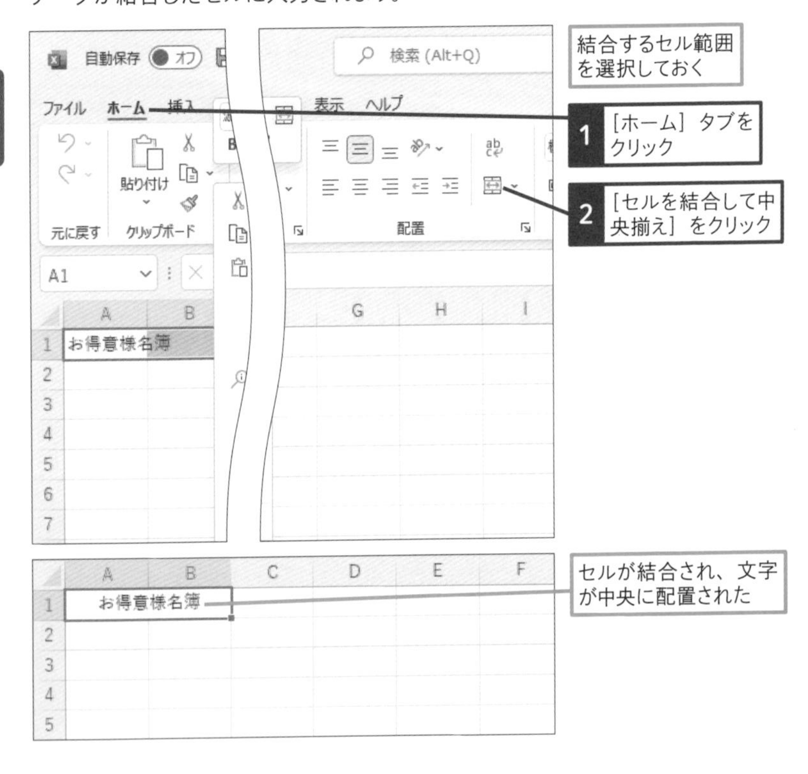

第3章 書式設定の時短と便利技

060 Q 文字サイズを縮小してすべてのデータを収めたい

365 2021 2019 2016
お役立ち度 ★★★

A ［縮小して全体を表示する］を有効にします

セルに［縮小して全体を表示する］の書式を設定すると、セルの幅以上の文字を入力したときに、自動的に文字のサイズが縮小されて、データ全体がセル内に表示されるようになります。

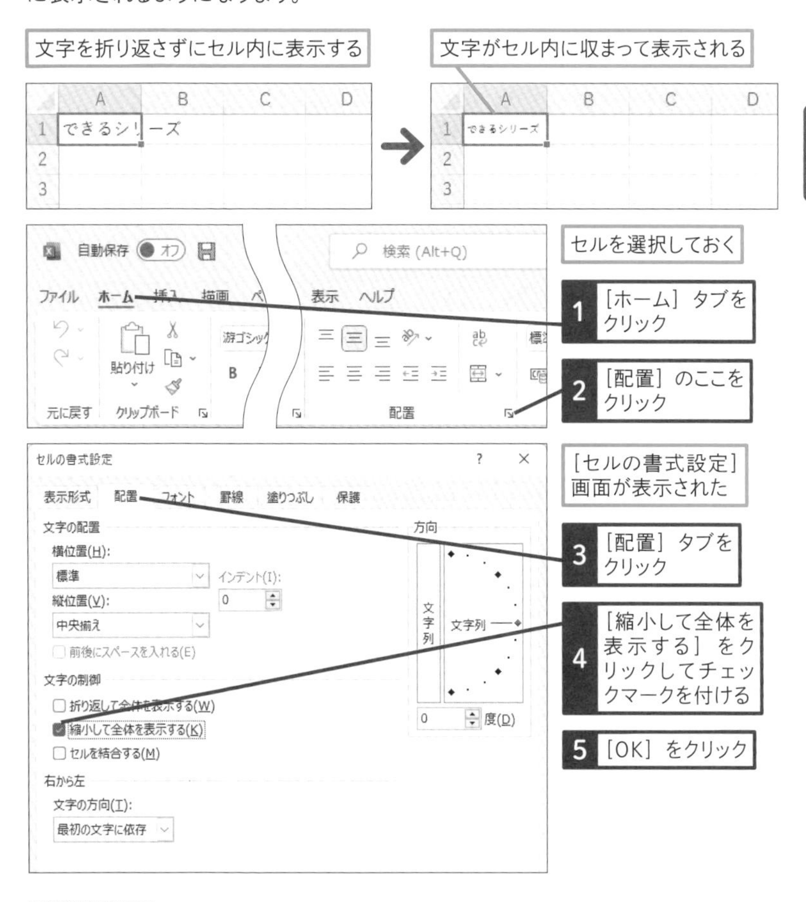

ショートカットキー ［セルの書式設定］画面を表示
Ctrl + 1（テンキー不可）

第3章 書式設定の時短と便利技

061 Q テーマを変更する方法が知りたい

365 2021 2019 2016
お役立ち度 ★★★

A ［テーマ］から変更できます

Excelには、さまざまなテーマが用意されています。ブックの標準のテーマは「Office」ですが、［ページレイアウト］タブの［テーマ］の一覧から簡単にテーマを切り替えられます。用意されているテーマの選択肢は、Excelのバージョンによって異なります。

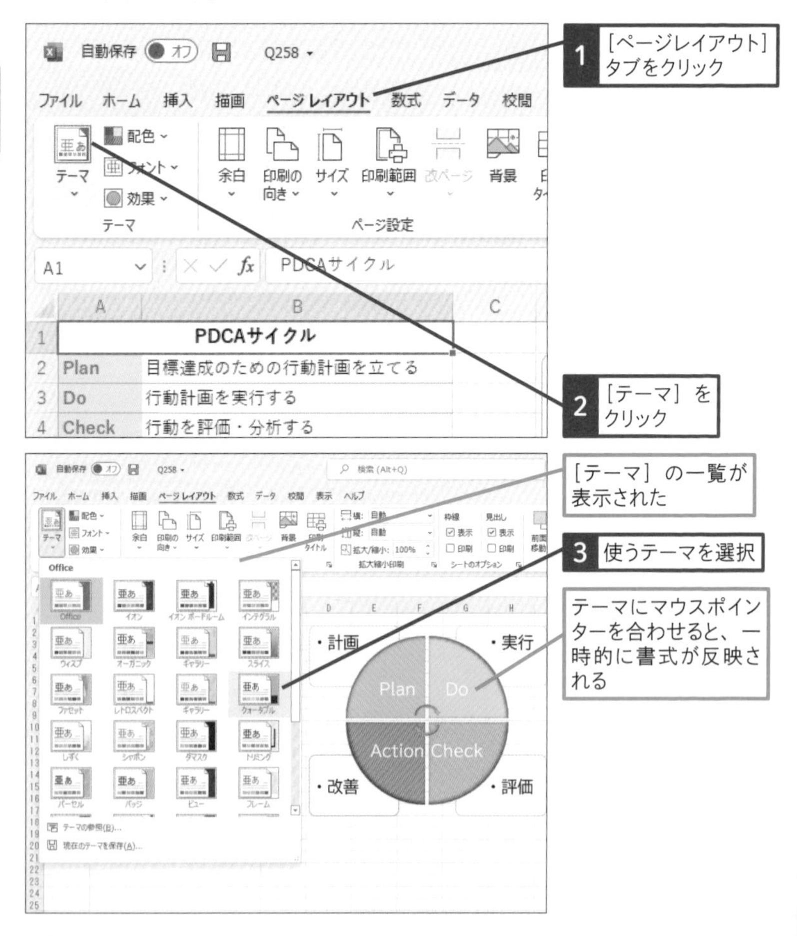

062 Q データを残したまま あらゆる書式を削除したい

365 2021 2019 2016
お役立ち度 ★★★

A ［書式のクリア］を使います

「書式のクリア」を使用すると、フォントに関する書式だけでなく、罫線や塗りつぶしの色、配置、条件付き書式など、あらゆる書式をクリアできます。

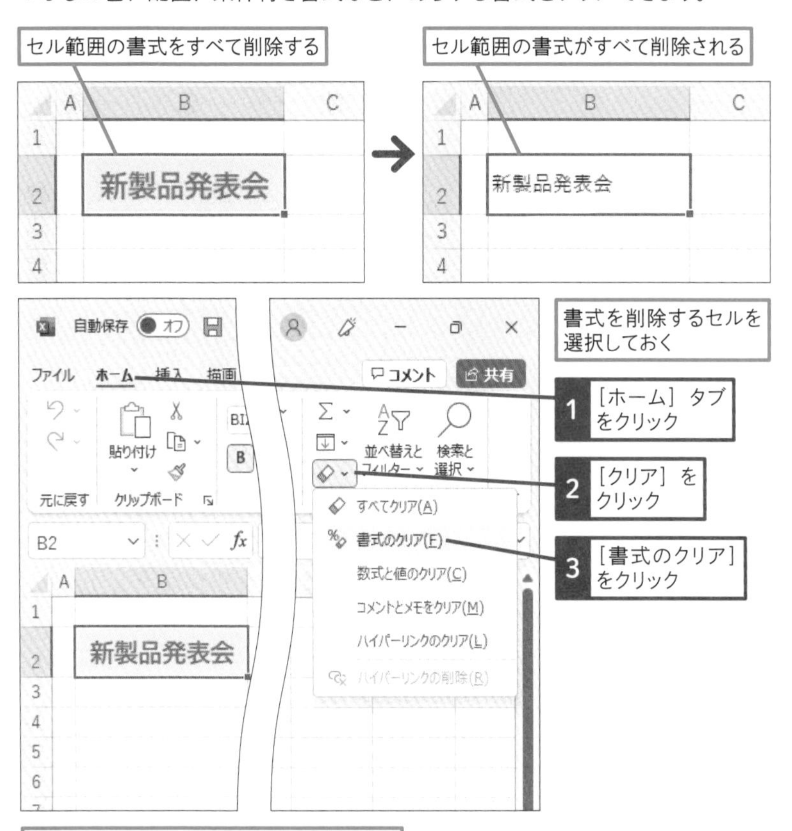

選択したセルのすべての書式が削除される

063 Q 表を簡単に美しく装飾したい

365 2021 2019 2016
お役立ち度 ★★★

A ［テーブルとして書式設定］を使います

Excelには表全体に適用できるさまざまなデザインが登録されており、［テーブルとして書式設定］の一覧から選ぶだけで簡単に表の書式を設定できます。設定後に見出しのセルに表示されるフィルターボタン（▼）の使い方は、ワザ177を参照してください。

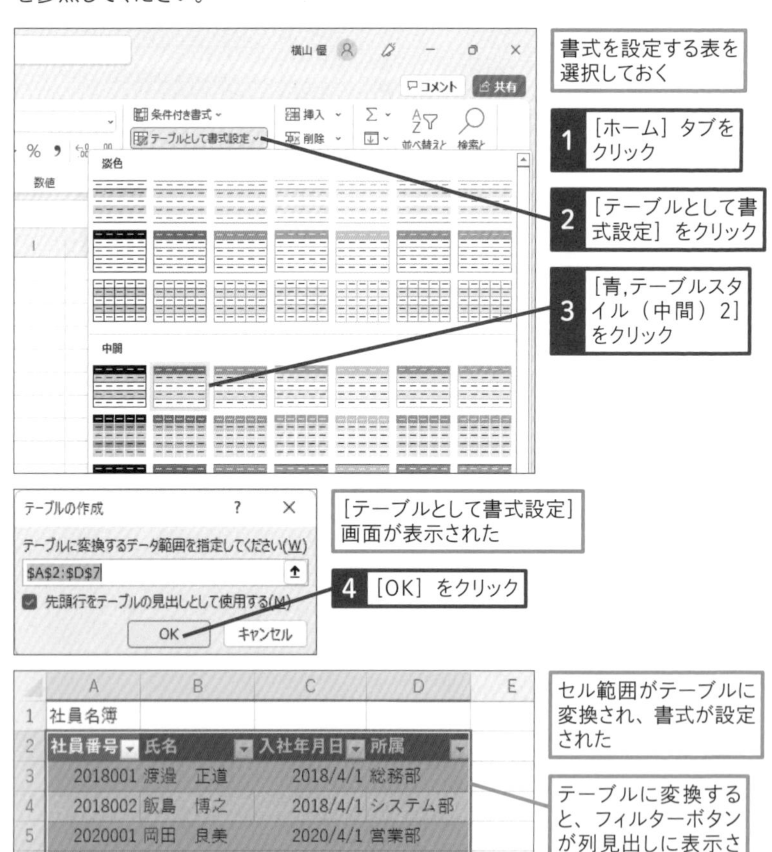

064 Ⓠ 表に格子罫線を引きたい

365 2021 2019 2016
お役立ち度 ★★★

Ⓐ 罫線から［格子］を選択します

以下のように［罫線］ボタンの⌄をクリックして、一覧から［格子］をクリックすると、表全体に格子状の罫線を引けます。格子状の罫線を引くとデータの区切りがはっきりして、表が見やすくなります。

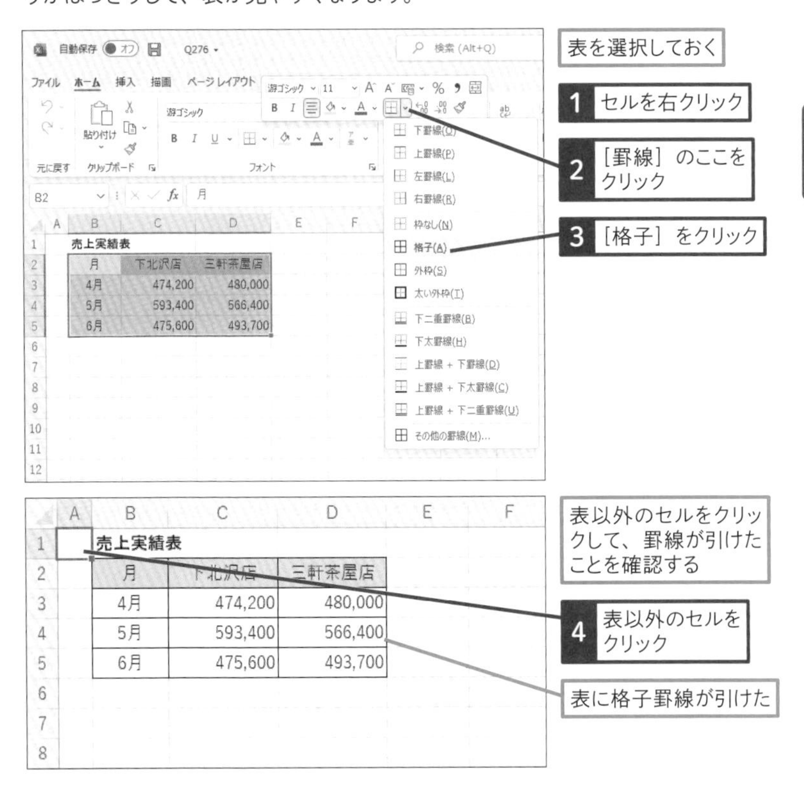

第3章 書式設定の時短と便利技

065 Q セルに斜線を引くには?

365 2021 2019 2016
お役立ち度 ★★★

A [セルの書式設定] から設定します

セルに斜線を引くには、ワザ060を参考に[セルの書式設定] 画面を表示し、[罫線] タブで設定します。

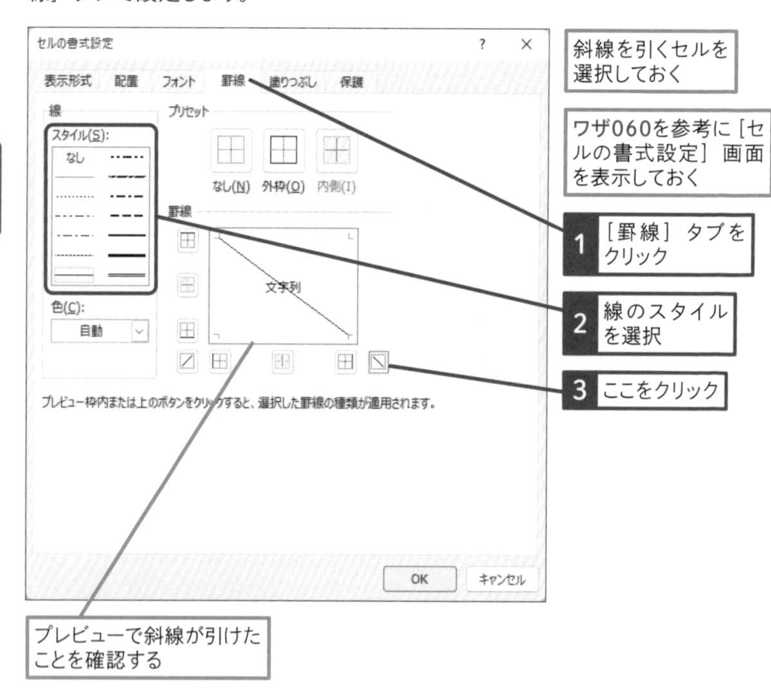

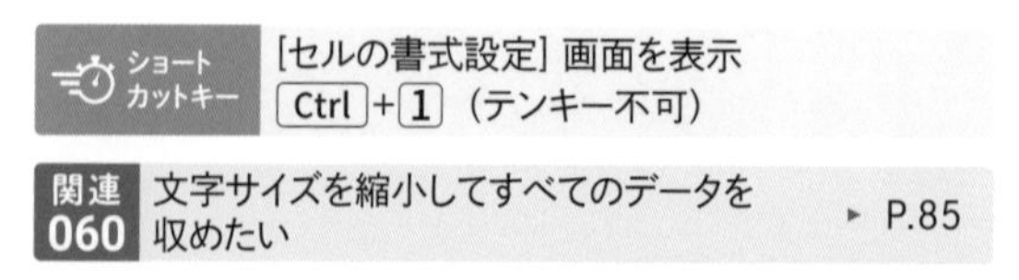

関連 060 文字サイズを縮小してすべてのデータを収めたい ▸ P.85

066 Q セルに引いた罫線を削除したい

365 2021 2019 2016
お役立ち度 ★★★

A ［枠なし］を選択します

罫線が不要になった場合は削除しましょう。［罫線］ボタンのメニューから［枠なし］をクリックすると、選択したセル範囲から罫線を削除できます。

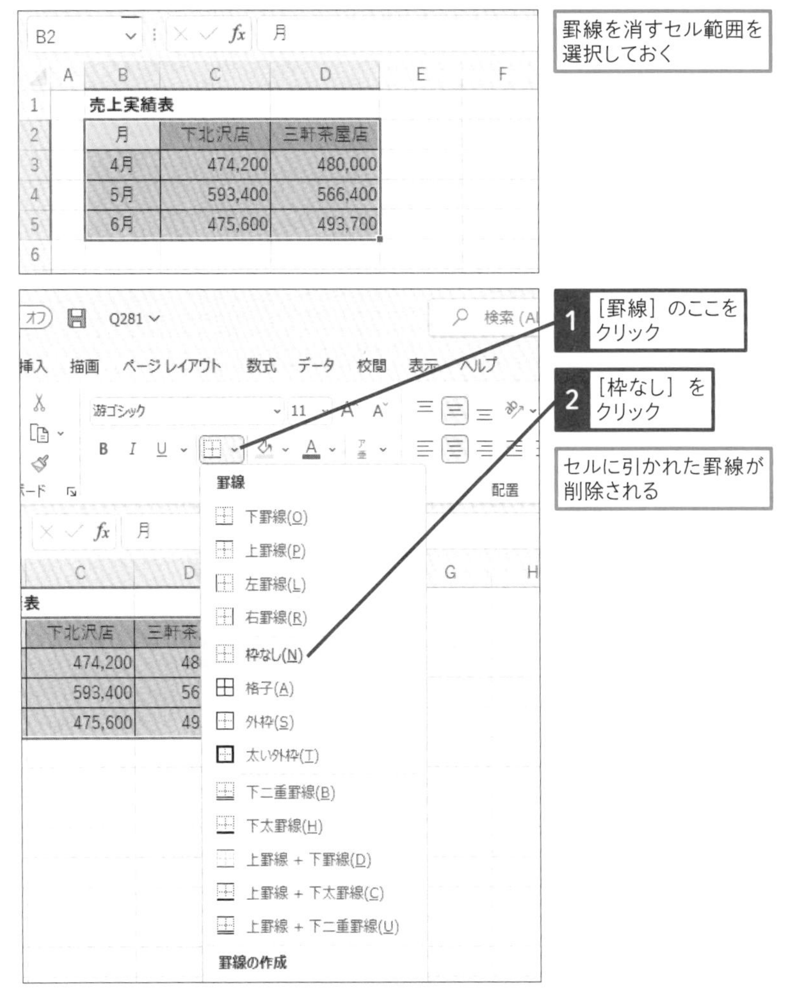

067 Q 値の大小を視覚的に表現するには

365 2021 2019 2016
お役立ち度 ★★★

A 条件付き書式を使います

[ホーム] タブの [スタイル] グループで [条件付き書式] ボタンをクリックし、一覧から [データバー] または [カラースケール] [アイコンセット] をクリックして、さらにそのデザインを選択すると、横棒グラフや色の変化、アイコンなどの条件付き書式を設定できます。

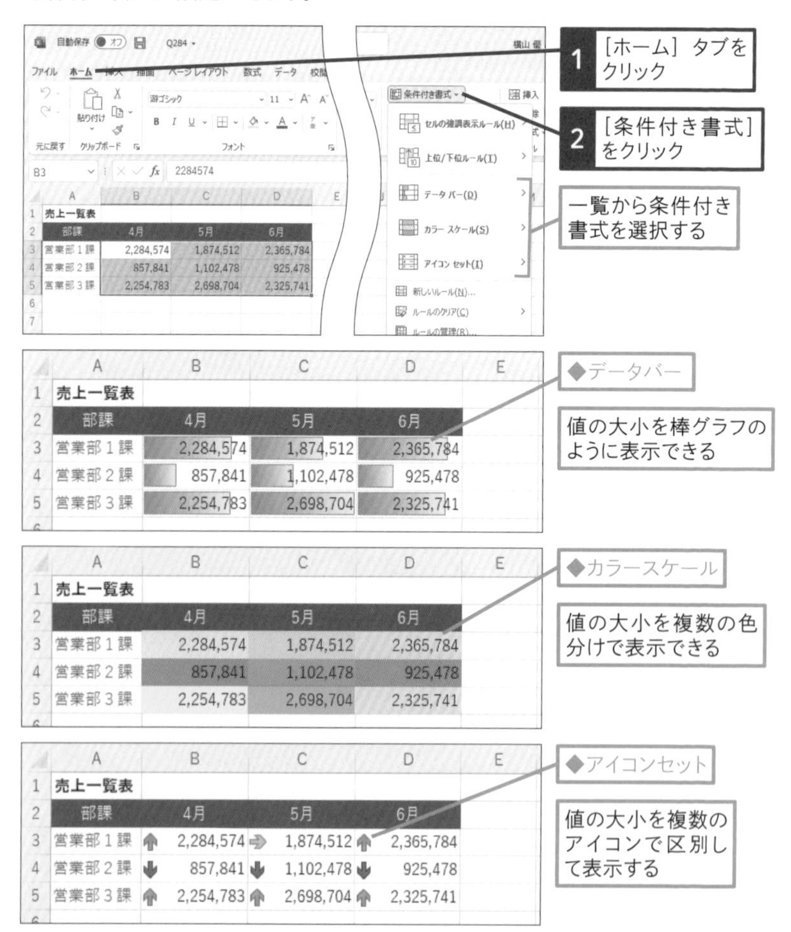

第3章 書式設定の時短と便利技

068 Q 条件に一致するセルだけ色を変えたい

365 2021 2019 2016
お役立ち度 ★★

A セルの強調表示のルールを選択します

以下の手順で条件付き書式を設定すると、セルの値に応じてフォントや罫線、塗りつぶしの色などを変化させることができます。

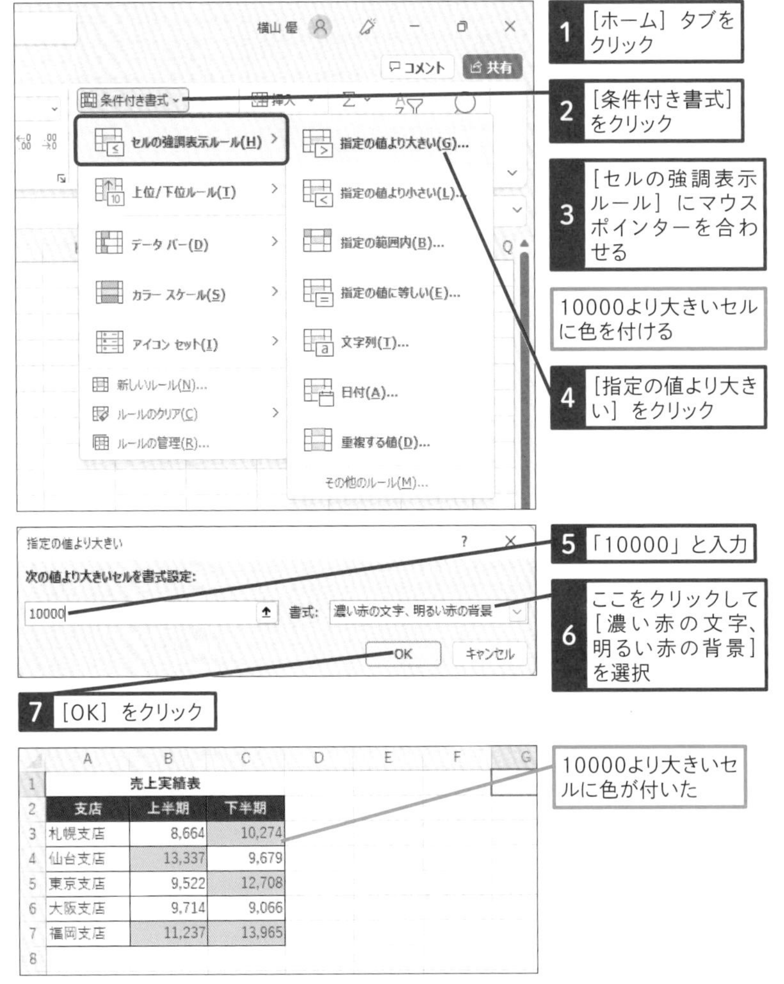

069 Q 条件付き書式を解除したい

365 2021 2019 2016

お役立ち度 ★★★

A [ルールのクリア] を選択します

[条件付き書式] の [ルールのクリア] のメニューから [選択したセルからルールをクリア] をクリックすると、あらかじめ選択したセル範囲の条件付き書式が解除されます。[シート全体からルールをクリア] をクリックすれば、ワークシートにあるすべてのセルから条件付き書式が解除されます。

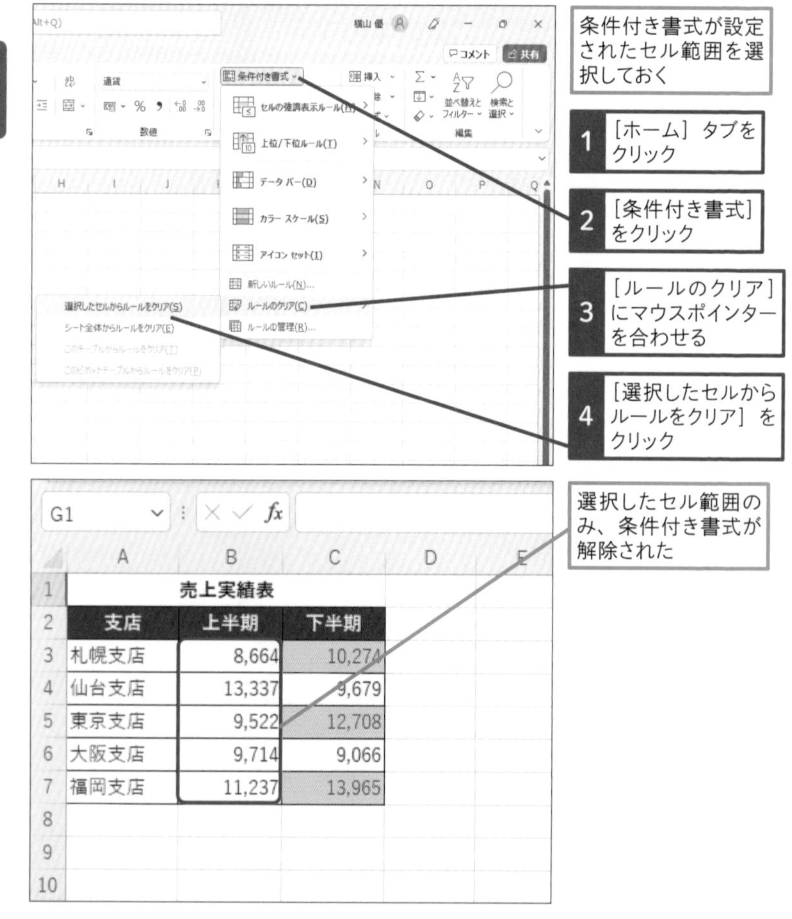

第3章 書式設定の時短と便利技

070 Q 表の日付のうち土日だけ色を変えたい

365 2021 2019 2016
お役立ち度 ★★★

A WEEKDAY関数を条件に使います

表の日付のうち土日だけ色を変えるには、WEEKDAY関数を使用して曜日を判定します。「WEEKDAY(日付)」の結果が「1」であれば日曜日、「7」であれば土曜日と判定できます。同じセル範囲に「曜日が1である場合は赤」「曜日が7である場合は青」という2つの条件付き書式を設定すれば、土日だけ色を変えられます。

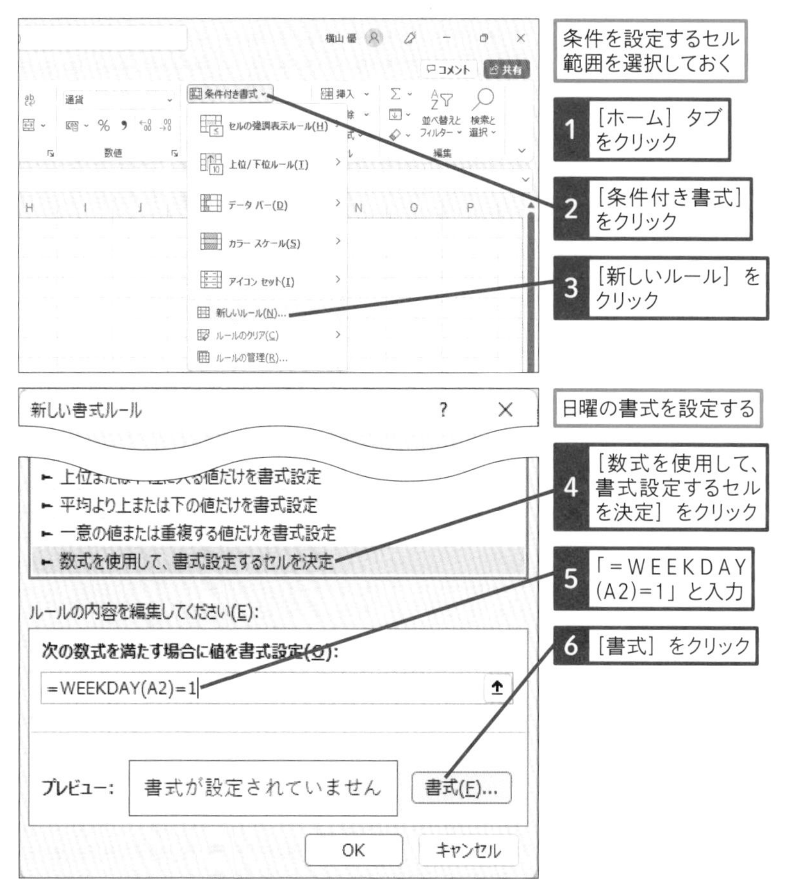

第3章 書式設定の時短と便利技

次のページに続く ➡

●土日の日付の色を変更する

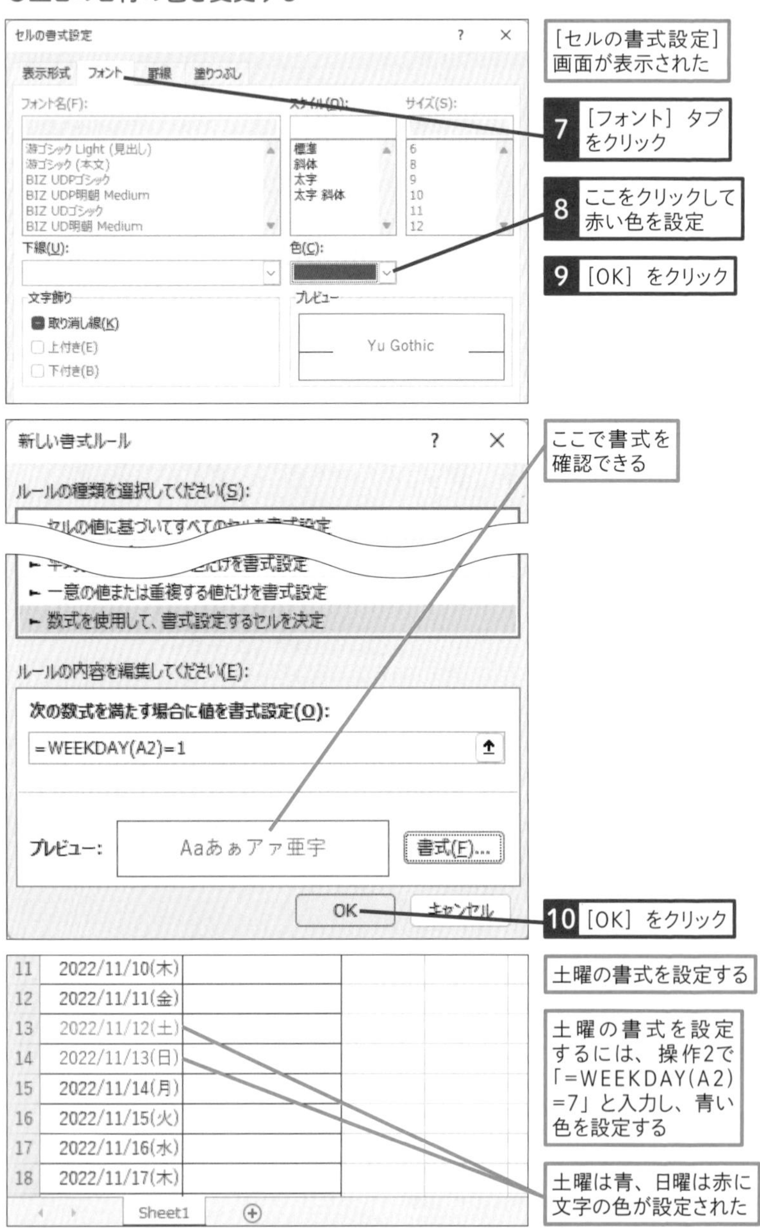

第4章

印刷の便利技

印刷した表やグラフは、会議の資料として配布したり、記録として保管したりするなど、さまざまな使い道があります。ここでは、印刷に関する基本的な操作を身に付けましょう。

071 Q 印刷イメージを確認してから印刷したい

365 2021 2019 2016
お役立ち度 ★★★

A 印刷プレビューを確認します

初めて印刷するときは、印刷前に、印刷プレビューを確認するようにしましょう。印刷プレビューには、実際の印刷イメージが表示されるので、事前に確認しておけば印刷の失敗を防げます。表と用紙のバランスが悪いときは、用紙のサイズや向き、余白の大きさをなど調整してから印刷しましょう。

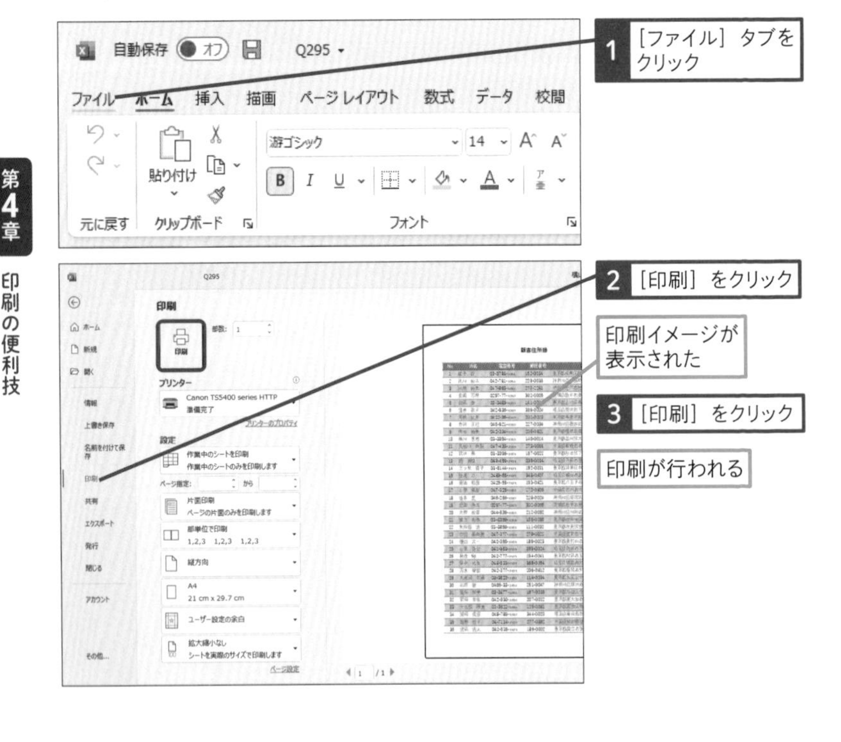

第4章 印刷の便利技

［印刷］画面を表示
Ctrl + P

072 Q 用紙の両面に印刷したい

365 2021 2019 2016
お役立ち度 ★★

A ［両面印刷］を選択します

プリンターが両面印刷に対応している場合、印刷プレビューの画面で［両面印刷］を選択すると、ワークシートを用紙の表と裏に印刷できます。2ページ分を1枚の用紙に印刷できるので、用紙の節約になります。

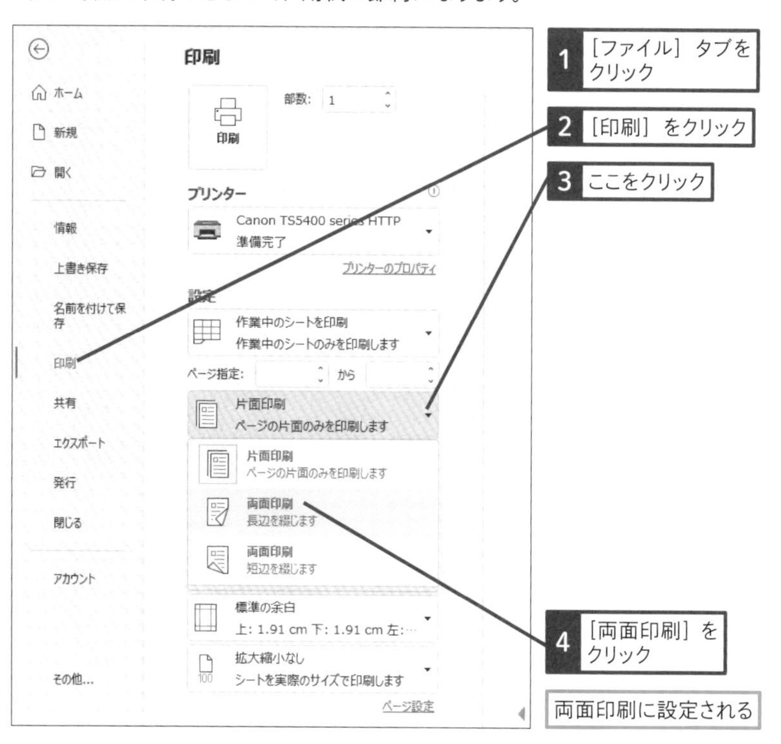

第4章 印刷の便利技

073 Q 複数のワークシートをまとめて印刷するには

365 2021 2019 2016
お役立ち度 ★★★

A シート見出しを選択してから印刷します

ワザ041を参考にワークシートをグループ化し、その状態で印刷すると、グループ化したワークシートをまとめて印刷できます。ページ番号を設定してあるワークシートには、通しのページ番号が印刷されます。なお、ブック内のすべてのワークシートを印刷する場合は、以下のステップアップで紹介している操作のほうが簡単です。

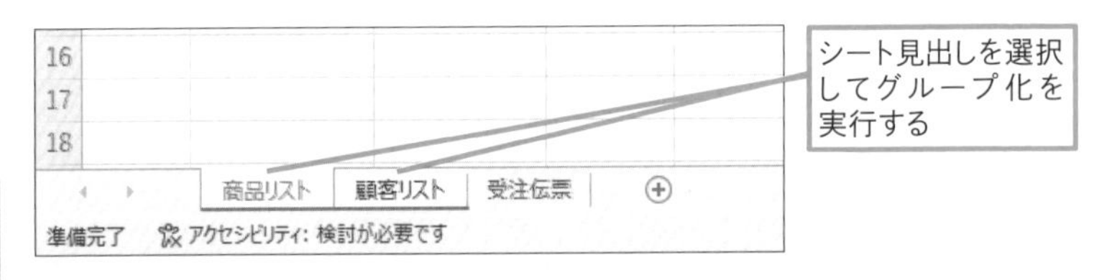

ショートカットキー [印刷] 画面を表示
Ctrl+P

関連041 複数のワークシートをまとめて操作したい ▸ P.63

ステップアップ

すべてのワークシートをまとめて印刷できる?

このワザの方法で操作すると、ブック内にあるすべてのワークシートをまとめて印刷できます。ページ番号を設定していた場合、すべてのワークシートの通し番号が各ページに印刷されます。

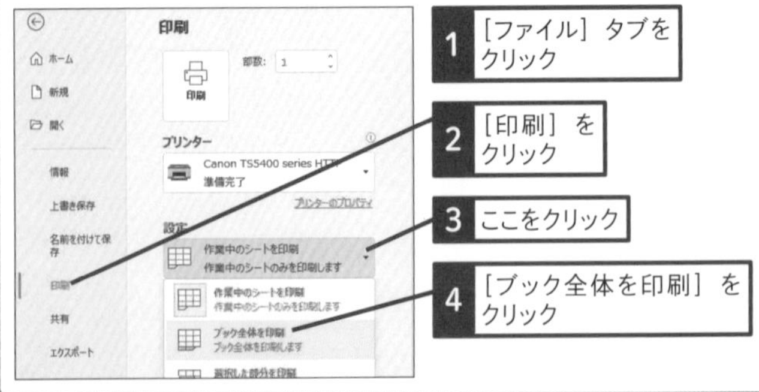

074 Q ページレイアウトビューって何？

365 2021 2019 2016
お役立ち度 ★★★

A 印刷イメージを確認しながら編集できます

ページレイアウトビューは、入力・編集と印刷イメージの確認を同時に行える表示モードです。画面上に用紙が縦横に並び、用紙の中にセルが表示されるので、常に印刷した状態を確認しながら入力や編集を行えます。用紙の余白も表示され、ヘッダーやフッターを直接編集できるのも、ページレイアウトビューならではのメリットです。

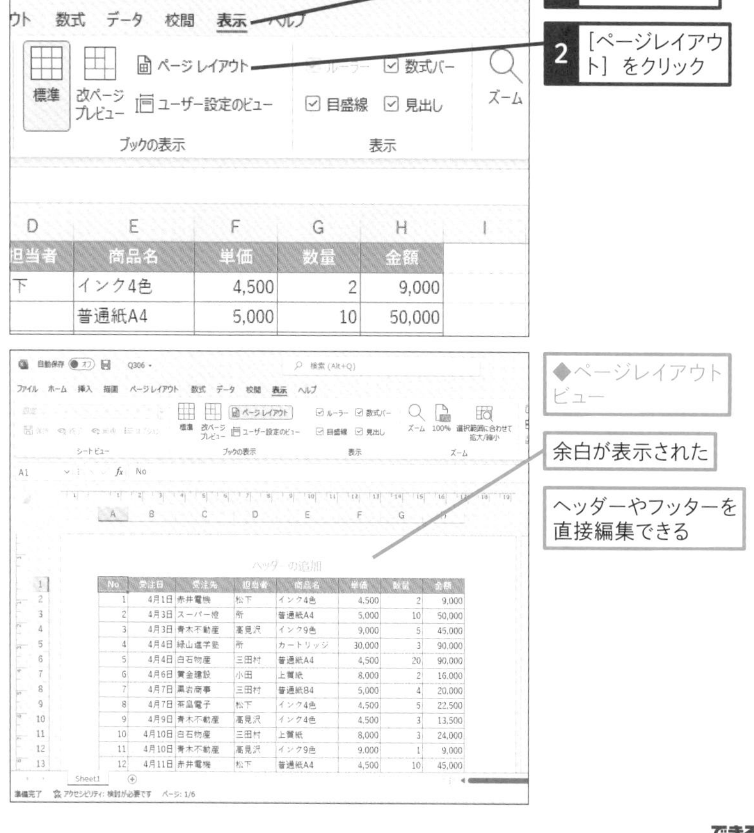

担当者	商品名	単価	数量	金額
下	インク4色	4,500	2	9,000
	普通紙A4	5,000	10	50,000

No	受注日	受注先	担当者	商品名	単価	数量	金額
1	4月1日	赤井電機	松下	インク4色	4,500	2	9,000
2	4月3日	スーパー橙	所	普通紙A4	5,000	10	50,000
3	4月3日	青木不動産	高見沢	インク9色	9,000	5	45,000
4	4月4日	緑山進学塾	所	カートリッジ	30,000	3	90,000
5	4月4日	白石物産	三田村	普通紙A4	4,500	20	90,000
6	4月6日	黄金建設	小田	上質紙	8,000	2	16,000
7	4月7日	黒岩商事	三田村	普通紙B4	5,000	4	20,000
8	4月7日	茶畠電子	松下	インク4色	4,500	5	22,500
9	4月9日	青木不動産	高見沢	インク4色	4,500	3	13,500
10	4月10日	白石物産	三田村	上質紙	8,000	3	24,000
11	4月10日	青木不動産	高見沢	インク9色	9,000	1	9,000
12	4月11日	赤井電機	松下	普通紙A4	4,500	10	45,000

075 Q 用紙の中央にバランスよく印刷したい

365 2021 2019 2016
お役立ち度 ★★★

A ［垂直］と［水平］を有効にします

［ページ設定］画面の［余白］タブでは、上下左右の余白サイズや用紙の中央に印刷する設定も行えます。［水平］をオンにすると用紙の幅に対して中央に印刷され、［垂直］をオンにすると用紙の高さに対して中央に印刷されます。また、両方をオンにすると、用紙の幅と高さに対して中央に印刷されます。

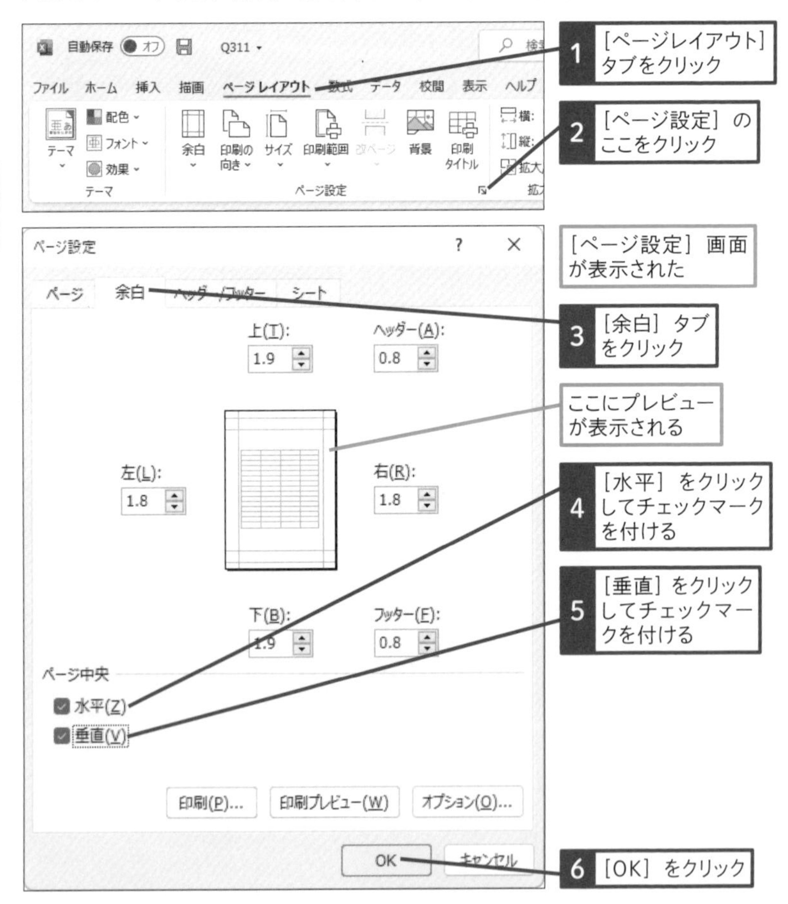

第4章 印刷の便利技

076 Q 必要な部分だけ選択して印刷したい

365 2021 2019 2016
お役立ち度 ★★★

A ［印刷範囲］を設定します

印刷したいセル範囲を［印刷範囲］として設定しておくと、枠線で囲まれ、枠線内だけが印刷されます。ワークシート内の複数の個所を印刷範囲に設定した場合、それぞれが異なるページに印刷されます。

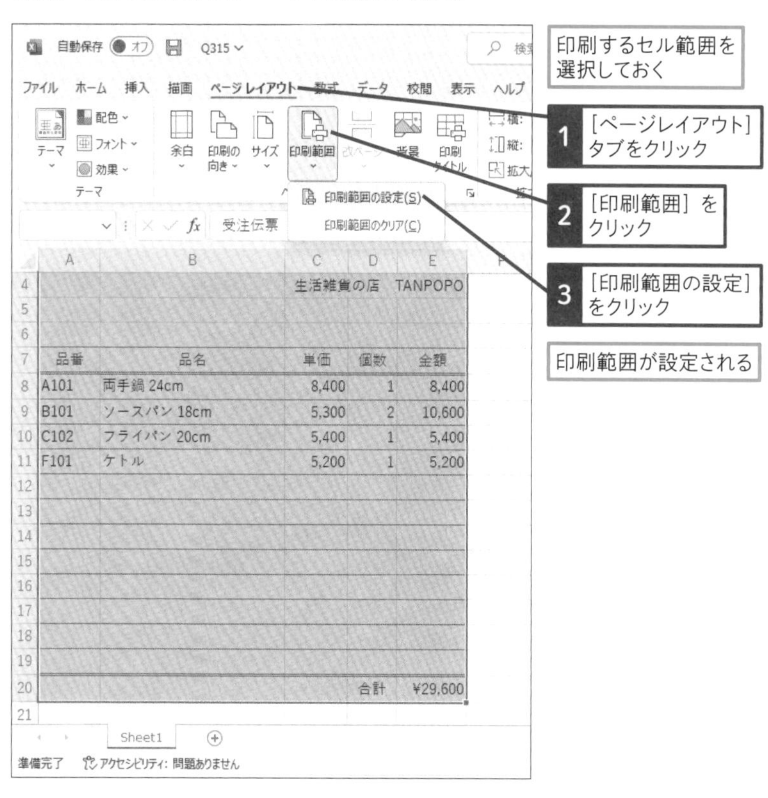

第4章 印刷の便利技

077 白黒で印刷したら文字が読めなくなった！

365 2021 2019 2016
お役立ち度 ★★★

A ［白黒印刷］を使います

セルや文字に設定した色によっては、モノクロプリンターで印刷したときに文字が読みにくくなります。ワザ075を参考に［ページ設定］画面を表示し、［白黒印刷］の設定をしておくと、塗りつぶしの設定を無視して文字と線が黒で印刷されるため、モノクロプリンターでも見やすく印刷できます。

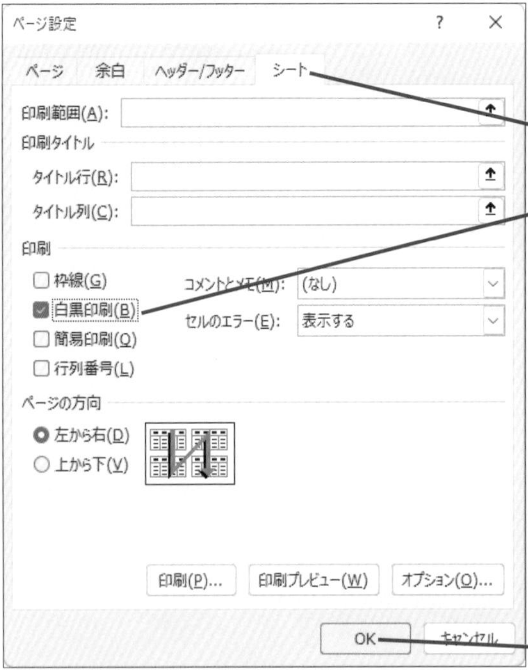

第4章 印刷の便利技

関連 075 用紙の中央にバランスよく印刷したい ▸ P.102

078 Q 印刷すると表が少しだけはみ出してしまう

365 2021 2019 2016
お役立ち度 ★★★

A 余白を調整します

用紙1枚に収めたい表が、わずかに収まらないことがあります。そのような場合は、余白のサイズを調整してみましょう。印刷プレビューやページレイアウトビューを使用すれば、ドラッグするだけで簡単に調整できます。また、[余白] ボタンのメニューから [狭い] を選択して余白サイズを狭くする方法もあります。

●印刷プレビューで設定する場合

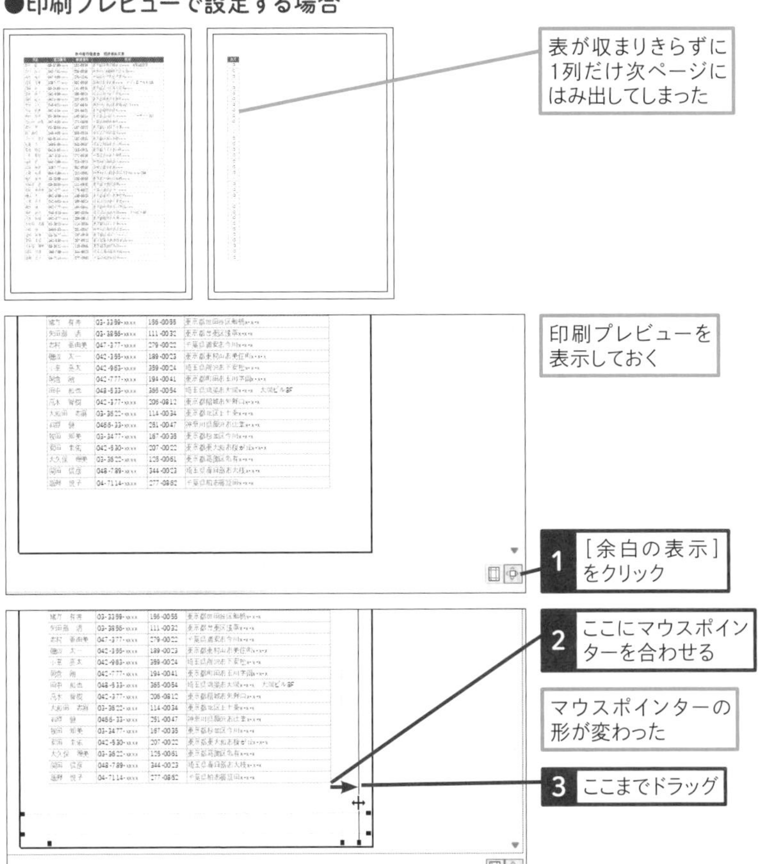

第4章 印刷の便利技

次のページに続く➡

●表全体が1ページに収まった

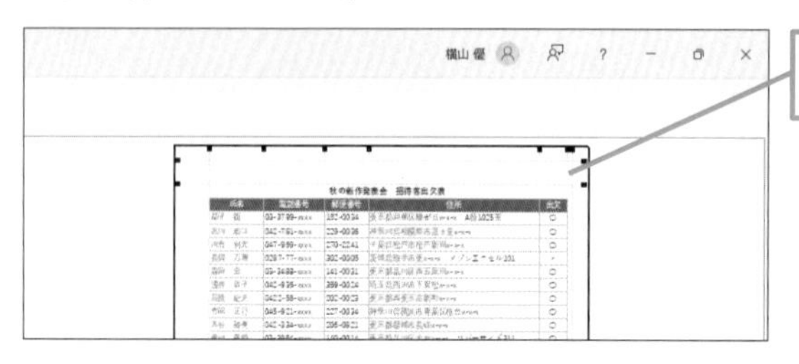

余白が縮小して表全体が1ページに収まった

●ページレイアウトビューで設定する場合

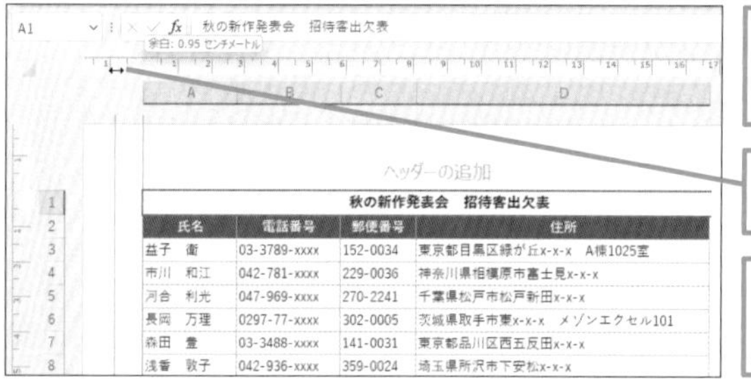

ワザ074を参考にページレイアウトビューで表示しておく

ここをドラッグして余白のサイズを変更できる

ドラッグすると余白のサイズがセンチメートル単位で表示される

●［余白］ボタンを利用する場合

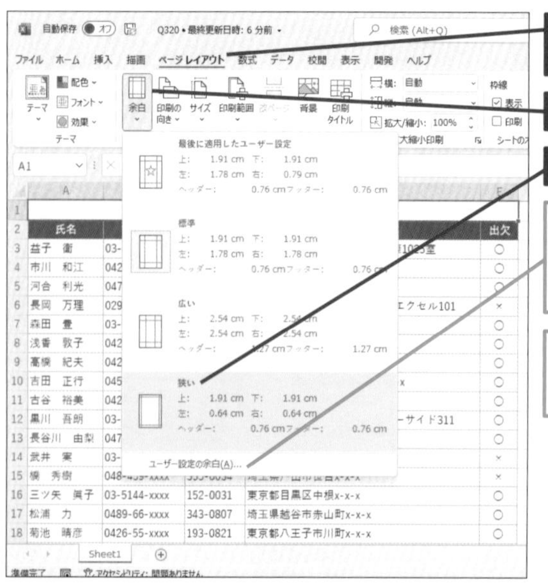

1 ［ページレイアウト］タブをクリック

2 ［余白］をクリック

3 ［狭い］をクリック

［ユーザー設定の余白］をクリックすると、センチメートル単位の数値で余白を指定できる

余白が狭くなり、はみ出ていた表がページに収まるようになる

079 Q A4に合わせて作った表をB5に印刷できる?

365 2021 2019 2016
お役立ち度 ★★★

A 用紙サイズを選択して縮小印刷します

用紙をB5サイズに変更して、1ページに収まるように縮小印刷の設定を行えば、A4のレイアウトで作った表をB5サイズ1枚に印刷できます。

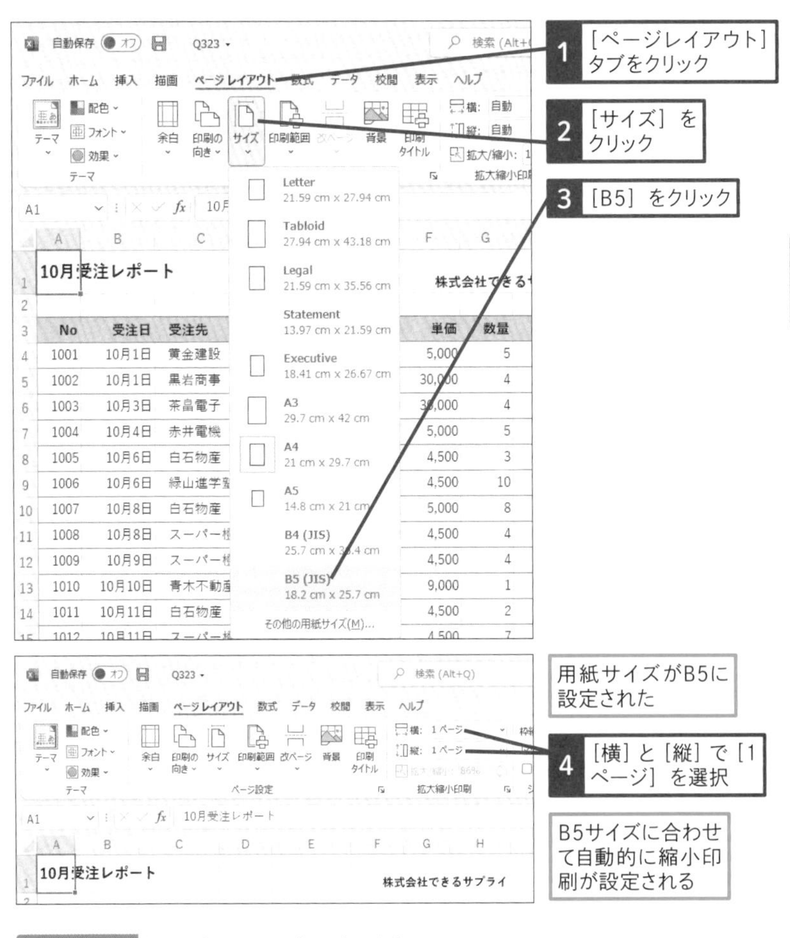

ショートカットキー
[ページ レイアウト] タブに移動
Alt + P

第4章 印刷の便利技

080 Q 特定の位置でページを区切るには

365 2021 2019 2016
お役立ち度 ★★★

A ［改ページ］を挿入します

切りのいい位置でページを区切るには、新しいページの先頭に当たるセルで［改ページ］を挿入します。なお、自動で挿入される改ページは破線で表示されます。

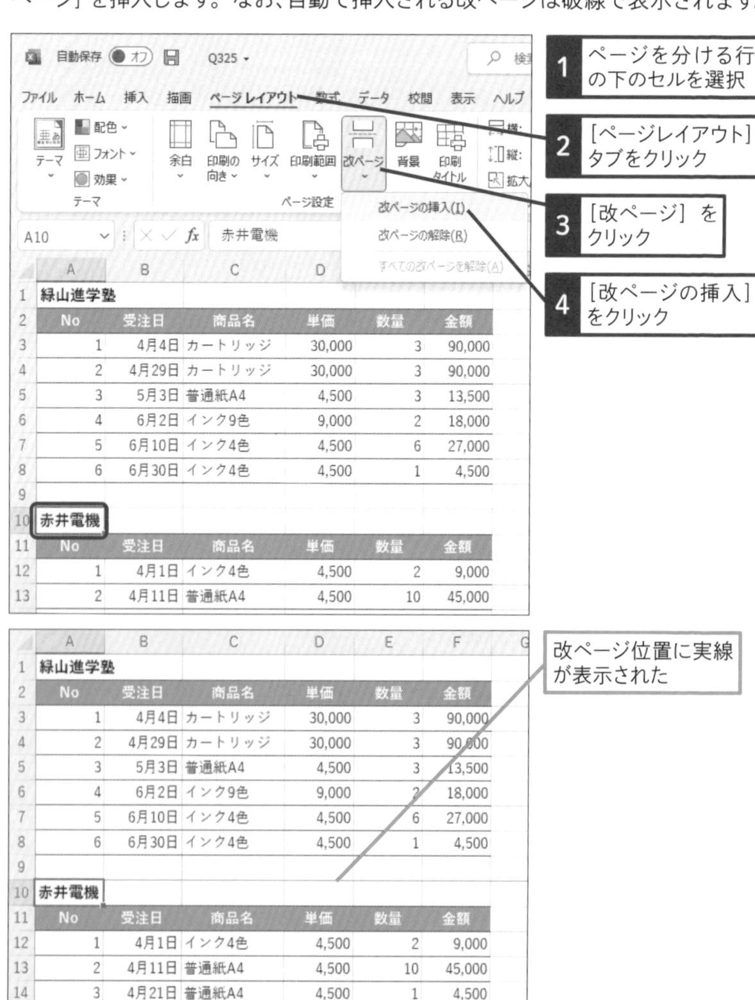

081 Q イメージを確認しながら改ページを移動したい

365 2021 2019 2016

お役立ち度 ★★★

A 区切り線をドラッグします

[表示] タブ - [改ページプレビュー] をクリックして改ページプレビューを表示すると、ページの区切り線をドラッグして改ページの位置を簡単に移動できます。印刷範囲全体の様子を見ながら改ページの位置を決められるので便利です。なお、次ページにはみ出している列や行を前ページに含めた場合は、自動的に縮小印刷の設定が行われます。

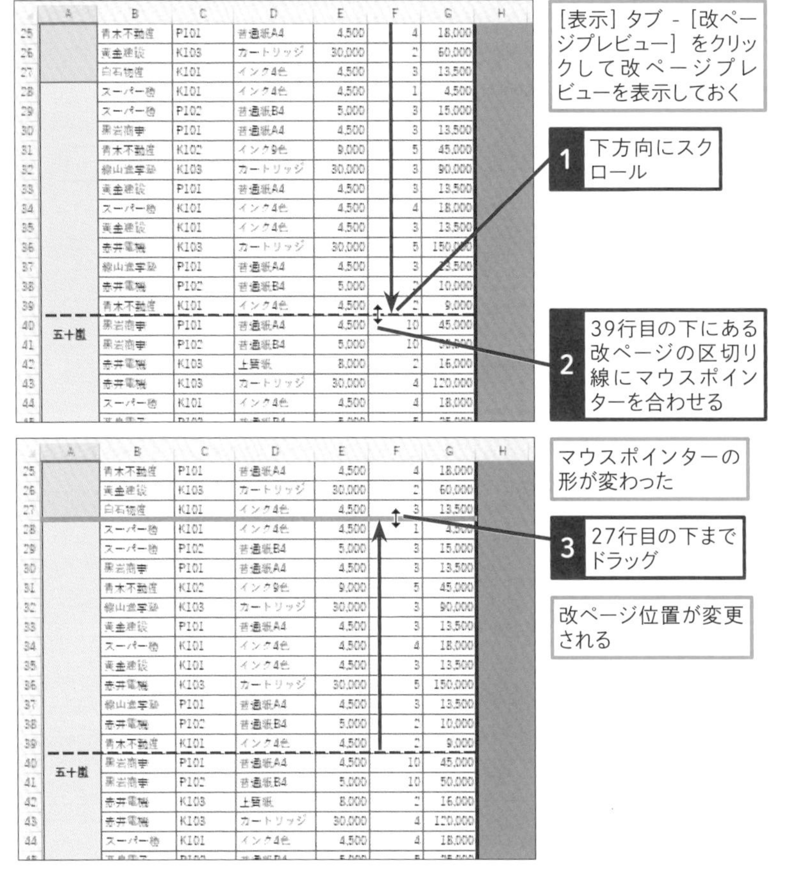

082 Q すべてのページに行見出しを付けて印刷したい

365 2021 2019 2016
お役立ち度 ★★★

A ［タイトル行］を設定します

縦に長い表を複数ページに渡って印刷するとき、2ページ目以降にも先頭ページと同じ見出しを印刷すると分かりやすくなります。それにはワザ075で解説した［ページ設定］画面で［タイトル行］に見出しとなる行を設定します。表が横長の場合は［タイトル列］を設定するといいでしょう。

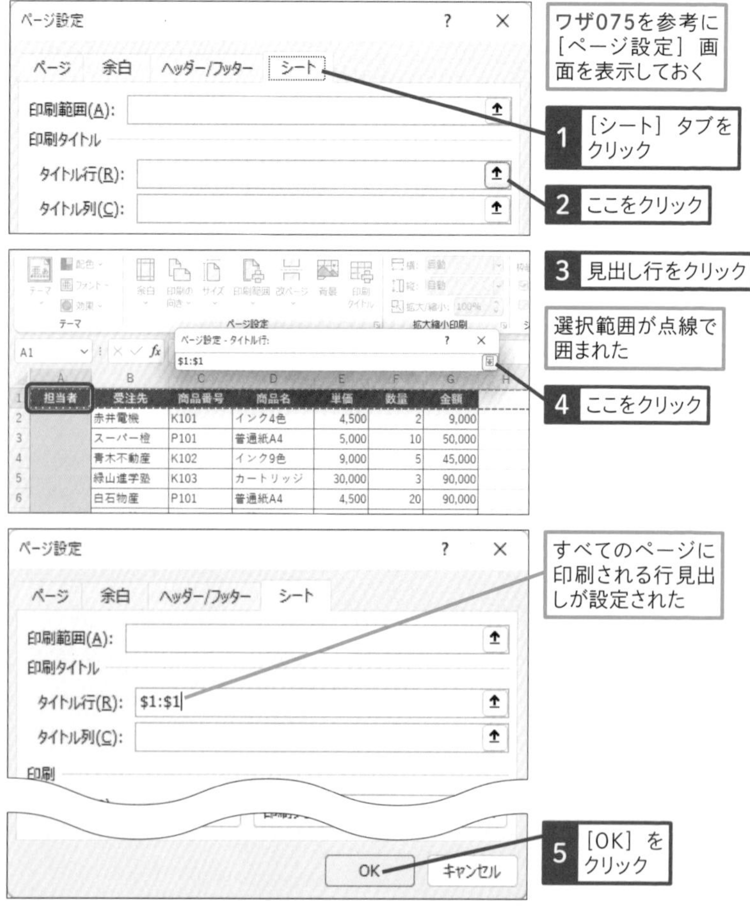

083 Q ページ番号や総ページ数を自動でふって印刷するには

365 2021 2019 2016
お役立ち度 ★★★

A ［ページ番号］を追加します

［ヘッダーとフッター］タブにある［ページ番号］ボタンや［ページ数］ボタンを使用すると、ページ番号や総ページ数を自由な体裁で印刷できます。以下では、ヘッダーにページ番号を挿入しています。ちなみに、操作3の次に「/」を入力して、［ページ数］ボタンをクリックし、続いて「ページ」と入力すると、「1/5ページ」という体裁でページ番号と総ページ数を印刷できます。

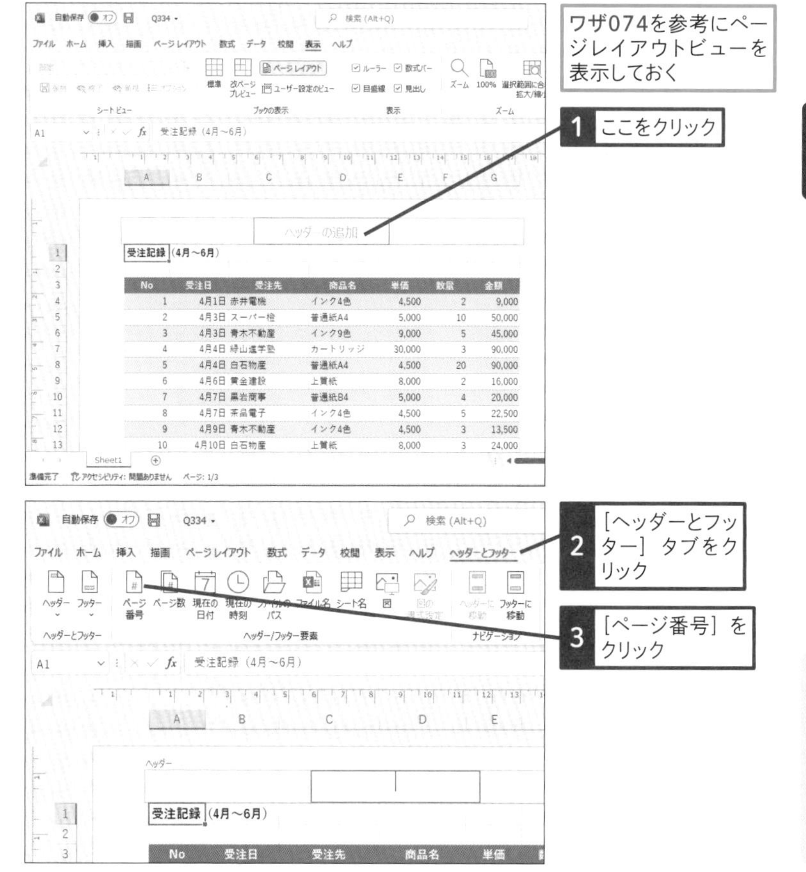

次のページに続く ➡

●ページ番号を追加する

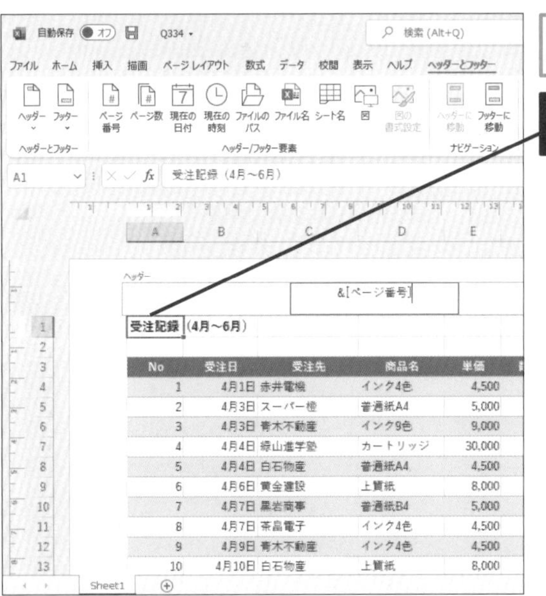

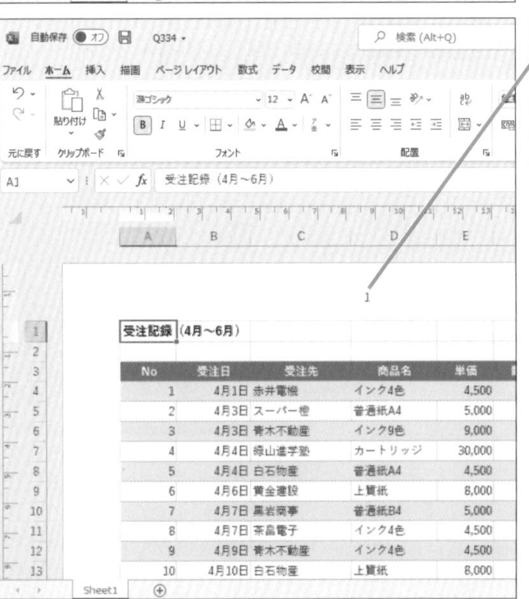

第4章 印刷の便利技

第5章

集計と関数の便利技

表計算ソフトを使う醍醐味は、面倒な計算を自動で素早く行えることです。計算式と関数の便利技をマスターすれば、Excelでできる計算の幅が広がり、この醍醐味を味わえます。

084 Q セルを使って計算するには？

365 2021 2019 2016
お役立ち度 ★★★

A 「=」で入力を始めます

「=」に続けてセル番号と演算子を入力すると、セルの値で計算できます。セル番号でセルの値を参照することを「セル参照」と言います。セルの値を変更すると、計算結果も変わります。

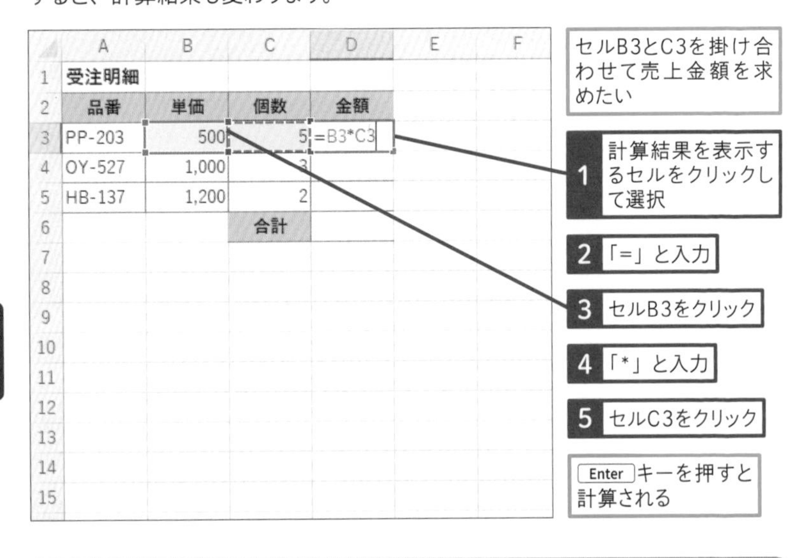

ステップアップ

オートSUMを素早く実行したい

合計を素早く求めたいときは、[オートSUM] ボタンの代わりにショートカットキーを利用しましょう。合計欄のセルを選択して、Alt キーと Shift キーを押しながら = キーを押すと、選択したセルにSUM関数が入力されます。Enter キーを押すと、合計が即座に表示されます。

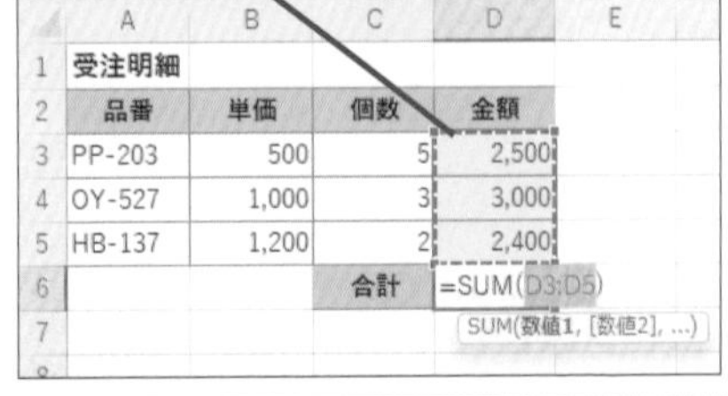

第5章 集計と関数の便利技

085 Q オートSUMはどこから実行するの？

365 2021 2019 2016
お役立ち度 ★★★

A ［数式］タブか［ホーム］タブから実行します

オートSUMとは、自動的にSUM関数の数式を入力して合計値を求める機能です。合計対象のセル範囲も自動的に認識されます。［オートSUM］ボタンは［ホーム］タブと［数式］タブの両方にあり、どちらを使用しても構いません。

●［数式］タブの場合

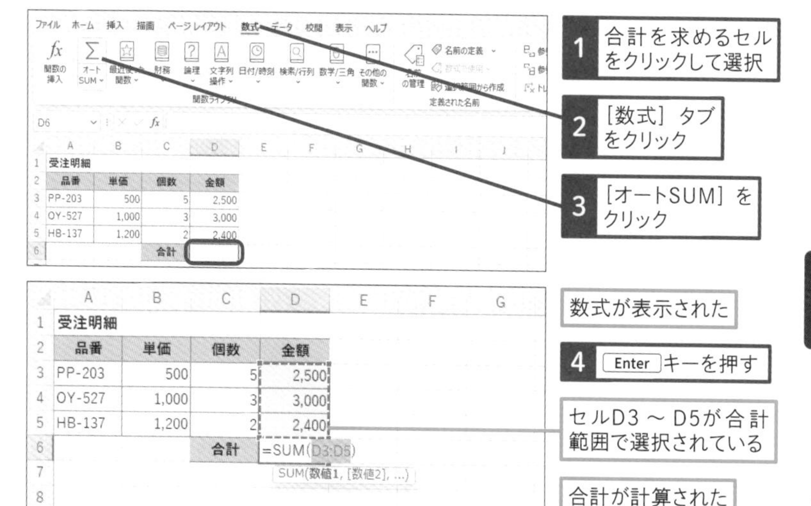

●［ホーム］タブの場合

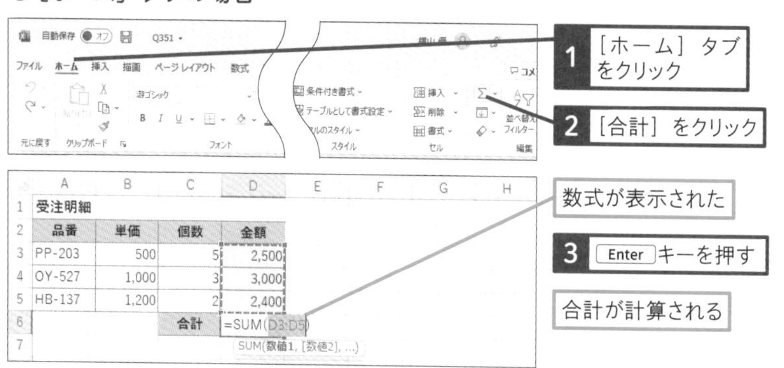

第5章 集計と関数の便利技

086 Q 小計と総計を求めるには？

365 2021 2019 2016
お役立ち度 ★★★

A 合計欄を別々に選択します

小計と総計を求めるセルをそれぞれ別々に選択して[オートSUM] を実行すると、小計と総計を自動的に計算できます。最後の小計欄と総計欄をまとめて選択せずに、Ctrlキーを押しながらセルをクリックして、別々に選択するのがポイントです。

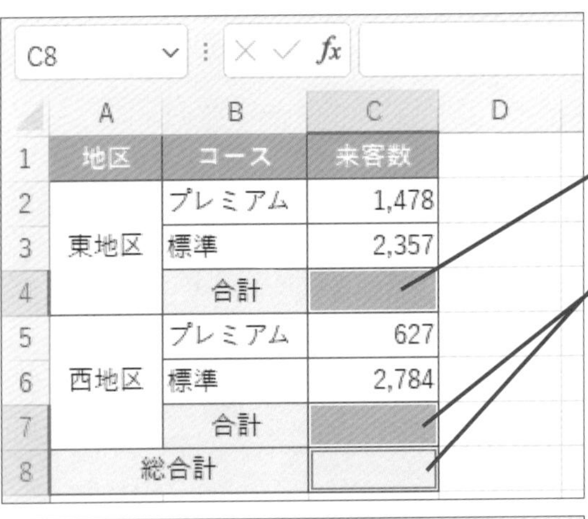

C8 =SUM(C7,C4)

	A	B	C	D
1	地区	コース	来客数	
2	東地区	プレミアム	1,478	
3		標準	2,357	
4		合計	3,835	
5	西地区	プレミアム	627	
6		標準	2,784	
7		合計	3,411	
8	総合計		7,246	

3 ［数式］タブの［オートSUM］をクリック

小計と総計が一度に求められた

087 Q 数式をコピーするには？

365 2021 2019 2016
お役立ち度 ★★★

A オートフィルでコピーします

オートフィルを使用すると、隣接するセルに数式を簡単にコピーできます。数式中のセル番号は、コピー先に応じて自動的に変化します。このワザの例では、3行目の前年比を求める「=C3/B3」という数式を1つ下のセルにコピーしたので、コピー先では数式の行番号が1つ増えて「=C4/B4」に変わり、正しく4行目の前年比が求められます。数式のコピー元の位置を基準にセル参照が変わることを「相対参照」と言います。

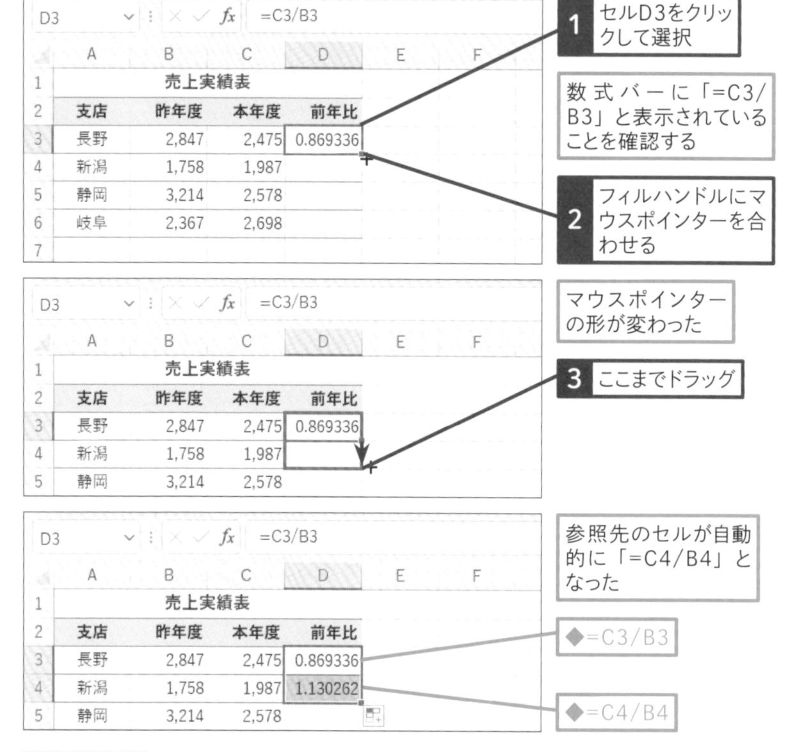

ショートカットキー
参照方式を切り替える
F4

第5章 集計と関数の便利技

088 Q コピーしてもセルの参照先が変わらないようにしたい

365 2021 2019 2016
お役立ち度 ★★★

A 絶対参照を使います

「$B$7」のように、セル番号に「$」（ドル）を付けて入力すると、数式をコピーしても参照先が固定されて変わらなくなります。参照先を固定するセル参照を「絶対参照」と呼びます。セルを絶対参照にするには、セル番号を入力した後で F4 キーを押しましょう。

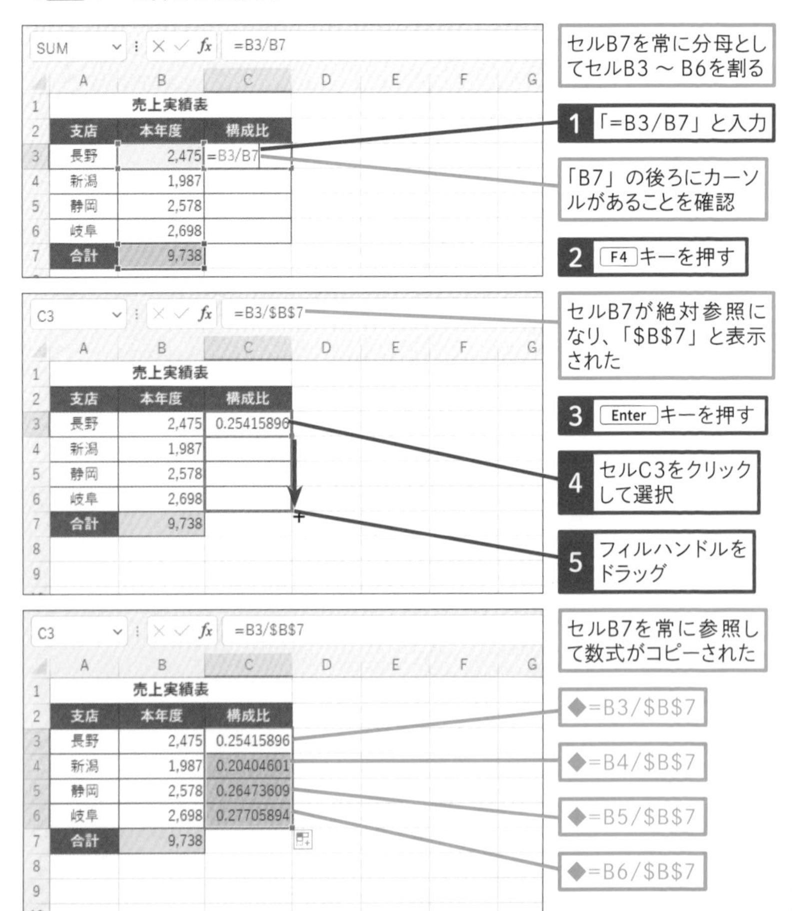

第5章 集計と関数の便利技

089 Q 配列数式って何？

365 2021 2019 2016
お役立ち度 ★★★

A 縦横に並べた値のセットをまとめて計算する数式です

配列とは、縦や横に並んだ値のセットのことです。また、配列数式とは、配列内の値をまとめて処理する数式のことです。Excelでは、セルに並べて入力した複数の値を配列として計算に利用できます。例えば、「200, 50, 100」という3つの値を持つ配列と「4, 8, 2」という3つの値を持つ配列を掛け合わせると、同じ位置にある値同士で掛け算が行われ、計算結果として「800, 400, 200」という配列が得られます。

配列1		配列2		結果
200		4		800
50	×	8	=	400
100		2		200

配列同士を掛け算すると、1つの掛け算の式で配列内のすべての数値同士で掛け算が行われる

配列数式が威力を発揮するのは、関数と組み合わせるときです。例えば、上記の配列の掛け算をSUM関数の引数として指定すると、「800, 400, 200」の合計である「1400」という結果が得られます。通常なら別途作業用のセルに「200×4」「50×8」「100×2」を求める数式を入力し、その結果をSUM関数の引数として指定しなければなりません。しかし、配列数式を使えば、作業用のセルを用意しなくても1つの数式でスマートに計算できるのです。

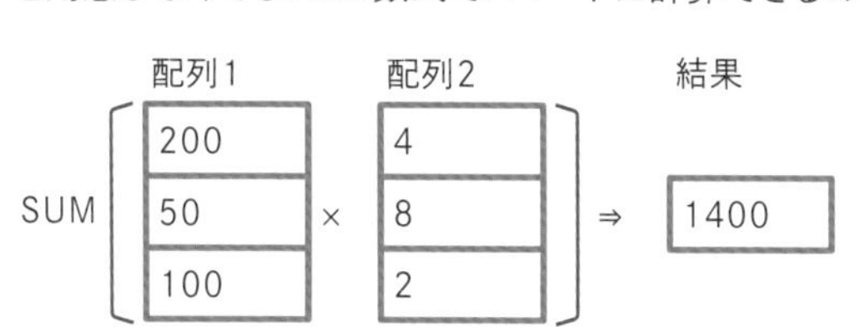

SUM関数の引数に配列の掛け算を指定すると、配列の要素同士の掛け算と、その結果の合計を一気に計算できる

090 Q 配列数式はどうやって入力するの？

365 2021 2019 2016
お役立ち度 ★★★

A 数式を入力して Ctrl + Shift + Enter キーで確定します

結果を入力するセルまたはセル範囲を選択し、「=」に続けて数式を入力したあと、Ctrl + Shift + Enter キーを押して確定すると、自動的に数式全体が「{ }」で囲まれ、配列数式になります。手動で「{ }」を入力しても配列数式にはならないので注意してください。

以下の例では、セルB3 ～ B5の単価とセルC3 ～ C5の個数をそれぞれ掛け合わせて商品ごとの金額を計算しています。「{=B3:B5*C3:C5}」という配列数式を入力することで、「B3*C3」「B4*C4」「B5*C5」の3つの計算が行われます。計算結果として3つの値が得られるので、あらかじめ3つ分のセル範囲を選択しておく必要があります。

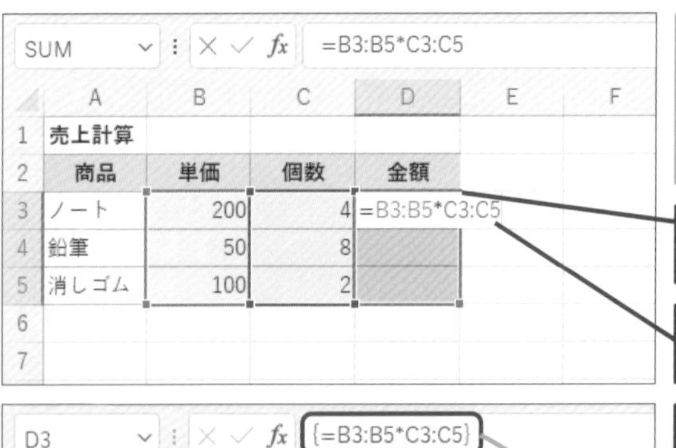

配列数式の計算により3つ分の「単価×個数」を一気に計算できるので、3個分のセル範囲を選択しておく

1 セルD3 ～ D5をドラッグして選択

2 「=B3:B5*C3:C5」と入力

3 Ctrl + Shift + Enter キーを押す

D3 {=B3:B5*C3:C5}

	A	B	C	D
1	売上計算			
2	商品	単価	個数	金額
3	ノート	200	4	800
4	鉛筆	50	8	400
5	消しゴム	100	2	200

数式が「{ }」で囲まれ配列数式として入力された

「単価×個数」の計算結果が表示された

091 Q 配列数式と関数を組み合わせるには

365 2021 2019 2016
お役立ち度 ★★★

A 関数の引数に配列を指定します

SUM関数やMAX関数、FREQUENCY関数など、Excelの一部の関数は引数に配列を指定して配列数式として入力できます。関数と配列数式を組み合わせることで、本来なら複数の数式で段階的に計算する必要があるものを、ひとつの数式で一気に計算できます。配列数式として入力した場合の関数の戻り値は、1つの値になる場合と配列になる場合があります。配列になる場合は、あらかじめ配列と同じ大きさのセル範囲を選択する必要があります。

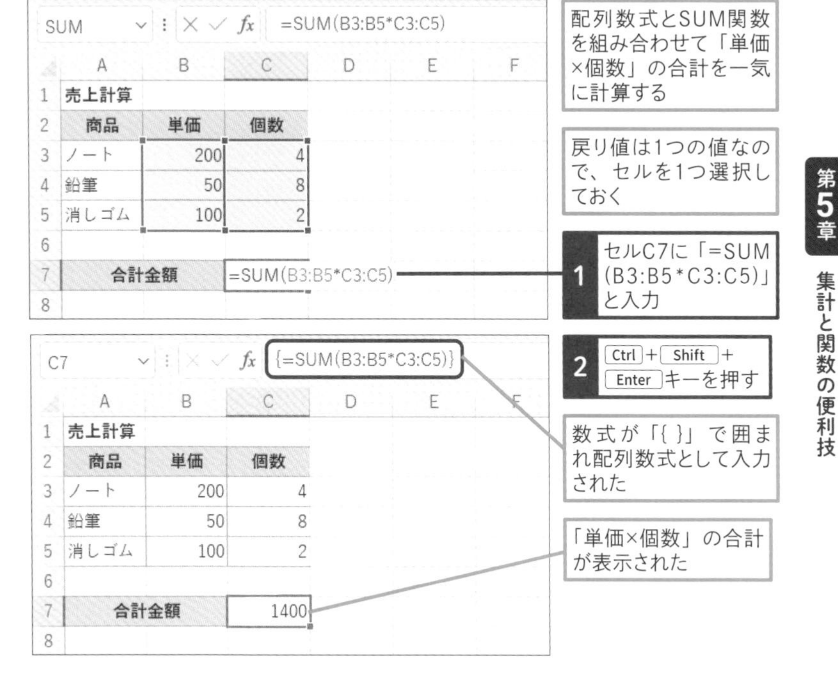

ショートカットキー
配列数式として設定
Ctrl+Shift+Enter

第5章 集計と関数の便利技

092 Q 動的配列数式って何？

動画で見る

365 2021 2019 2016

お役立ち度 ★★★

A 必要なセルに結果が自動表示される配列数式です

Microsoft 365とExcel 2021には、配列数式の進化版である「動的配列数式」という機能が追加されました。従来の配列数式とは異なり、先頭のセルに配列を返す数式を入力して Enter キーを押すだけで、「スピル」という機能が働き、自動的に隣接するセル範囲に結果が表示されます。「スピル」は英語で「こぼれる」という意味で、先頭のセルに入力した数式がこぼれて隣接するセルに補完入力される様子を表します。

ここでは、ワザ091で入力した配列数式を動的配列数式として入力する方法を紹介します。ワザ091の操作との違いを確認してください。

元に戻す　クリップボード　フォント

AND　=B3:B5*C3:C5

	A	B	C	D	E
1	売上計算				
2	商品	単価	個数	金額	
3	ノート	200	4	=B3:B5*C3:C5	
4	鉛筆	50	8		
5	消しゴム	100	2		
6					
7					

動的配列数式を利用して「単価×個数」を一気に計算する

計算結果を表示する先頭のセルD3を選択しておく

1 セルD3に「=B3:B5*C3:C5」と入力

2 Enter キーを押す

D4　=B3:B5*C3:C5

	A	B	C	D	E
1	売上計算				
2	商品	単価	個数	金額	
3	ノート	200	4	800	
4	鉛筆	50	8	400	
5	消しゴム	100	2	200	
6					
7					
8					

計算結果が自動的に下のセルまで広がった

動的配列数式が入力されたセル範囲が青枠で囲まれた

093 Q ゴーストって何？

365 2021 2019 2016
お役立ち度 ★★

A スピル機能により補完入力されたセルのことです

動的配列数式を直接入力したセルの数式は、数式バーに通常通り表示されます。一方、スピル機能により補完入力されたセルは「ゴースト」と呼ばれ、その数式は数式バーに淡色で表示されます。ゴーストのセルに別の値や数式を入力すると、動的配列数式がエラーとなり、先頭のセルに「#SPILL!」が表示されます。

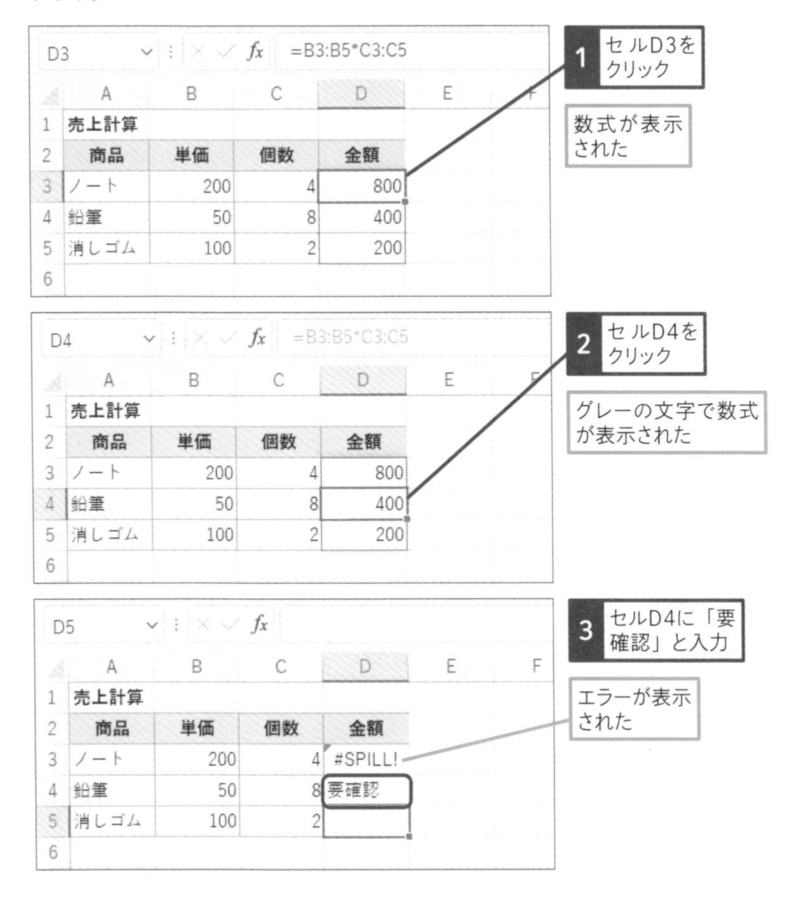

第5章 集計と関数の便利技

094 Q スピルを利用する関数にはどんなものがあるの？

365 2021 2019 2016
お役立ち度 ★★★

A FILTER関数などがあります

Microsoft 365とExcel 2021には、スピル機能を利用するFILTER関数やSORT関数などの新関数が複数追加されました。例えばFILTER関数は、表から条件に合うデータを抽出する関数です。先頭のセルにFILTER関数を入力するだけで、抽出結果の行数・列数分のセル範囲に数式がスピルされます。抽出条件を変えると、新たな抽出結果の範囲に数式がスピルし直されます。スピル機能を存分に利用する関数と言えます。

●動的配列数式を使う関数

関数	説明
SORT	範囲または配列の内容を並べ替える
SORTBY	範囲または配列の内容を、対応する範囲または配列の値に基づいて並べ替える
FILTER	定義した条件に基づいてデータの範囲をフィルター処理する
UNIQUE	一覧または範囲内の一意の値の一覧を返す

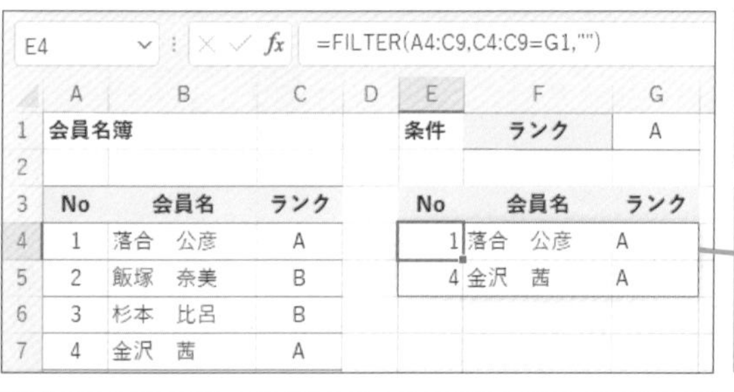

セルE4にFILTER関数を入力して、セルG1の条件に合うデータを会員名簿から抽出する

会員名簿にランクが「A」のデータが2件あるので、2件分のセル範囲に数式がスピルされる

	A	B	C	D	E	F	G
1	会員名簿				条件	ランク	B
2							
3	No	会員名	ランク		No	会員名	ランク
4	1	落合　公彦	A		2	飯塚　奈美	B
5	2	飯塚　奈美	B		3	杉本　比呂	B
6	3	杉本　比呂	B		5	伊郷　由人	B
7	4	金沢　茜	A		6	大槻　健太	B
8	5	伊郷　由人	B				
9	6	大槻　健太	B				
10							
11							

1 「B」と入力

会員名簿にランクが「B」のデータが4件あるので、4件分のセル範囲に数式がスピルし直された

第5章 集計と関数の便利技

095 Q ほかのワークシートのセルを参照したい

365 2021 2019 2016
お役立ち度 ★★★

A 数式入力中に別のシートをクリックします

数式の入力中に、ほかのワークシートに切り替えてセルをクリックすると、そのセル参照を数式に入力できます。ほかのワークシートのセルは「シート名!セル番号」という形式で表されます。なお、リンク貼り付けを実行しても、ほかのワークシートのセルを参照できます。

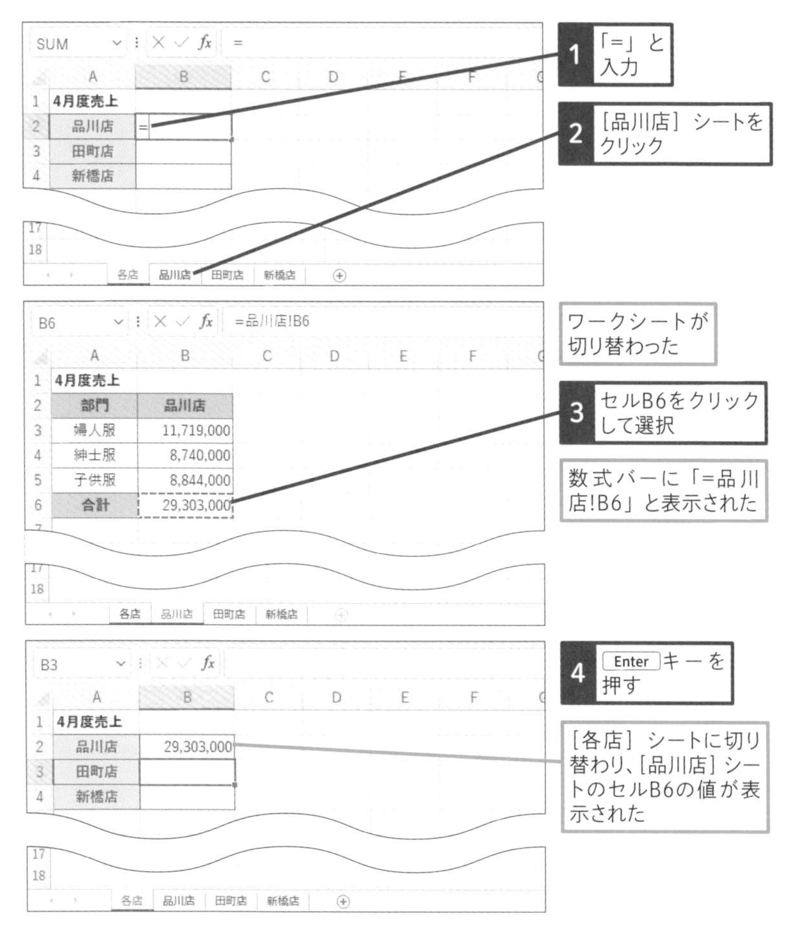

第5章 集計と関数の便利技

096 Q 複数のワークシート上にある同じセルを合計するには

365 2021 2019 2016
お役立ち度 ★★★

A 3-D参照を使います

異なるワークシート上の同じセル番号のデータ同士は、3-D参照を使用して集計できます。以下の例では、[品川店] シートから [新橋店] シートまでのすべてのセルB3の数値を合計しています。

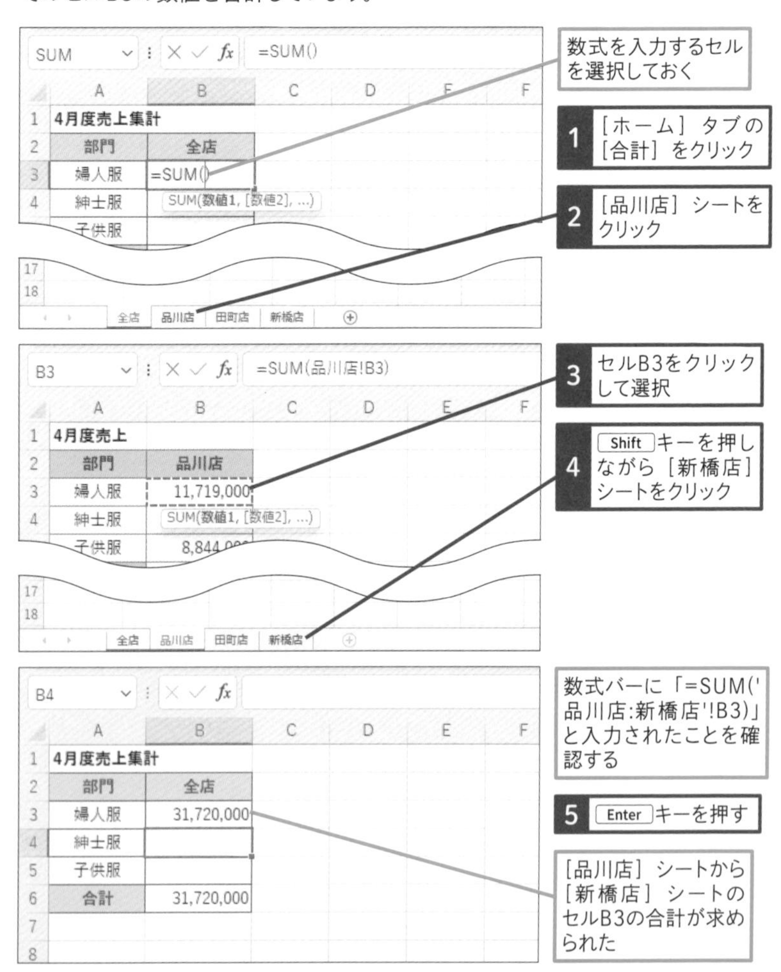

097 Q 関数を直接入力したい

365 2021 2019 2016
お役立ち度 ★★★

A 「=」に続けて入力します

入力モードを［半角英数］にして、「=」に続けて関数の先頭文字を入力すると、入力した文字で始まる関数が一覧表示されます。一覧から関数を選択して、自動表示される関数の構文を見ながら引数を入力すれば、関数を簡単に入力できます。

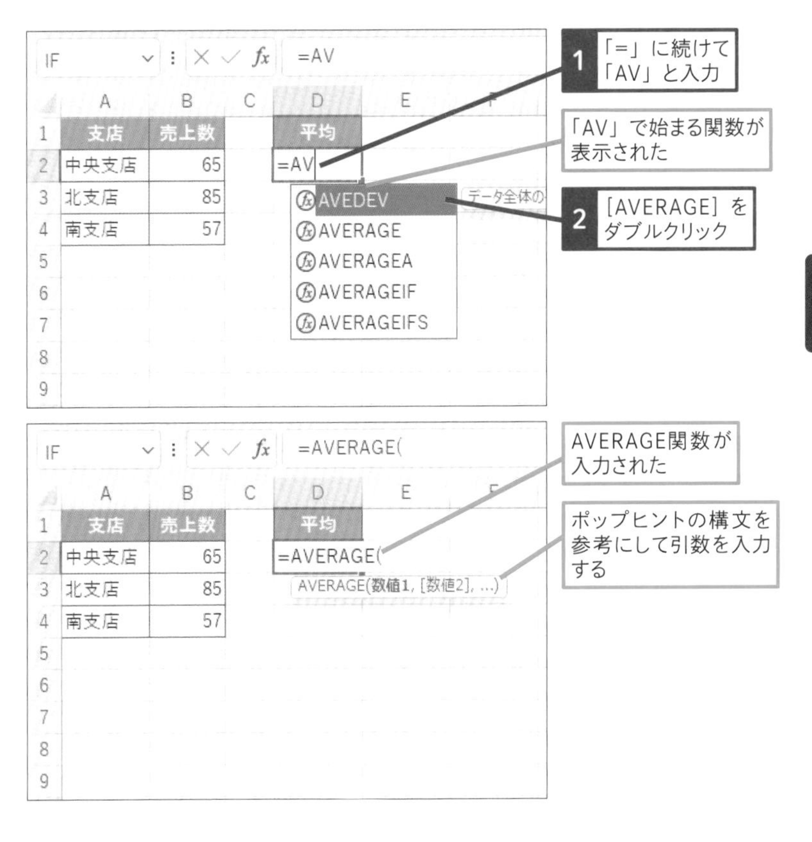

第5章 集計と関数の便利技

098 Q データの個数を数えるには？

365 2021 2019 2016
お役立ち度 ★★★

A COUNT関数を使います

データの個数を数える関数で、ぜひ覚えておきたいのが「COUNT(カウント)関数」と「COUNTA(カウントエー)関数」の2つです。COUNT関数は数値データを数えるのに対し、COUNTA関数は空白でないセルを数えます。以下の例のように、申請金額を払っている人の数を計算するときは数値データのセルを数えるCOUNT関数を使いますが、申請リストに登録されている全体の人数を求めるには、COUNTA関数を使います。

COUNT(値1,値2,… 値255)
指定した範囲にある数値の個数を求める

COUNTA(値1,値2,… 値255)
指定した範囲にある空白以外のセルの個数を求める

	A	B	C	D	E	F
1	受講料補助申請リスト					
2	申請者	申請金額				
3	山口	5,000				
4	奥村	申請なし				
5	萩	8,000				
6	小笠原	未申請				
7	岡部	6,400				
8						
9	申請者数	3				
10	全体数	5				
11						
12						
13						
14						
15						
16						
17						

申請金額を払った人数と総人数を求める

◆=COUNT(B3:B7)
セルB3～B7で数値が入力されているセルの数が求められる

◆=COUNTA(B3:B7)
セルB3～B7で空白ではないセルの数が求められる

099 Q 累計を求めたい

365 2021 2019 2016
お役立ち度 ★★★

A 合計範囲の始点を絶対参照、終点を相対参照で指定します

SUM関数は、指定した範囲内の合計値を求める関数ですが、引数にひと工夫すれば、数式をコピーして簡単に累計値を求められます。例えば、以下の例のように、売上数の累計を計算する場合、セルC2に「=SUM($B$2:B2)」と入力しましょう。このとき、開始セルのB2を絶対参照にすることがポイントです。この数式を、累計を求めたいセルC5までコピーすると、引数に指定したセル範囲が「$B$2:B3」「$B$2:B4」……と変化していきます。開始セルはそのままに、終了セルの行番号が変わっていくため、売上数の累計が正しく求められます。

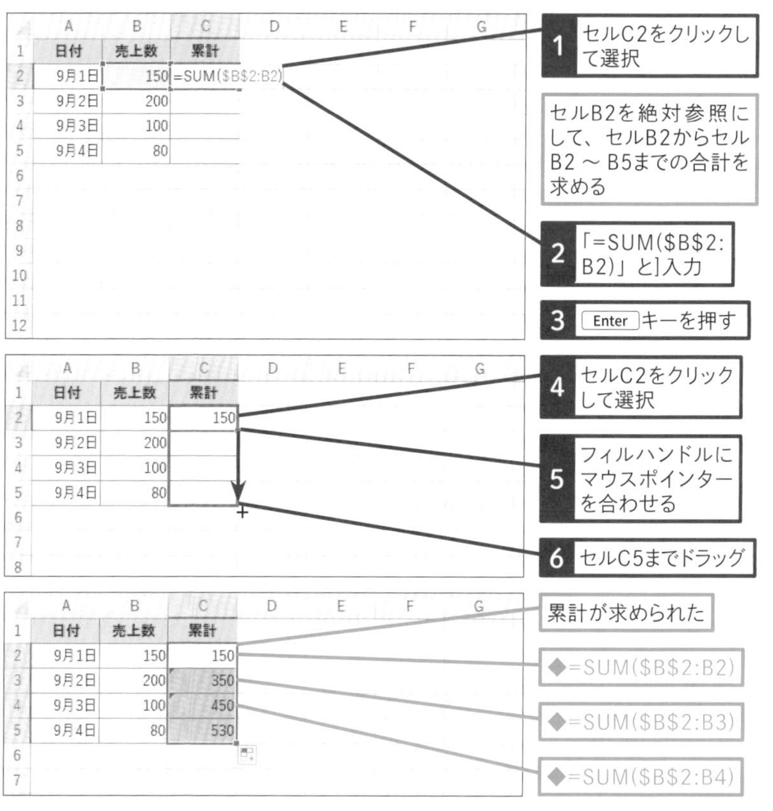

第5章 集計と関数の便利技

100 Q 順位を求めるには

365 2021 2019 2016
お役立ち度 ★★★

A RANK.EQ関数を使います

数値のセルの範囲の中で、個々の数値が何番目の順位に当たるのかを求めるには、RANK.EQ（ランク・イコール）関数を使います。以下の例のように、数値の大きい順に順位付けするなら、3番目の引数は省略できます。

RANK.EQ(数値,範囲,順序)
指定した数値が範囲の中で何番目に当たるかを求める。順序に0を指定するか省略すると大きい順、1を指定すると小さい順になる

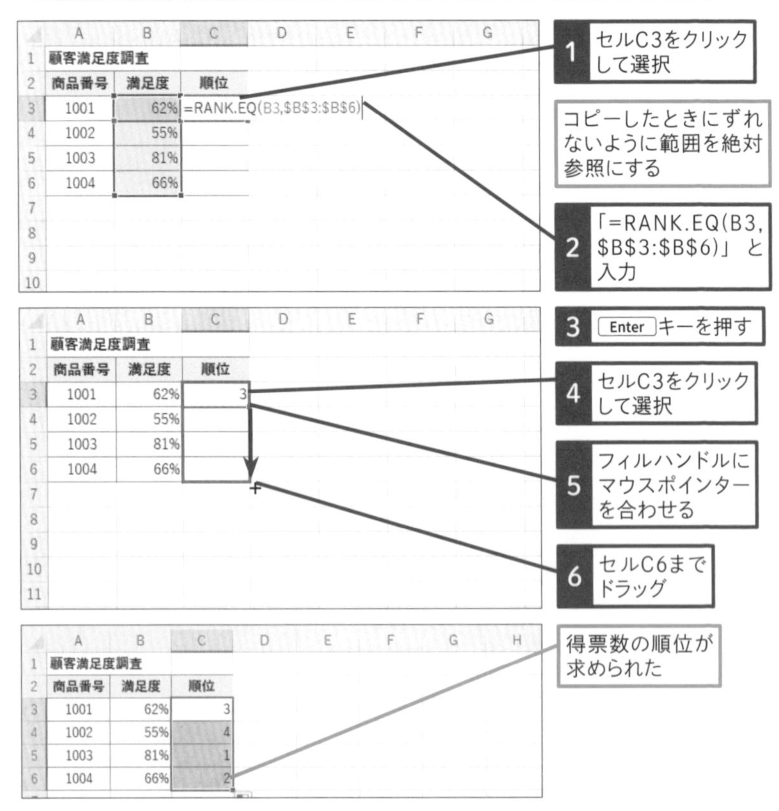

101 Q 数値を指定したけたで四捨五入したい

365 2021 2019 2016
お役立ち度 ★★★

A ROUND関数を使います

数値を四捨五入したいときは、「ROUND（ラウンド）関数」を使用します。四捨五入するけたは、引数［けた数］で決まります。小数点以下を四捨五入したい場合は、四捨五入後の数値の小数部のけた数を指定します。例えば［数値］が「123.456」の場合、［けた数］を「0」とすると結果は整数の「123」、「2」とすると結果は「123.46」となります。また、［けた数］に負の数を指定すると、整数部分が四捨五入されます。例えば、「100円未満の端数を除きたい」というようなときは、［けた数］に「-2」を指定します。

ROUND(数値, けた数)

指定した数値を指定したけた数で四捨五入する

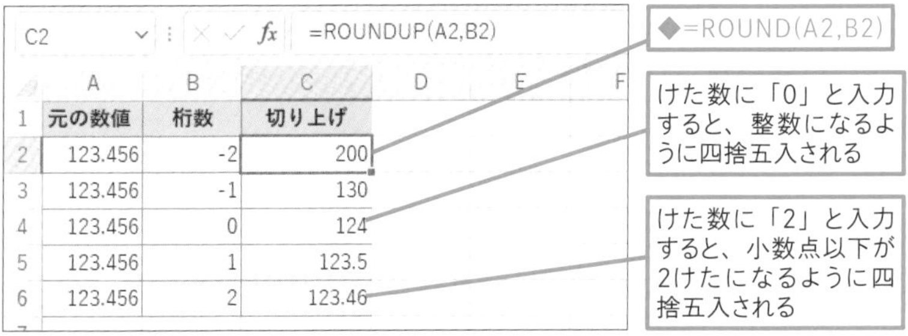

C2　fx　=ROUNDUP(A2,B2)

	A	B	C	D	E	F
1	元の数値	桁数	切り上げ			
2	123.456	-2	200			
3	123.456	-1	130			
4	123.456	0	124			
5	123.456	1	123.5			
6	123.456	2	123.46			

◆=ROUND(A2,B2)

けた数に「0」と入力すると、整数になるように四捨五入される

けた数に「2」と入力すると、小数点以下が2けたになるように四捨五入される

● ［桁数］の指定方法（［数値］に「1234.5678」を指定した場合）

桁数	関数の結果	端数処理するけた
-3	1000	千の位より下
-2	1200	百の位より下
-1	1230	十の位より下
0	1234	一の位より下
1	1234.5	小数点第1位より下
2	1234.56	小数点第2位より下
3	1234.567	小数点第3位より下

102 Q 指定したけたで切り上げや切り捨てをしたい

365 2021 2019 2016
お役立ち度 ★★★

A ROUNDUP関数とROUNDDOWN関数を使います

指定したけたで数値を切り上げるには「ROUNDUP（ラウンドアップ）関数」、切り捨てるには「ROUNDDOWN（ラウンドダウン）関数」を使用します。切り上げや切り捨てを行うけたは、2番目の引数［けた数］で指定します。例えば、切り上げや切り捨てを行って数値を整数にしたいときは、引数［けた数］に「0」を指定しましょう。

ROUNDUP(数値, けた数)
指定した数値を指定したけた数で切り上げる

	A	B	C	D	E	F
1	元の数値	桁数	切り上げ			
2	123.456	-2	200			
3	123.456	-1	130			
4	123.456	0	124			
5	123.456	1	123.5			
6	123.456	2	123.46			
7						

◆=ROUNDUP(A2,B2)
セルA2をセルB2で指定したけた数「-2」で切り上げている

ROUNDDOWN(数値, けた数)
指定した数値を指定したけた数で切り下げる

	A	B	C	D	E	F
1	元の数値	桁数	切り捨て			
2	123.456	-2	100			
3	123.456	-1	120			
4	123.456	0	123			
5	123.456	1	123.4			
6	123.456	2	123.45			
7						

◆=ROUNDDOWN(A2,B2)
セルA2をセルB2で指定したけた数「-2」で切り捨てている

103 Q 本体価格から税込価格を求めるには？

365 2021 2019 2016
お役立ち度 ★★★

A 本体価格に「1+消費税率」を掛けます

本体価格に「1+消費税率」を掛けると、税込価格が求められます。一般的に消費税の小数点以下の端数は切り捨てることが多いので、手順ではROUNDDOWN関数を使用して小数点以下を切り捨てました。

ROUNDDOWN(数値, けた数)
指定した数値を指定したけた数で切り下げる

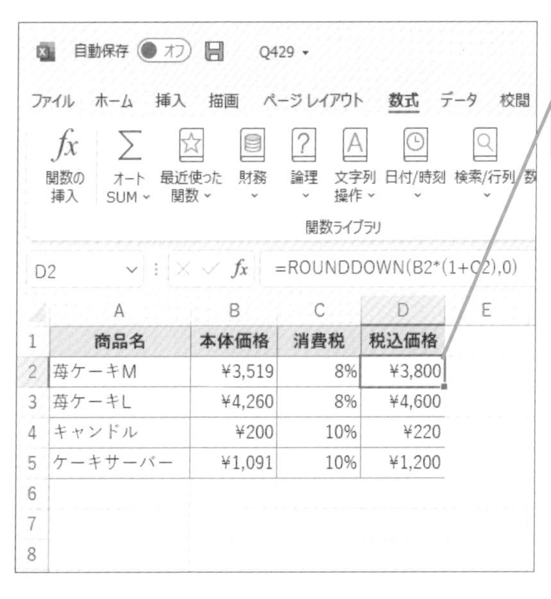

◆=ROUNDDOWN(B2*(1+C2),0)
セルB2の本体価格に消費税を追加して1円未満を切り捨てている

役立つ豆知識

消費税だけを求めるには

消費税込みの価格ではなく、消費税そのものの金額を求めるには、本体価格に消費税率を掛けて、端数を切り捨てます。手順の表の場合、「=ROUNDDOWN(B2*C2,0)」という数式で求められます。

104 Q 現在の日付と時刻を表示したい

365 2021 2019 2016
お役立ち度 ★★★

A TODAY関数とNOW関数を使います

現在の日付は「TODAY（トゥデイ）関数」、現在の日付を含めた時刻は「NOW（ナウ）関数」で求められます。ブックを開き直すと、開いた日付や時刻が表示し直されるので便利です。ただし、日付を固定しておきたいときは、関数を使わずに日付を入力しましょう。

TODAY()
現在の日付を求める

NOW()
現在の日付と時刻を求める

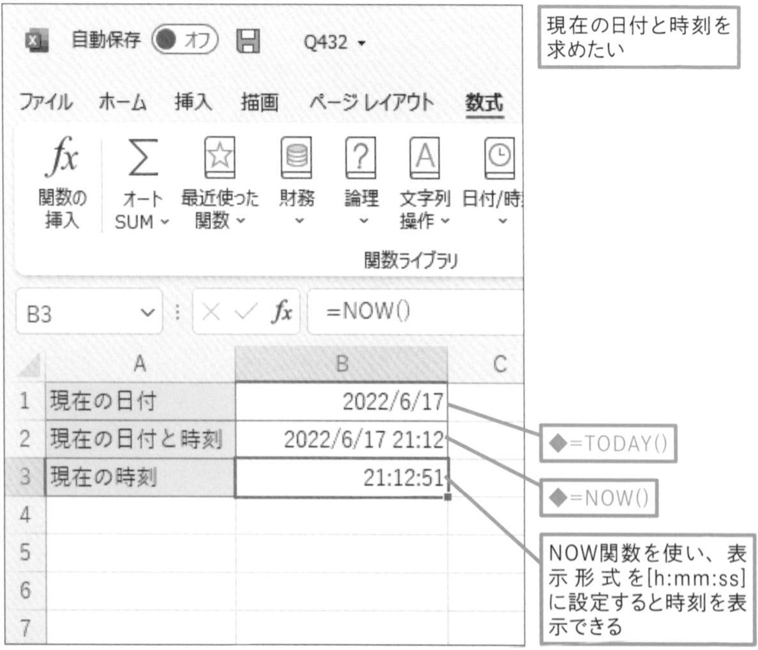

現在の日付と時刻を求めたい

自動保存 オフ Q432
ファイル ホーム 挿入 描画 ページ レイアウト 数式
関数の挿入 オートSUM 最近使った関数 財務 論理 文字列操作 日付/時
関数ライブラリ

B3 =NOW()

	A	B	C
1	現在の日付	2022/6/17	
2	現在の日付と時刻	2022/6/17 21:12	
3	現在の時刻	21:12:51	
4			
5			
6			
7			

◆=TODAY()

◆=NOW()

NOW関数を使い、表示形式を[h:mm:ss]に設定すると時刻を表示できる

第5章 集計と関数の便利技

105 Q 月末の日付を求めるには

365 2021 2019 2016
お役立ち度 ★★★

A EOMONTH関数を使います

指定した日付から「○カ月前」や「○カ月後」の月末日を求めるには、「EOMONTH（エンド・オブ・マンス）関数」を使います。右の例では、A列に入力された「基準日」と、B列に入力された「○カ月後」の数値から、C列に「○カ月後の月末日」を求めています。月前については「－○カ月後」と指定しています。なお、EOMONTH関数はシリアル値を求める関数なので、**ワザ050**を参考に、計算結果が日付になるように表示形式を［短い日付形式］か［長い日付形式］に設定しておきましょう。

EOMONTH(開始日,月)
開始日から、指定した月後、月前の月末を求める

C2 =EOMONTH(A2,B2)

	A	B	C	D
1	基準日	月後	月末日	
2	2022/11/18	-1	2022/10/31	
3	2022/11/18	0	2022/11/30	
4	2022/11/18	1	2022/12/31	
5	2022/11/18	2	2023/01/31	
6	2022/11/18	3	2023/02/28	
7				
8				
9				
10				
11				
12				

セルA2の日付を基準に、1カ月前や1カ月後などの月末を求める

◆=EOMONTH(A2,B2)

1 セルC2をセルC3～C6までコピー

セルA2～A6の日付を基準に、セルB2～B6で指定した月の月末が求められた

関連050 通貨記号やパーセントをはずしたい ▸ P.74

106 Q 日付の隣のセルに曜日を自動表示できる?

365 2021 2019 2016

お役立ち度 ★★★

A TEXT関数を使います

日付と曜日を別々のセルに表示したい場合、「TEXT（テキスト）関数」を使用すると、日付データを入力するだけで曜日を自動表示できます。オートフィルを利用して、日付のセルと曜日のセルをコピーすれば、簡単に日付と曜日の連続データを入力できます。

TEXT(数値,表示形式)
数値を指定した表示形式の文字列に変換する

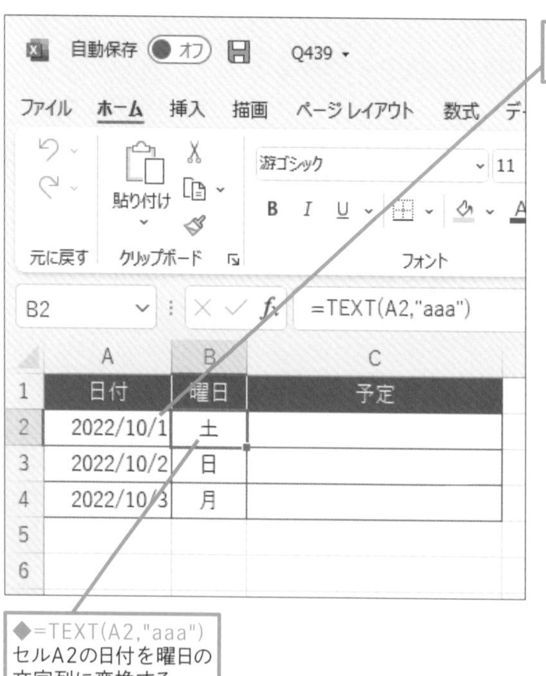

第5章 集計と関数の便利技

107 Q 翌月10日を求めるには？

365 2021 2019 2016
お役立ち度 ★★★

A 前月末を求めて「10」を足します

特定の日付を基準に「翌月10日」を算出するには、EOMONTH関数の引数［開始日］に基準日を指定し、引数［月］に「0」を指定して、基準日の「今月末」の日付を求めます。求めた日付に「10」を加えれば、「翌月10日」の日付になります。引数［月］を「-1」に変えれば「今月10日」、「1」に変えれば「翌々月10日」が求められます。引数［月］や加算する数値に応じて、「今月○日」「翌月○日」が自由に求められるのです。

EOMONTH(開始日,月)

開始日から数えて指定した月の月末を求める

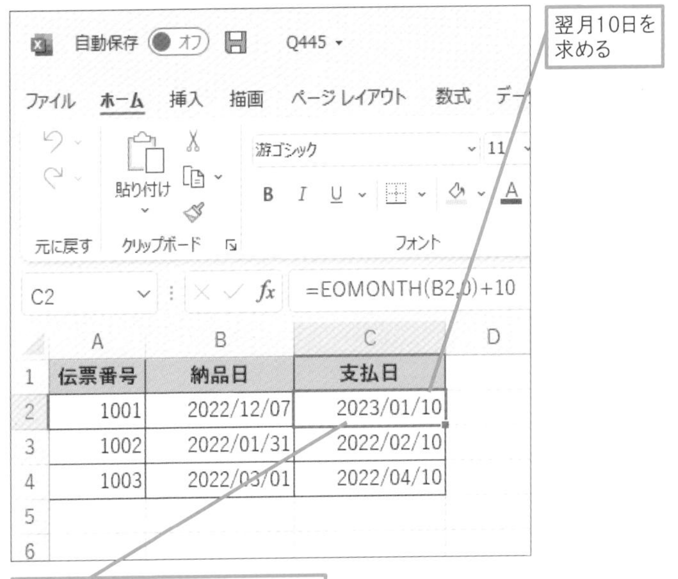

	A	B	C
1	伝票番号	納品日	支払日
2	1001	2022/12/07	2023/01/10
3	1002	2022/01/31	2022/02/10
4	1003	2022/03/01	2022/04/10

108 Q 生年月日から年齢を求めたい

365 2021 2019 2016
お役立ち度 ★★★

A DATEDIF関数を使います

「DATEDIF（デイト・ディフ）関数」は、引数［開始日］と［終了日］に指定した2つの日付の期間を計算する関数です。期間の単位は引数[単位]で指定します。引数［開始日］に生年月日、［終了日］に本日の日付、［単位］に「"Y"」を指定すると、簡単に満年齢を求めることができます。

DATEDIF(開始日,終了日,単位)
開始日から終了日までの年数、月数、日数を求める

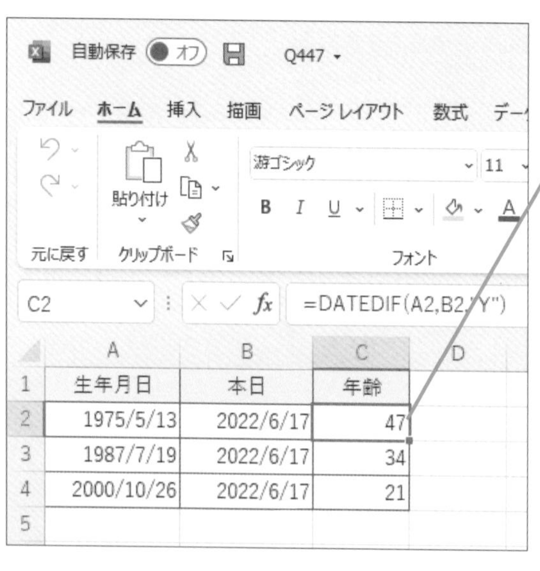

生年月日から年齢を求める

◆=DATEDIF(A2,B2,"Y")
セルA2とB2の年月日の差から年齢を求められる

●引数［単位］の主な設定値

引数［単位］	内容
"Y"	満年数を求める
"M"	満月数を求める
"D"	満日数を求める

第5章 集計と関数の便利技

109 Q 時間の合計を正しく表示するには？

365 2021 2019 2016
お役立ち度 ★★★

A 表示形式をブラケットで囲んで表記します

勤務時間の合計を求めたときに、正しい結果が表示されないことがあります。以下の例では、合計が「24:45」になるはずなのに、「0:45」と表示されています。これは、「時刻は24時を過ぎると0時に戻る」という性質によるものです。「[h]」のようにブラケットで囲んだ表示形式を使用すると、24以上の時間をそのまま表示できます。

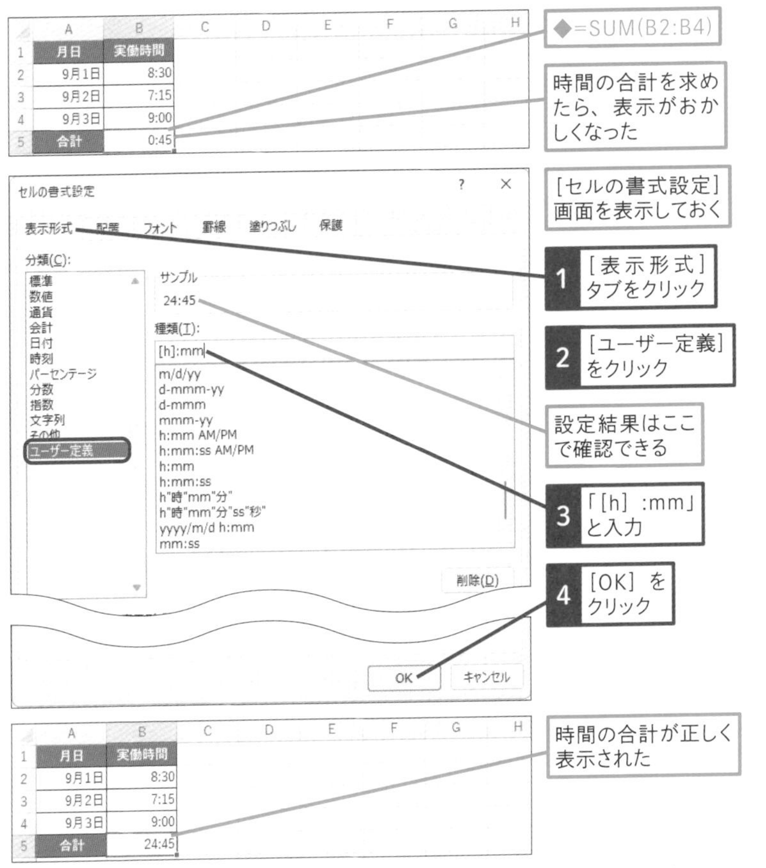

第5章 集計と関数の便利技

110 Q「5:30」を「5.5」時間として正しく時給を計算したい

365 2021 2019 2016
お役立ち度 ★★★

A シリアル値に24を掛けて計算します

時給と勤務時間を掛けて給与を求めるとき、勤務時間が「5:30」の表示形式だと、おかしな計算結果になります。これは、計算に「5:30」のシリアル値である「0.2291666……」が使われるためです。正しく給与を求めるには、「時:分」単位の「5:30」を「時間」単位の「5.5」に換算する必要があります。時刻のシリアル値は24時間を1と見なした小数なので、シリアル値に24を掛ければ、「5:30」を数値の「5.5」に換算できます。それを時給に掛け合わせれば、正しい給与を求められます。

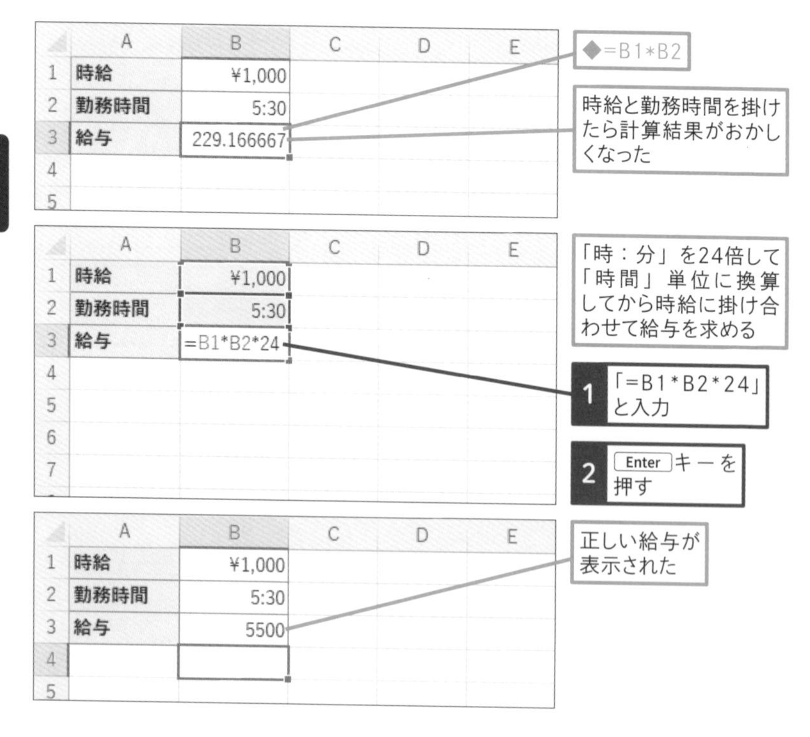

関連 109 時間の合計を正しく表示するには? ▸ P.139

111 Q 半角を全角に、大文字を小文字にできる?

365 2021 2019 2016
お役立ち度 ★★★

A 文字列を統一する関数を使います

住所録などで複数の人間がデータを入力したときは、住所に含まれる英数字やカタカナに、全角文字と半角文字、大文字と小文字が混在することがあります。見ためがふぞろいであるばかりか、文字の検索に支障が出る場合もあります。Excelには、文字のふぞろいを統一するための関数が用意されているので、以下を参考にして文字列を変換しましょう。

JIS(文字列)
半角文字を全角文字にする

ASC(文字列)
全角文字を半角文字にする

UPPER(文字列)
英字の小文字を大文字にする

LOWER(文字列)
英字の大文字を小文字にする

PROPER(文字列)
英単語の1文字目を大文字に、2文字目以降を小文字にする

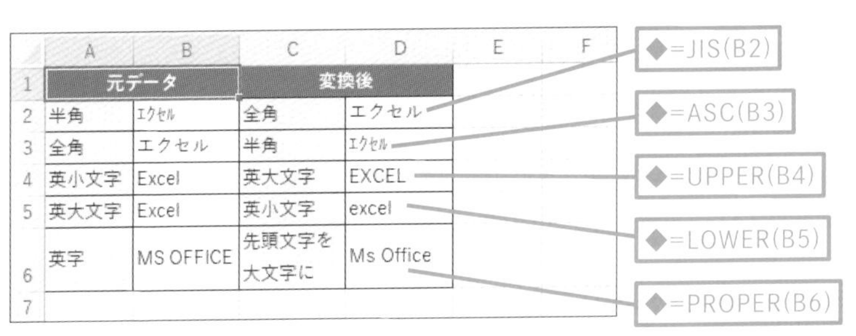

	A	B	C	D	E	F
1	元データ		変換後			
2	半角	ｴｸｾﾙ	全角	エクセル		
3	全角	エクセル	半角	ｴｸｾﾙ		
4	英小文字	Excel	英大文字	EXCEL		
5	英大文字	Excel	英小文字	excel		
6	英字	MS OFFICE	先頭文字を大文字に	Ms Office		
7						

112 Q 文字列から一部の文字を取り出したい

365 2021 2019 2016
お役立ち度 ★★★

A LEFT関数やRIGHT関数を使います

文字列から一部の文字を取り出す関数には、先頭から取り出す「LEFT（レフト）関数」、指定した位置から取り出す「MID(ミッド）関数」、末尾から取り出す「RIGHT（ライト）関数」があります。

LEFT(文字列,文字数)
文字列の左端から指定した文字数分取り出す

MID(文字列,開始位置,文字数)
文字列の開始位置から指定した文字数分取り出す

RIGHT(文字列,文字数)
文字列の右端から指定した文字数分取り出す

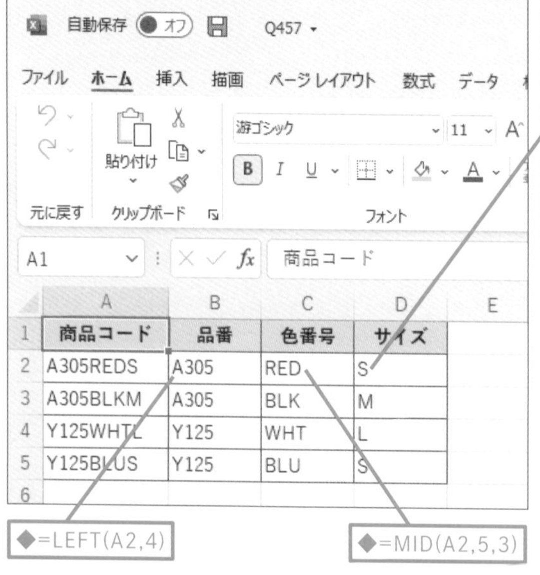

	A	B	C	D
1	商品コード	品番	色番号	サイズ
2	A305REDS	A305	RED	S
3	A305BLKM	A305	BLK	M
4	Y125WHTL	Y125	WHT	L
5	Y125BLUS	Y125	BLU	S
6				

113 Q 条件によって表示する文字を変えるには

365 2021 2019 2016
お役立ち度 ★★★

A IF関数を使います

「IF（イフ）関数」を使用すると、条件を満たす場合と満たさない場合とで、表示する内容を切り替えられます。1番目の引数[論理式]には、比較演算子を使った条件式などを指定します。例えば「セルB2の数値が10万以上」という条件は、比較演算子「>=」を使用して「B2>=100000」と表せます。2番目の引数に「ゴールド」、3番目の引数に「一般」と指定すれば、IF関数の結果はセルB2が10万以上なら「ゴールド」、それ以外なら「一般」と表示できます。

IF(論理式,真の場合,偽の場合)
論理式を満たす場合は真の場合、満たさない場合は偽の場合を返す

●IF関数の使用例

=IF (B2>=100000, "ゴールド", "一般")

論理式
論理式が成り立つ場合（真）
論理式が成り立たない場合（偽）

●条件式の例

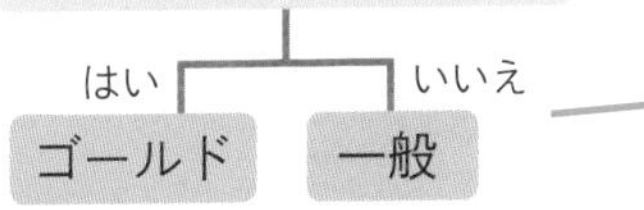

条件を満たす場合と満たさない場合で異なる結果を得られる

●IF関数の使用結果

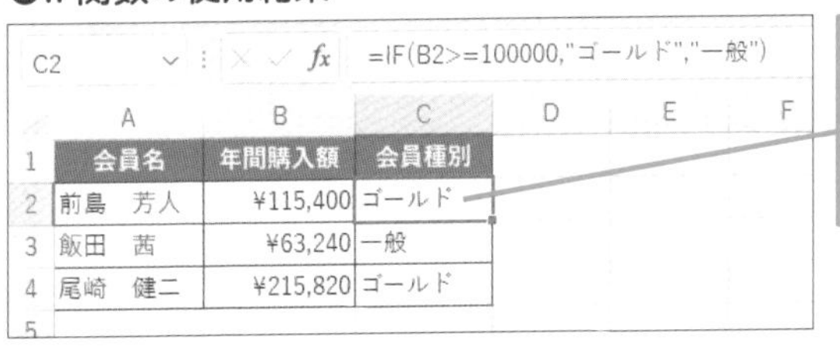

	A	B	C
1	会員名	年間購入額	会員種別
2	前島　芳人	¥115,400	ゴールド
3	飯田　茜	¥63,240	一般
4	尾崎　健二	¥215,820	ゴールド
5			

セルB2が100000以上という条件を満たす場合は［ゴールド］、満たさない場合は［一般］と表示される

114 Q 複数の条件を組み合わせて判定したい

365 2021 2019 2016
お役立ち度 ★★★

A 引数にAND関数やOR関数を入力します

IF関数で複数の条件を同時に判定するには、引数［論理式］に「AND（アンド）関数」か「OR（オア）関数」を指定します。AND関数では「AかつB」のような条件を指定でき、AとBが両方成立する場合に「AかつB」が成立すると見なされます。また、OR関数は「AまたはB」のような条件を指定でき、AとBの少なくとも一方が成立する場合に「AまたはB」が成立すると見なされます。

●条件Aと条件Bを組み合わせる場合の判定結果

条件A	条件B	AND関数の判定結果	OR関数の判定結果
TRUE	TRUE	TRUE	TRUE
TRUE	FALSE	FALSE	TRUE
FALSE	TRUE	FALSE	TRUE
FALSE	FALSE	FALSE	FALSE

AND(論理式1, 論理式2,… 論理式255)
論理式をすべて満たす場合は、真（TRUE）、満たさない場合は偽（FALSE）を返す

OR(論理式1, 論理式2,… 論理式255)
論理式をいずれかを満たす場合は、真（TRUE）、満たさない場合は偽（FALSE）を返す

年間購入額と登録年数の条件を設定する

◆=IF(AND(B2>=100000,C2>=5),"ゴールド","一般")
年間購入額が10万円以上かつ登録年数が5年以上の場合は「ゴールド」、そうでなければ「一般」と表示する

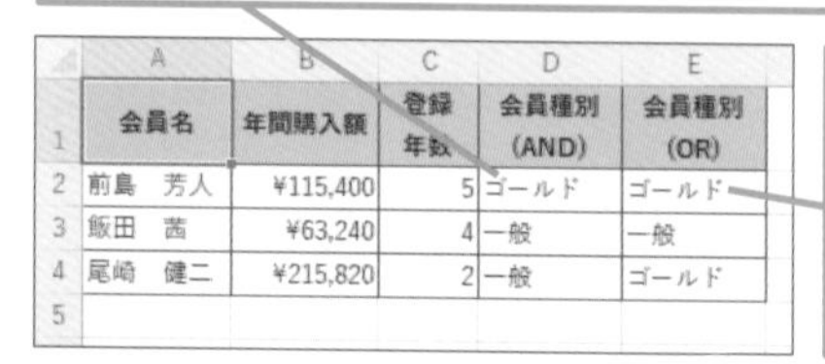

	A	B	C	D	E
1	会員名	年間購入額	登録年数	会員種別（AND）	会員種別（OR）
2	前島　芳人	¥115,400	5	ゴールド	ゴールド
3	飯田　茜	¥63,240	4	一般	一般
4	尾崎　健二	¥215,820	2	一般	ゴールド
5					

◆=IF(OR(B2>=100000,C2>=5),"ゴールド","一般")
年間購入額が10万円以上または登録年数が5年以上の場合は「ゴールド」、どちらの条件も満たしていない場合は「一般」と表示する

第5章 集計と関数の便利技

115 Q 複数の条件を1つの関数で段階的に組み合わせたい

365 2021 2019 2016
お役立ち度 ★★★

A IFS関数を使用します

Excel 2019以降では、IFS（イフ・エス）関数を使用すると、複数の条件による場合分けを1つの式で実行できます。引数に論理式と値のペアを複数指定して、「論理式1が成立する場合は値1、論理式2が成立する場合は値2、…」という場合分けを行います。どの論理式も成立しない場合の値を指定したい場合は、引数の最後に「TRUE」と値のペアを指定してください。

IFS(論理式1, 値1, 論理式2, 値2, …)

先頭の論理式から順に判定していき、最初に結果が真（TRUE）となる論理式に対応する値を返す

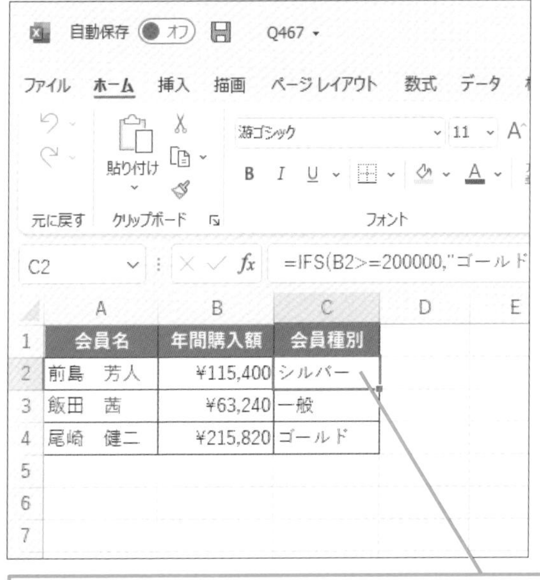

IFS関数を使うと複数の条件を並べて記述できる

◆=IFS(B2>=200000,"ゴールド",B2>=100000,"シルバー",TRUE,"一般")
セルB2が20万以上なら「ゴールド」、10万以上なら「シルバー」、どの論理式も成立しない場合に「一般」と表示する

第5章 集計と関数の便利技

116 Q 複数の条件を段階的に組み合わせるには?

365 2021 2019 2016
お役立ち度 ★★★

A IF関数をネストします

IF関数の引数［真の場合］または［偽の場合］に別のIF関数を指定すると、条件を段階的に判定して、判定結果に応じて表示する値を3通りに振り分けられます。以下の例は、セルB2の年間購入額に応じて会員種別を3通りに振り分けています。1つ目のIF関数で「セルB2が20万以上」という条件を判定し、成り立つ場合は「ゴールド」と表示します。成り立たない場合は2つ目のIF関数で「セルB2が10万以上」という条件を判定し、成り立つ場合は「シルバー」、成り立たない場合は「一般」と表示します。なお、Excel 2019以降では、**ワザ115**のIFS関数を使用する方法もあります。

●IF関数をネストした使用例

=IF(B2>=200000,"ゴールド", IF(B2>=100000,"シルバー ", "一般"))

●条件式の例

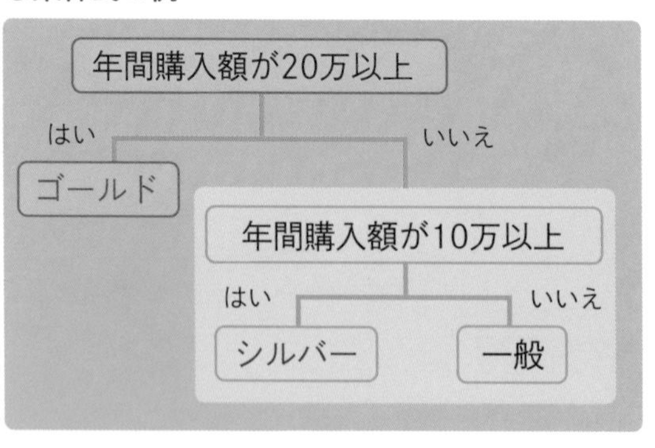

●IF関数をネストした使用結果

	A	B	C	D	E
1	会員名	年間購入額	会員種別		
2	前島　芳人	¥115,400	シルバー		
3	飯田　茜	¥63,240	一般		
4	尾崎　健二	¥215,820	ゴールド		
5					

セルB2が20万以上なら「ゴールド」、そうでない場合に、さらに10万以上なら「シルバー」、10万よりも下の場合に「一般」と表示する

117 Q 特定の値を条件に複数の結果に振り分けられる？

365 2021 2019 2016
お役立ち度 ★★★

A SWITCH関数を使用します

Excel 2019以降では、SWITCH関数を使用すると、「セルの値が値1なら○、値2なら△、…それ以外なら□」のような場合分けを行えます。以下では、「ゴールド会員は5%還元、シルバー会員は3%還元、そのほかは0%」という具合に、会員種別に応じてポイント還元率を求めています。

SWITCH(式,値1,結果1,値2,結果2,…既定の結果)

式と値が一致するかどうかを順に調べ、最初に一致した値に対応する結果を返す。一致する値がない場合は既定の値が返される

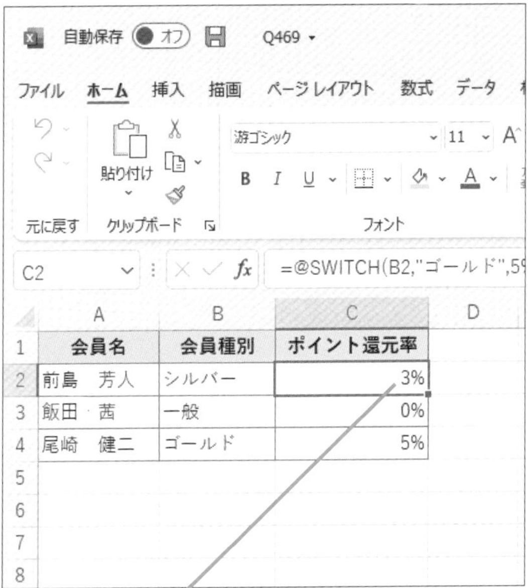

自動保存 オフ Q469
ファイル ホーム 挿入 描画 ページレイアウト 数式 データ
元に戻す クリップボード フォント 貼り付け 游ゴシック 11
C2 =@SWITCH(B2,"ゴールド",5%

	A	B	C	D
1	会員名	会員種別	ポイント還元率	
2	前島　芳人	シルバー	3%	
3	飯田　茜	一般	0%	
4	尾崎　健二	ゴールド	5%	
5				
6				
7				
8				

SWITCH関数を使うと式と値が一致するかどうかを順に調べられる

◆=SWITCH(B2,"ゴールド",5%,"シルバー",3%,0%)
セルB2がゴールドなら「5%」、シルバーなら「3%」、どちらにも当てはまらない場合に「0%」と表示する

118 Q 条件に一致するデータを数えたい

365 2021 2019 2016
お役立ち度 ★★★

A COUNTIF関数を使います

「COUNTIF(カウントイフ)関数」は、指定されたセル範囲内で、条件を満たすデータが入力されているセルを数える関数です。引数「検索条件」は、条件が数値の場合は直接指定し、文字列の場合は「"」(ダブルクォーテーション)で囲んで指定します。例えば「100」と指定すると「100」が入力されたセルを、「"関東"」と指定すると「関東」が入力されたセルをカウントできます。

COUNTIF(範囲,検索条件)
指定した範囲から検索条件を満たすデータの数を求める

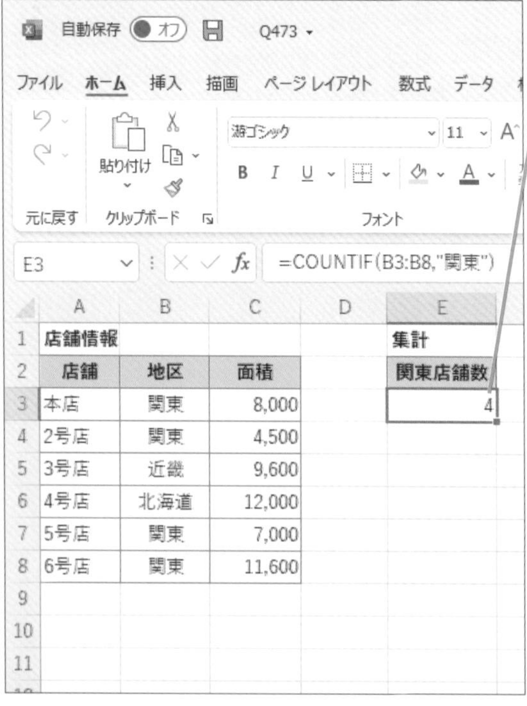

	A	B	C	D	E
1	店舗情報				集計
2	店舗	地区	面積		関東店舗数
3	本店	関東	8,000		4
4	2号店	関東	4,500		
5	3号店	近畿	9,600		
6	4号店	北海道	12,000		
7	5号店	関東	7,000		
8	6号店	関東	11,600		
9					
10					
11					

◆=COUNTIF(B3:B8,"関東")
セルB3 ～ B8から「関東」と入力されたセルの数を求める

119 Q 「○以上」の条件を満たすデータを数えるには

365 2021 2019 2016
お役立ち度 ★★★

A 条件に比較演算子を使用します

COUNTIF関数では、「店舗面積が1万㎡以上の店舗の数」のように、数値の範囲を条件としてデータを数えることもできます。その場合、引数[検索条件]には、「以上」を表す比較演算子「>=」と条件の数値の「10000」を「">=10000"」のように、「"」(ダブルクォーテーション)で囲んで指定します。

COUNTIF(範囲,検索条件)
指定した範囲から検索条件を満たすデータの数を求める

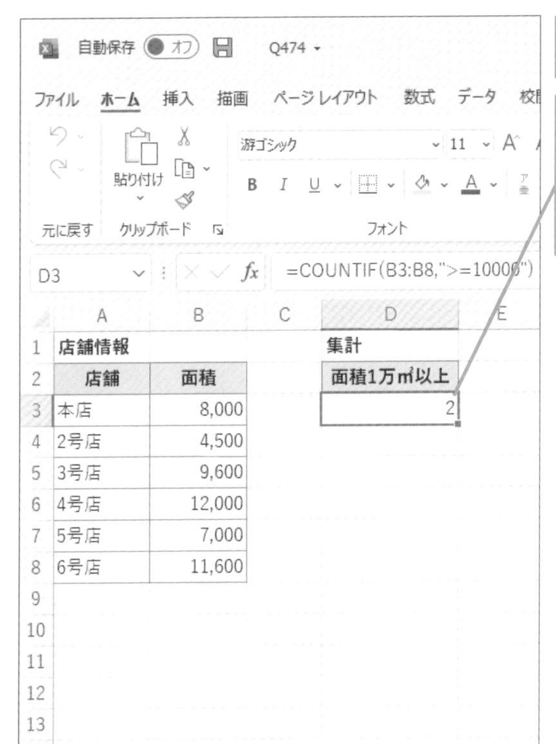

面積が1万㎡以上の店舗の数を求める

◆=COUNTIF(B3:B8,">=10000")
セルB3～B8から10000以上の数値が入力されたセルの数を求める

第5章 集計と関数の便利技

120 Q 「○以上△未満」の条件を満たすデータを数えたい

365 2021 2019 2016
お役立ち度 ★★★

A COUNTIFS関数を使います

「5000以上10000以下」という条件でカウントするには、複数の条件を指定できる「COUNTIFS（カウントイフ・エス）関数」を使用します。引数［検索条件1］に「">=5000"」、［検索条件2］に「"<10000"」を指定します。

COUNTIFS(範囲1,検索条件1,範囲1,検索条件1,…)

範囲と検索条件の組を複数指定して、複数の条件に一致するセルの個数を求める

セルE2とE3に入力された条件（面積が5000㎡以上、10000㎡未満）を満たす店舗の数を求める

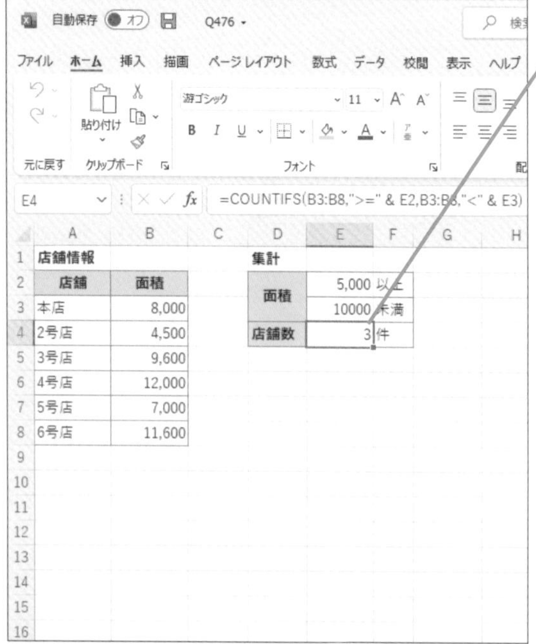

◆=COUNTIFS(B3:B8,">="&E2,B3:B8,"<"&E3)

第5章 集計と関数の便利技

121 Q 条件を満たすデータの最大値や最小値を求めるには？

365 2021 2019 2016
お役立ち度 ★★★

A MAXIFS関数、MINIFS関数を使用します

Excel 2019以降では、MAXIFS（マックスイフ・エス）関数やMINIFS（ミニイフ・エス）関数を使用すると、条件を満たすデータの最大値や最小値を簡単に求められます。いずれの関数も複数組の条件を指定できますが、条件が1組だけの場合は引数［範囲2］以降の引数を省略します。

MAXIFS(最大範囲,範囲1,条件1,範囲2,条件2,…)

範囲から条件を満たすデータを検索し、検索されたデータに対応する最大範囲の中から最大値を求める

MINIFS(最大範囲,範囲1,条件1,範囲2,条件2,…)

範囲から条件を満たすデータを検索し、検索されたデータに対応する最小範囲の中から最小値を求める

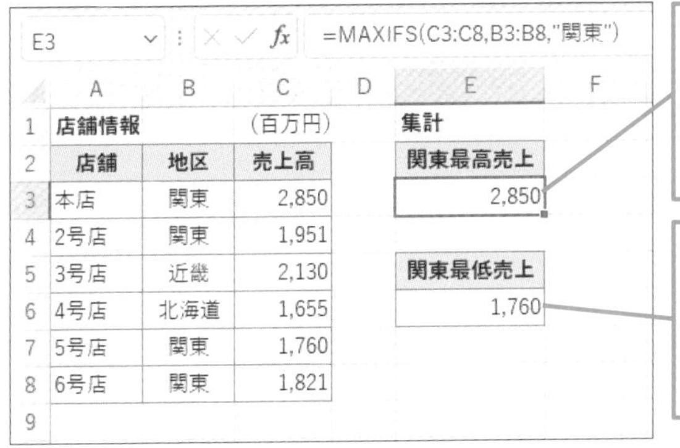
E3 =MAXIFS(C3:C8,B3:B8,"関東")

	A	B	C	D	E	F
1	店舗情報		（百万円）		集計	
2	店舗	地区	売上高		関東最高売上	
3	本店	関東	2,850		2,850	
4	2号店	関東	1,951			
5	3号店	近畿	2,130		関東最低売上	
6	4号店	北海道	1,655		1,760	
7	5号店	関東	1,760			
8	6号店	関東	1,821			
9						

◆=MAXIFS(C3:C8,B3:B8,"関東")
セルB3 ～ B8が「関東」の条件を満たす中で、最大の数値を求められる

◆=MINIFS(C3:C8,B3:B8,"関東")
セルB3 ～ B8が「関東」の条件を満たす中で、最小の数値を求められる

関連115 複数の条件を1つの関数で段階的に組み合わせたい ▶P.145

122 Q 品番を手掛かりに商品リストから商品名を取り出したい

365 2021 2019 2016
お役立ち度 ★★★

A VLOOKUP関数を使います

VLOOKUP（ブイルックアップ）関数は、引数［検索値］を手掛かりに指定されたセル範囲の先頭の列を検索します。条件に一致するデータが見つかったら、その行の引数[列番号]に指定した列にあるセルの内容を取り出します。引数[列番号]は、表の左端を1列目として、取り出したいデータが何列目にあるかを指定します。4番目の引数［検索の型］は、検索方法を「TRUE」（近似値の検索）または「FALSE」（完全一致の検索）で指定します。ここでは、指定した品番に完全に一致するデータが見つかったときだけに商品名を取り出したいので、「FALSE」を指定しています。

VLOOKUP(検索値,範囲,列番号,検索の型)

指定した範囲から検索値を検索して、列番号の列からデータを取り出す

=VLOOKUP(A2, A7:C10, 2, FALSE)

品番を指定して商品データ表から商品名を取り出す

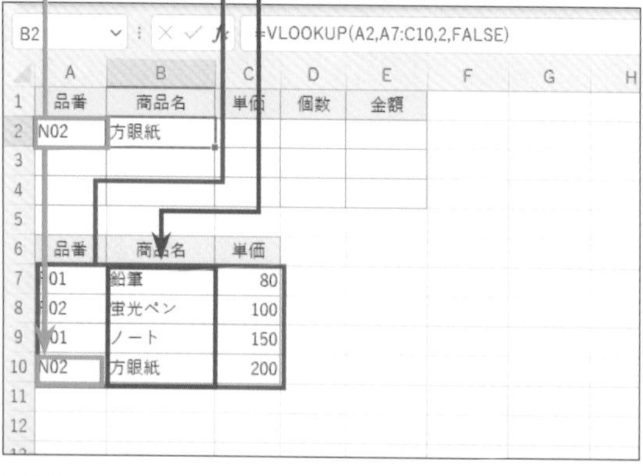

- 検索値：検索する値を指定する
- 範囲：検索する範囲を指定する
- 列番号：値を取り出す列数を指定する
- 検索の型：検索方法を指定する

セルB2にVLOOKUP関数を入力して、セルA2の品番をセルA7～C10の商品リスト表から検索し、表の2列目にある商品名を取り出す

B2 =VLOOKUP(A2,A7:C10,2,FALSE)

	A	B	C	D	E
1	品番	商品名	単価	個数	金額
2	N02	方眼紙			
3					
4					
5					
6	品番	商品名	単価		
7	[illegible]01	鉛筆	80		
8	[illegible]02	蛍光ペン	100		
9	[illegible]01	ノート	150		
10	N02	方眼紙	200		
11					
12					

第5章 集計と関数の便利技

123 Q VLOOKUP関数でエラーが表示されないようにしたい

365 2021 2019 2016
お役立ち度 ★★★

A IFERROR関数を使います

このワザの例では、品番と個数が入力されると、自動的に商品名、単価、金額が表示されるように、2行目から4行目の［商品名］欄、［単価］欄、［金額］欄に数式が入力してあります。ところが、［品番］欄が入力されていない3行目と4行目にエラー値「#N/A」が表示されます。このエラーは、VLOOKUP関数で引数［検索値］が未入力のときに表示されます。これを解決するには、「IFERROR（イフエラー）関数」を使用して、エラーにならないときは関数の結果を表示し、エラーになるときに何も表示しないようにしましょう。

VLOOKUP(検索値,範囲,列番号,検索の型)

指定した範囲から検索値を検索して、列番号の列からデータを取り出す

IFERROR(計算式,エラーの場合の値)

論理式が正しく計算できる場合は計算結果、できない場合はエラーの場合の値を表示する

IF(論理式,真の場合,偽の場合)

論理式を満たす場合は真の場合、満たさない場合は偽の場合を返す

関連 122 品番を手掛かりに商品リストから商品名を取り出したい ▶P.152

次のページに続く ➡

●VLOOKUP関数のエラーを非表示にする

セルB2、C2、E2にそれぞれ数式を入力して、4行目までコピーしてある

品番が未入力だとエラーになる

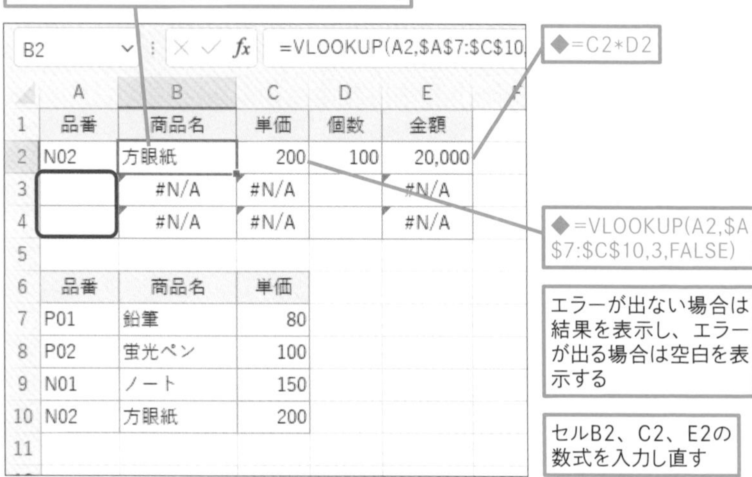

E2 =IFERROR(C2*D2,"")

◆=IFERROR(VLOOKUP(A2,$A$7:$C$10,2,FALSE),"")

◆=IFERROR(VLOOKUP(A2,$A$7:$C$10,3,FALSE),"")

◆=IFERROR(C2*D2,"")

	A	B	C	D	E
1	品番	商品名	単価	個数	金額
2	N02	方眼紙	200	100	20,000
3					
4					
5					
6	品番	商品名	単価		
7	P01	鉛筆	80		
8	P02	蛍光ペン	100		
9	N01	ノート	150		
10	N02	方眼紙	200		
11					

セルB2、C2、E2の数式をそれぞれ4行目までコピーしておく

参照先が空白時のエラーが非表示になった

124 Q 1つの関数でエラー対策しながら表を検索したい

365 2021 2019 2016
お役立ち度 ★★★

A XLOOKUP関数を使います

Microsoft 365とExcel 2021では、VLOOKUP関数の強化版である「XLOOKUP（エックスルックアップ）関数」が使えます。XLOOKUP関数では検索値が見つからない場合に表示する値を指定できるので、関数1つでエラー対策できる点がメリットです。以下の例では、品番を商品リストから検索し、商品名を取り出しています。エラー対策をしない場合、品番が未入力のときにエラー値「#N/A」が表示されますが、引数［見つからない場合］に「""」を指定しているのでエラー値は表示されません。

XLOOKUP(検索値,検索範囲,戻り範囲,見つからない場合,一致モード)

検索範囲から検索値を検索して見つかった戻り値を取り出す。見つからない場合に表示する値を指定できる。一致モードを「0」にするか省略すると、完全一致の検索になる

=XLOOKUP(A2,$A$7:$A$10,$B$7:$B$10,"")

検索値
検索する値を指定する

検索範囲
検索する範囲を指定する

戻り範囲
値を取り出す範囲を指定する

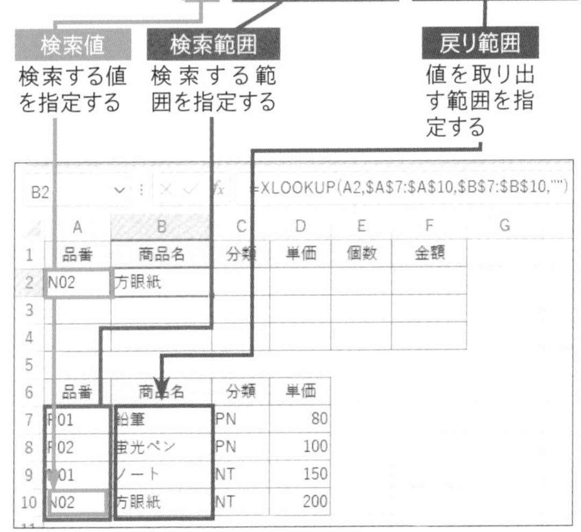

セルB2にXLOOKUP関数を入力して、セルA2の品番をセルA7～A10の商品リスト表から検索し、最初に見つかったセルと同じ列にある戻り範囲のデータを取り出す

セルB2の数式をセルB4までコピーしておく

品番が空白時にXLOOKUP関数の結果が空白になった

第5章 集計と関数の便利技

125 Q 検索結果の行を丸ごと引き出すには

365 2021 2019 2016
お役立ち度 ★★★

A スピルを利用します

XLOOKUP関数では、3番目の引数［戻り範囲］に複数列のセル範囲を指定することで、数式を右方向にスピルさせ、［戻り範囲］から複数の値を取り出すことができます。以下の手順では、セルB2に入力したXLOOKUP関数の［戻り範囲］に3列分のセル範囲を指定したので、商品リストから商品名、分類、単価の3つのデータが取り出されます。セルB2の数式を下のセルにコピーすると、下の行でも自動でスピルして3つのデータが表示されます。

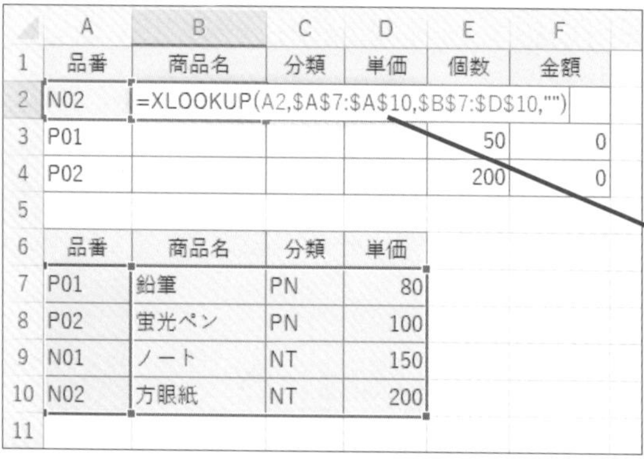

	A	B	C	D	E	F
1	品番	商品名	分類	単価	個数	金額
2	N02	=XLOOKUP(A2,$A$7:$A$10,$B$7:$D$10,"")				
3	P01				50	0
4	P02				200	0
5						
6	品番	商品名	分類	単価		
7	P01	鉛筆	PN	80		
8	P02	蛍光ペン	PN	100		
9	N01	ノート	NT	150		
10	N02	方眼紙	NT	200		
11						

セルA7～D10のリストからセルA2の品番に該当するデータを一度に抽出したい

1 「=XLOOKUP(A2,$A$7:$A$10,$B$7:$D$10,"")」と入力

2 Enter キーを押す

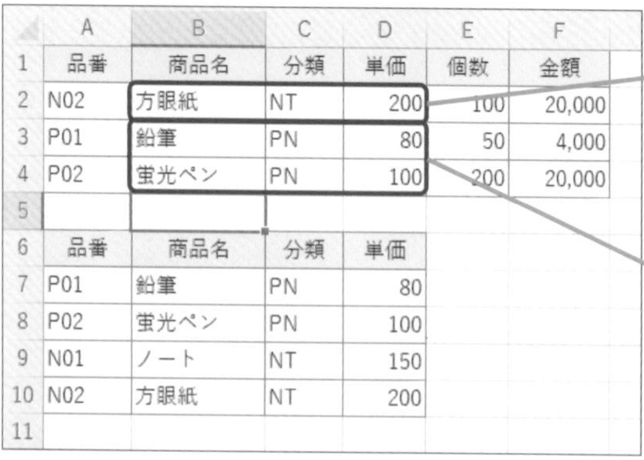

	A	B	C	D	E	F
1	品番	商品名	分類	単価	個数	金額
2	N02	方眼紙	NT	200	100	20,000
3	P01	鉛筆	PN	80	50	4,000
4	P02	蛍光ペン	PN	100	200	20,000
5						
6	品番	商品名	分類	単価		
7	P01	鉛筆	PN	80		
8	P02	蛍光ペン	PN	100		
9	N01	ノート	NT	150		
10	N02	方眼紙	NT	200		
11						

セルB2の数式がセルD2までスピルして、品番が「N02」の商品名、分類、単価がリストから抽出される

セルB3～B4にセルB2の数式をコピーすると品番が「P01」「P02」のデータが抽出される

関連 124 1つの関数でエラー対策しながら表を検索したい ▸P.155

126 Q 条件に合うデータを抽出したい

365 2021 2019 2016
お役立ち度 ★★★

A FILTER関数を使います

Microsoft 365とExcel 2021では、「FILTER（フィルター）関数」を使用すると、表から条件に当てはまるデータを抽出できます。下図では、引数［範囲］に顧客リストのセル、引数［条件］に「C4:C9=I1」と指定して、顧客リストから、セルC4 ～ C9の値がセルI1の「A」に一致するデータを抽出しています。セルF4にFILTER関数を入力すると、抽出結果の行数分のセル範囲にスピルされ、結果が表示されます。引数［空の場合］に「""」を指定したので、条件に当てはまるデータがない場合は何も表示されません。

FILTER(範囲, 条件, 空の場合)

指定した範囲から条件に当てはまるデータを取り出す。条件に当てはまるデータがない場合は空の場合を表示する

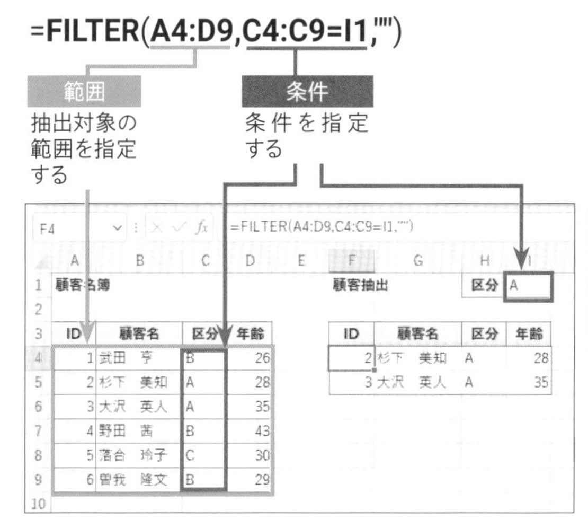

セルF4にFILTER関数を入力して、区分が「A」のデータをセルA4 ～ D9の顧客名簿から取り出す

127 Q 表から顧客名を1つずつ取り出したい

365 2021 2019 2016
お役立ち度 ★★★

A UNIQUE関数を使います

Microsoft 365とExcel 2021では､「UNIQUE（ユニーク）関数」を使用すると、表の特定の列にどんなデータが入力されているかを簡単に調べられます。引数［範囲］に調べる対象のセル範囲を指定するだけで、重複のないようにデータが取り出されます。下図では、受注一覧表の「顧客名」欄から顧客名を1つずつ取り出しています。セルE3にUNIQUE関数を入力すると、データの数だけ自動的にスピルします。

UNIQUE(範囲)
指定した範囲の重複するデータをまとめる

=UNIQUE(B3:B10)

範囲
データを取り出すセル範囲を指定する

E3 =UNIQUE(B3:B10)

	A	B	C	D	E
1	受注一覧				
2	受注日	顧客名	受注金額		顧客名
3	9月1日	エクセル食品	628,000		エクセル食品
4	9月4日	ワードマート	1,825,000		ワードマート
5	9月5日	エクセル食品	1,693,000		パワポフーズ
6	9月7日	パワポフーズ	972,000		アクセス製菓
7	9月7日	パワポフーズ	2,816,000		
8	9月10日	ワードマート	1,982,000		
9	9月12日	アクセス製菓	1,349,000		
10	9月15日	エクセル食品	1,978,000		
11					

セルE3にUNIQUE関数を入力して、重複するデータをまとめる

関連092 動的配列数式って何? ▸P.122

第6章

エラー対処に役立つ解決技

「数式を入力したら、エラーが表示された」「思い通りの計算結果が得られなかった」……。そのような「困った」をスムーズに解決できるように、エラーの対処方法や数式の検証方法を身に付けましょう。

128 Q「#」で始まる記号は何？

365 2021 2019 2016
お役立ち度 ★★★

A「エラー値」を表します

数式の結果を正しく表示できない場合、セルに「#」で始まる記号が表示されます。この記号は発生したエラーの種類を示すもので、「エラー値」と呼ばれます。エラー値の意味を理解し、エラーの対処に役立てましょう。

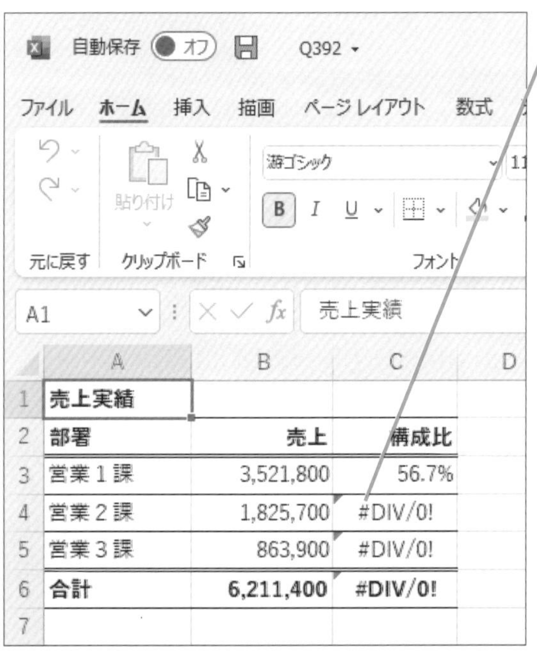

計算結果にエラーがあると、「#」で始まる文字列が表示される

関連 092 動的数式配列って何？ ▸P.122

関連 093 ゴーストって何？ ▸P.123

関連 123 VLOOKUP関数でエラーが表示されないようにしたい ▸P.153

関連 131 数式が正しいのに緑色のマークが付いた！ ▸P.164

●エラー値とその原因

エラー値	エラーの原因
#VALUE!	四則演算の対象となるセルに文字列が入力されている 数値を指定すべき引数に文字列を入力した場合など、関数の引数に間違ったデータを指定している
#DIV/0!	数式で、0による除算が行われている
#NAME?	関数名が間違っている 定義されていない名前を使っている 数式中の文字列を「"」(ダブルクォーテーション) で囲み忘れている セル範囲の参照に「:」(コロン) を入力し忘れている
#N/A	VLOOKUP関数などの検索関数で、検索範囲に検索値が見つからない 配列数式が入力されているセルの数が、配列数式が返す結果の数より多い
#REF!	数式で参照しているセルが削除されている
#NUM!	数式の計算結果がExcelで処理できる数値の範囲を超えている 引数に数値を指定する関数に不適切な値を使っている
#NULL!	「B3:B6 C3:C6」のように空白文字を挟んで指定した2つのセル範囲に共通部分がない
####	セル幅より長い数値、日付、時刻が入力されている 数式で求めた日付や時刻が負の数値になっている
#CALC!	動的配列数式の結果が空の配列となる
#SPILL!	スピル機能により自動補完されるセルに、別のデータが入力されている

129 Q エラーの原因を探すには

365 2021 2019 2016
お役立ち度 ★★★

A エラーチェックオプションを確認します

数式にエラーがあると、セルに「エラーインジケーター」と呼ばれる緑のマークが表示されます。セルを選択し、[エラーチェックオプション] ボタンをクリックすると、メニューが表示され、そのメニューからヘルプを参照したり、計算の過程を表示したりしてエラーの原因を探ることができます。

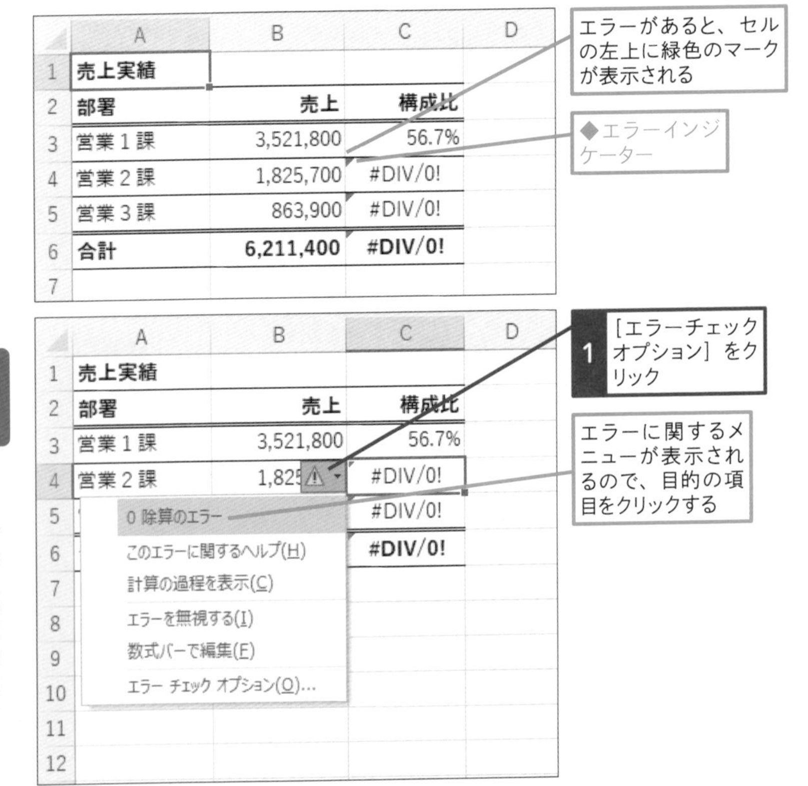

130 Q エラーのセルを検索するには

365 2021 2019 2016
お役立ち度 ★★★

A ［エラーチェック］ボタンを使います

［数式］タブの［エラーチェック］ボタンをクリックすると、［エラーチェック］画面が表示され、ワークシート上のエラーのセルを順に検索できます。巨大な表の中のエラーを探したいときに便利です。

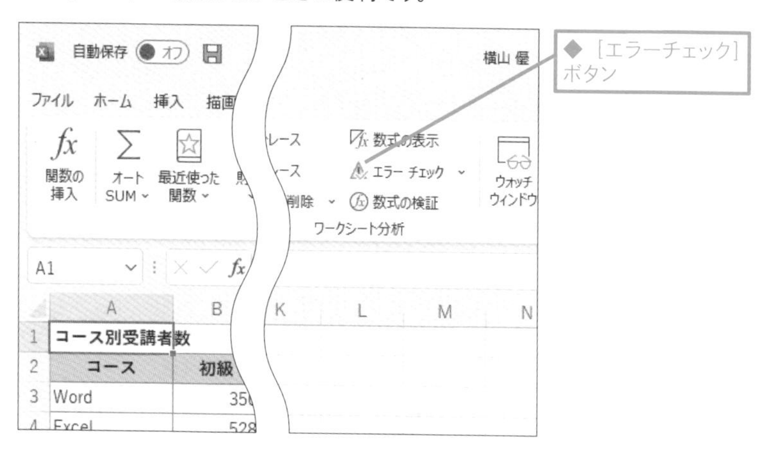

ステップアップ

数値が入力されているのに計算結果がおかしい

表示形式として［文字列］を設定したセルに、文字列として入力された数値は、四則演算などの単純な計算では、基本的に数値と見なされて正しく計算されます。しかし、複雑な数式では意図する結果は得られません。例えば、文字列として入力された数値をSUM関数で合計すると結果は「0」に、AVERAGE関数で平均を計算すると結果はエラー値になることがあります。数値の計算結果がおかしいときは、その数値が文字列として入力されていないかどうか、確認してみましょう。

131

Q 数式が正しいのに緑色のマークが付いた！

365 2021 2019 2016
お役立ち度 ★★★

A 間違いがなければそのままで構いません

エラーインジケーターは、エラーが発生したセルだけではなく、間違いの可能性がある数式のセルにも表示されます。エラーインジケーターが表示されたときは、間違いの有無を確認し、間違いがあれば修正しましょう。数式に間違いがないときは、エラーインジケーターをそのまま表示しておいても特に差し支えありません。ワークシートの印刷時にも、エラーインジケーターは印刷されません。しかし、気になるようなら、以下の手順で操作するとエラーインジケーターを非表示にできます。

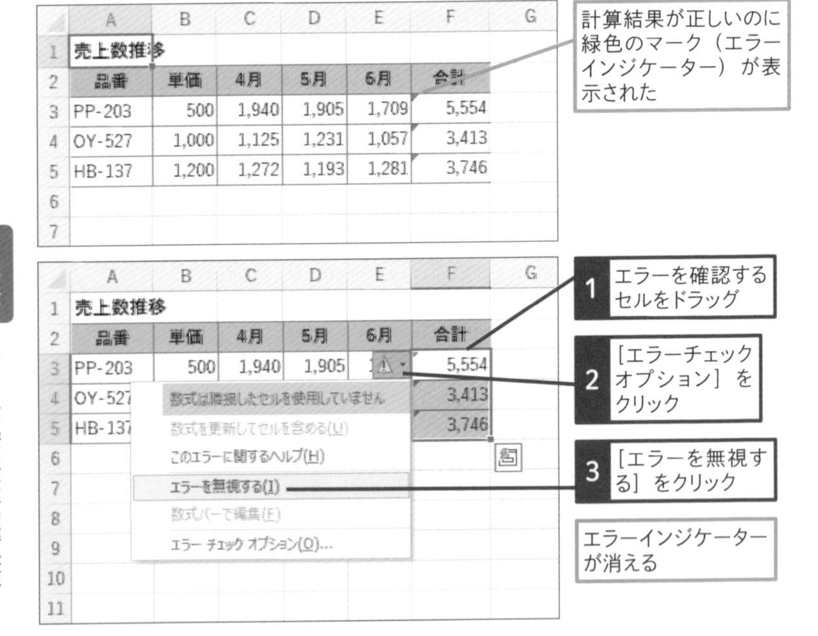

ショートカットキー ［エラーチェック］ボタンの内容を表示
Alt + Shift + F10

132 Q 手軽に数式を検証する方法はある？

365 2021 2019 2016
お役立ち度 ★★★

A F9 キーを押します

数式の一部を選択して F9 キーを押すと、選択した部分の計算結果が表示されるので、手軽に数式を検証できます。検証が済んだら Esc キーで数式を元の状態に戻しましょう。

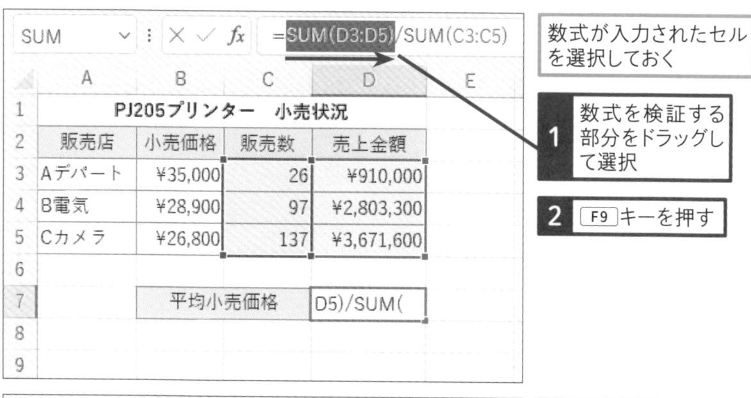

SUM　=7384900/SUM(C3:C5)

	A	B	C	D	E
1	PJ205プリンター　小売状況				
2	販売店	小売価格	販売数	売上金額	
3	Aデパート	¥35,000	26	¥910,000	
4	B電気	¥28,900	97	¥2,803,300	
5	Cカメラ	¥26,800	137	¥3,671,600	
6					
7		平均小売価格		=7384900/	
8					
9					

計算結果が表示された

検証を解除して元の状態に戻す

3 Esc キーを押す

133

Q 複雑な数式の計算過程を調べるには

365 2021 2019 2016
お役立ち度 ★★

A [数式の検証] を利用します

以下のように操作して [数式の検証] を利用すると、計算の過程を、1段階ずつ順を追って確認できます。数式の結果が思い通りにならない場合などに利用すると便利です。なお、エラーが発生したセルでは、[エラーチェックオプション] ボタンの一覧にある [計算の過程を表示] をクリックしても、数式の検証を行えます。

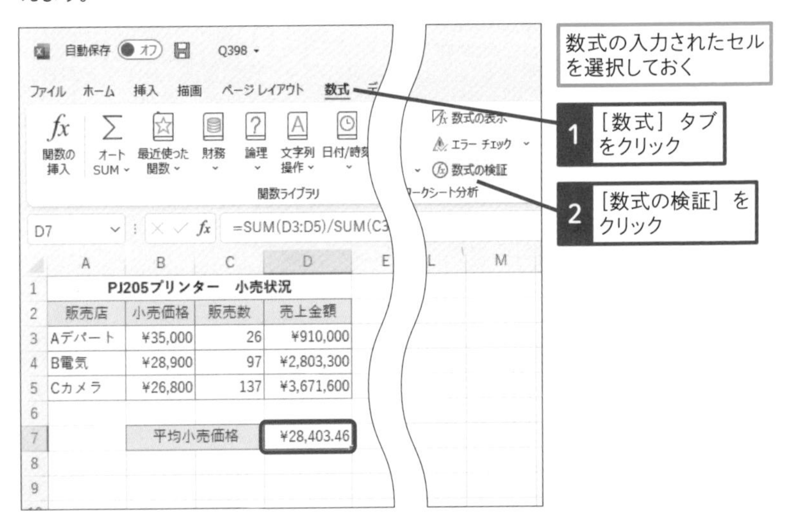

関連 129 エラーの原因を探すには ▸P.162

●数式を検証する

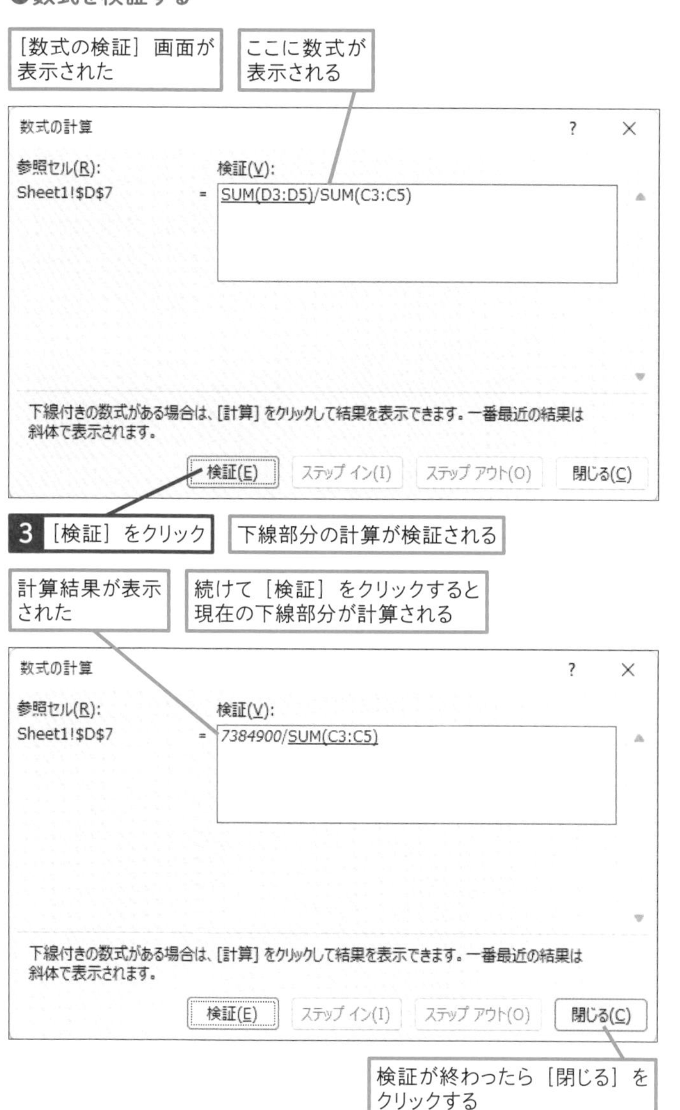
[数式の検証] 画面が表示された
ここに数式が表示される
数式の計算
参照セル(R):
Sheet1!$D$7
検証(V):
=
SUM(D3:D5)/SUM(C3:C5)
下線付きの数式がある場合は、[計算] をクリックして結果を表示できます。一番最近の結果は斜体で表示されます。
検証(E)
ステップ イン(I)
ステップ アウト(O)
閉じる(C)
3 [検証] をクリック
下線部分の計算が検証される
計算結果が表示された
続けて [検証] をクリックすると現在の下線部分が計算される
数式の計算
参照セル(R):
Sheet1!$D$7
検証(V):
=
7384900/SUM(C3:C5)
下線付きの数式がある場合は、[計算] をクリックして結果を表示できます。一番最近の結果は斜体で表示されます。
検証(E)
ステップ イン(I)
ステップ アウト(O)
閉じる(C)
検証が終わったら [閉じる] をクリックする

134

Q 計算に関わっているセルをひと目で確認したい

365 2021 2019 2016

お役立ち度 ★★★

A ［参照元のトレース］を実行します

数式が入力されたセルを選択して［参照元のトレース］を実行すると、トレース矢印が表示され、数式に関連するセルを視覚でチェックできます。数式が入力されているセルには矢先が表示され、数式で使用されているセルには丸い印が表示されます。目的通りのセルを使用して計算が行われているかどうかをひと目で検証できるので便利です。

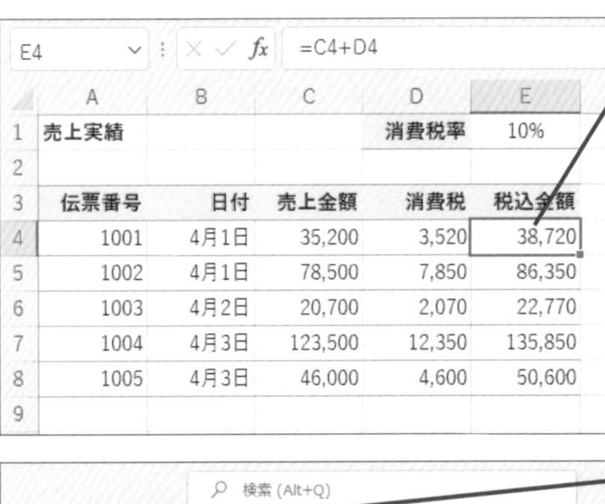

E4 =C4+D4

	A	B	C	D	E
1	売上実績			消費税率	10%
2					
3	伝票番号	日付	売上金額	消費税	税込金額
4	1001	4月1日	35,200	3,520	38,720
5	1002	4月1日	78,500	7,850	86,350
6	1003	4月2日	20,700	2,070	22,770
7	1004	4月3日	123,500	12,350	135,850
8	1005	4月3日	46,000	4,600	50,600
9					

検索 (Alt+Q)

数式 データ 校閲 表示 ヘルプ

日付/時刻 検索/行列 数学/三角 その他の関数 名前の管理 名前の定義 数式で使用 選択範囲から作成 定義された名前 参照元のトレース 参照先のトレース トレース矢印の削除

2 ［数式］タブをクリック

3 ［参照元のトレース］をクリック

第6章 エラー対処に役立つ解決技

●参照元を確認する

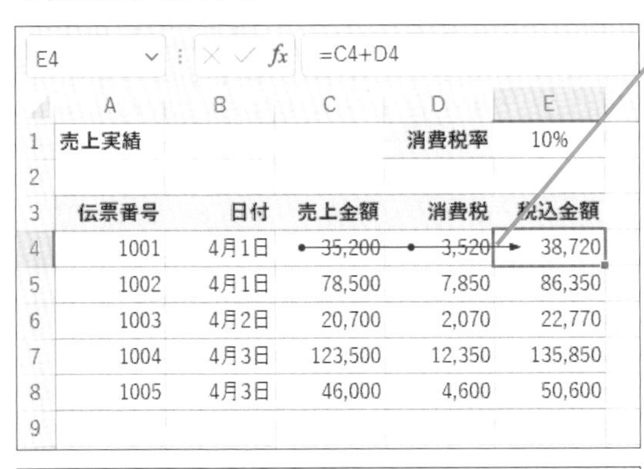

E4 =C4+D4

	A	B	C	D	E
1	売上実績			消費税率	10%
2					
3	伝票番号	日付	売上金額	消費税	税込金額
4	1001	4月1日	35,200	3,520	38,720
5	1002	4月1日	78,500	7,850	86,350
6	1003	4月2日	20,700	2,070	22,770
7	1004	4月3日	123,500	12,350	135,850
8	1005	4月3日	46,000	4,600	50,600
9					

トレース矢印が表示された

セルE4の数式がセルC4とセルD4を参照していることがわかる

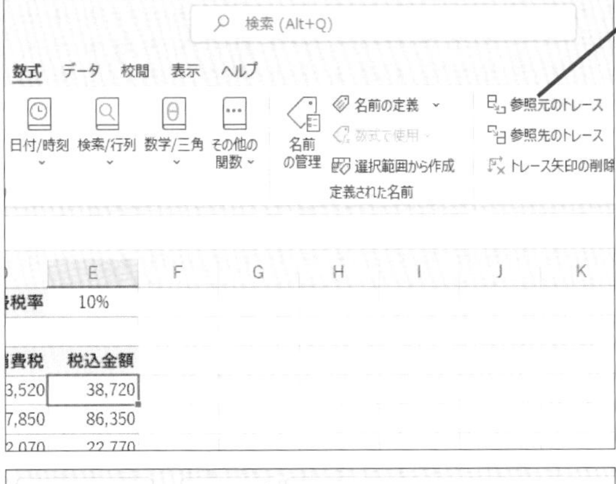

4 再度［参照元のトレース］をクリック

E4 =C4+D4

	A	B	C	D	E
1	売上実績			消費税率	10%
2					
3	伝票番号	日付	売上金額	消費税	税込金額
4	1001	4月1日	35,200	3,520	38,720
5	1002	4月1日	78,500	7,850	86,350
6	1003	4月2日	20,700	2,070	22,770
7	1004	4月3日	123,500	12,350	135,850
8	1005	4月3日	46,000	4,600	50,600
9					

間接的に参照しているセルにトレース矢印が表示された

トレース矢印を非表示にするには、［数式］タブの［トレース矢印の削除］をクリックする

135 Q 特定のセルから影響を受けるセルを調べられる？

365 2021 2019 2016
お役立ち度 ★★★

A ［参照先のトレース］を実行します

［参照先のトレース］を実行すると、指定したセルを使って計算しているセルを調べられます。複数回実行すれば、階層的にトレース矢印が追加され、計算の流れを追うことができます。意図した通りの流れになっているか調べたいときや、データを削除した場合にどのセルに影響があるかを調べたいときなどに役に立ちます。

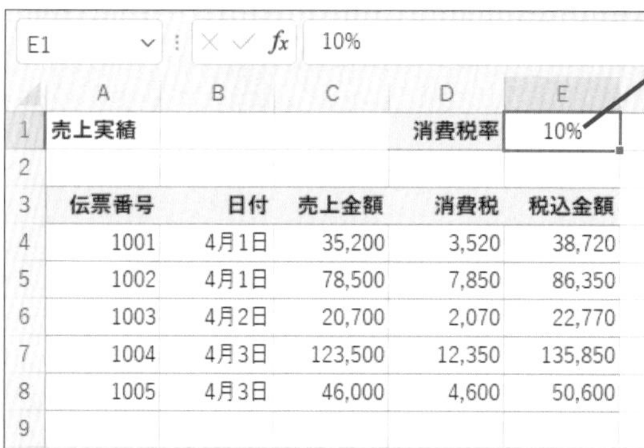

1 消費税が入力されているセルE1を選択

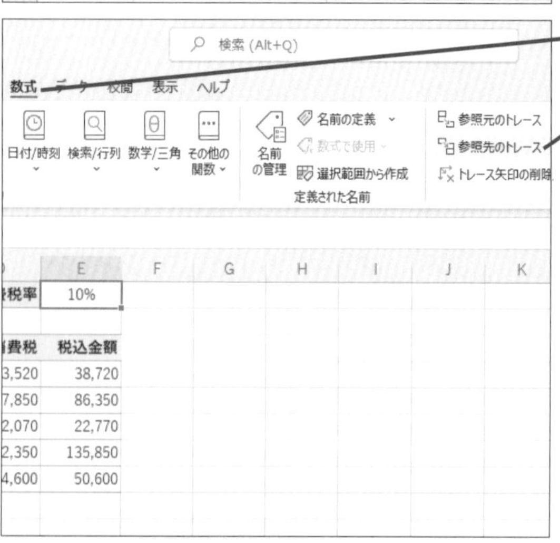

2 ［数式］タブをクリック

3 ［参照先のトレース］をクリック

第6章 エラー対処に役立つ解決技

●参照先を確認する

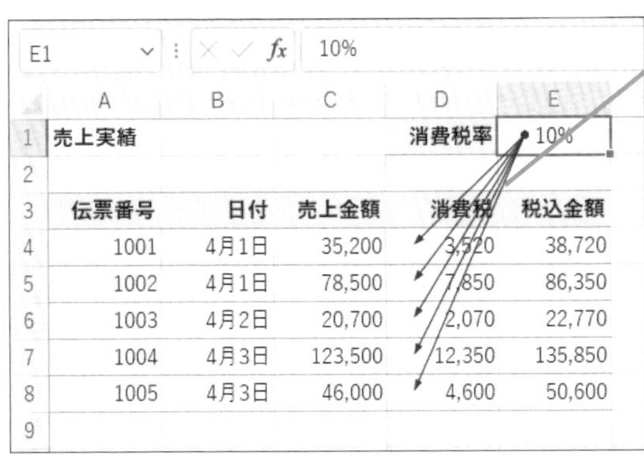

	A	B	C	D	E
1	売上実績			消費税率	10%
2					
3	伝票番号	日付	売上金額	消費税	税込金額
4	1001	4月1日	35,200	3,520	38,720
5	1002	4月1日	78,500	7,850	86,350
6	1003	4月2日	20,700	2,070	22,770
7	1004	4月3日	123,500	12,350	135,850
8	1005	4月3日	46,000	4,600	50,600
9					

トレース矢印が表示された

セルE1の消費税を使って計算しているセルがわかる

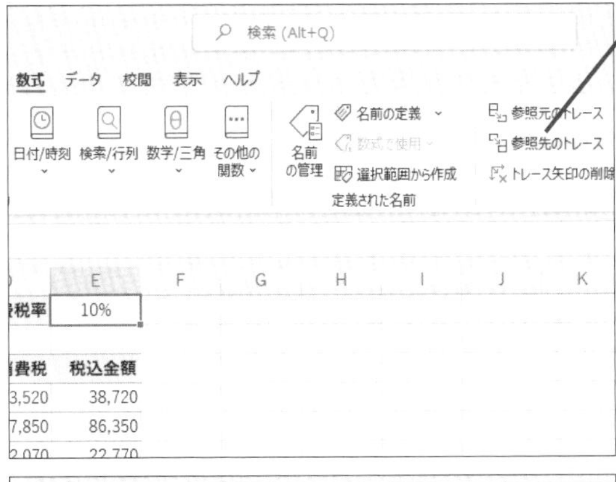

4 再度［参照先のトレース］をクリック

	A	B	C	D	E
1	売上実績			消費税率	10%
2					
3	伝票番号	日付	売上金額	消費税	税込金額
4	1001	4月1日	35,200	3,520	38,720
5	1002	4月1日	78,500	7,850	86,350
6	1003	4月2日	20,700	2,070	22,770
7	1004	4月3日	123,500	12,350	135,850
8	1005	4月3日	46,000	4,600	50,600
9					

間接的に参照しているセルにトレース矢印が表示された

トレース矢印を非表示にするには、［数式］タブの［トレース矢印の削除］をクリックする

136 Q 循環参照のエラーが表示されたときは？

365 2021 2019 2016
お役立ち度 ★★★

A 数式を修正します

循環参照のエラーは、セルに入力した数式がそのセル自身を直接、または、間接的に参照したことによるエラーです。循環参照を含む数式を入力すると、警告のメッセージが表示されるので、[OK] ボタンをクリックしてメッセージを閉じ、数式を修正しましょう。

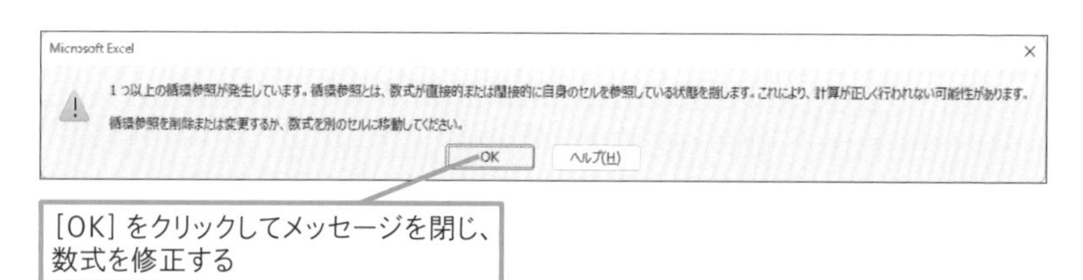

●循環参照を起こしているセルを探す

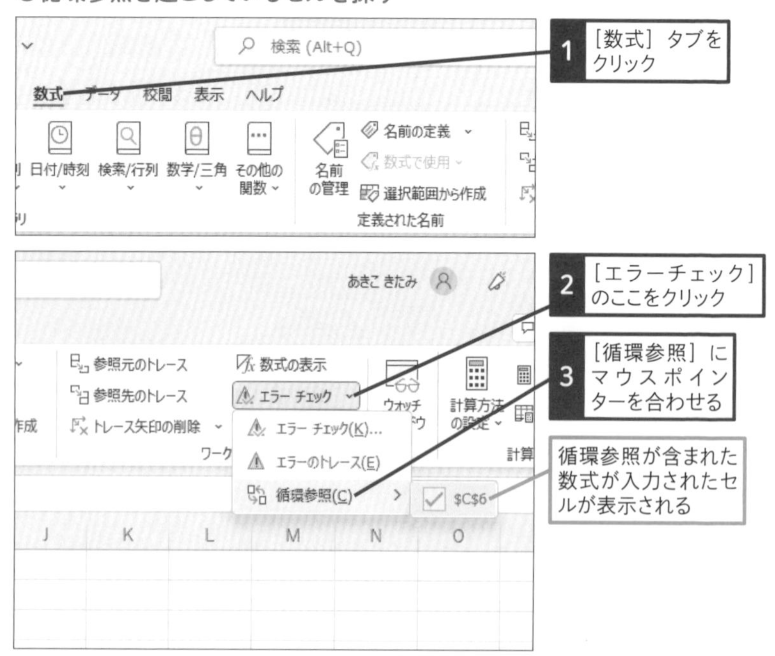

第6章 エラー対処に役立つ解決技

137 Q 文字列として入力された数字を数値データに変換したい

365 2021 2019 2016
お役立ち度 ★★★

A エラーチェックオプションを使用します

ほかのソフトウェアからコピーした数値が、文字列としてセルに貼り付けられてしまうことがあります。文字列のままではSUM関数などで計算しても、正しい結果になりません。そのようなときは、文字列データを数値に変換しましょう。そうすれば正しく計算できるようになります。

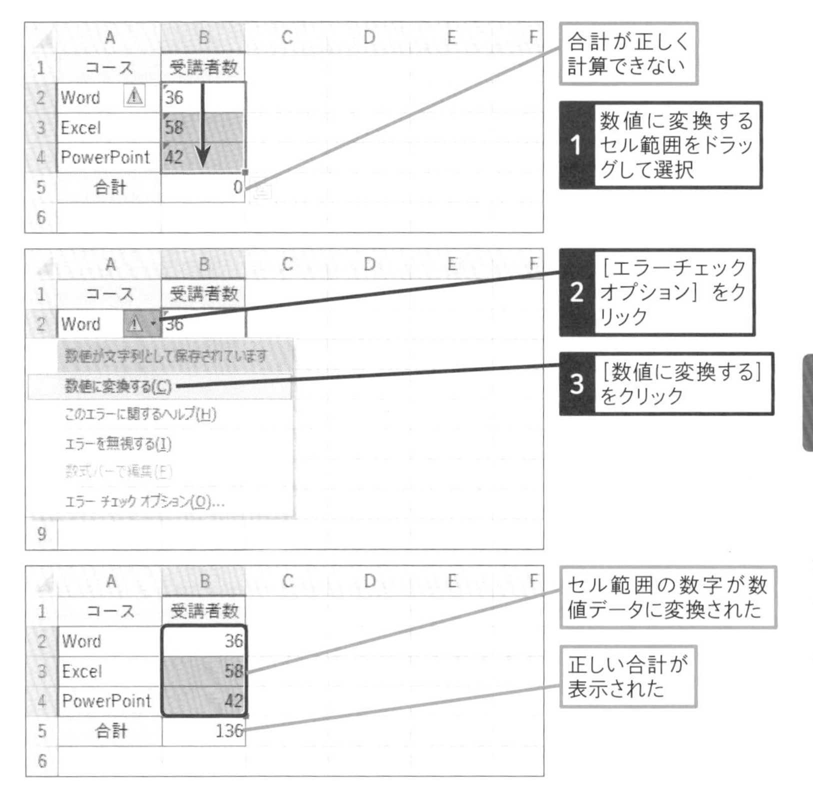

関連 129 エラーの原因を探すには ▸P.162

第6章 エラー対処に役立つ解決技

138 Q セルに計算結果ではなく数式を表示したい

365 2021 2019 2016
お役立ち度 ★★★

A ［数式の表示］を実行します

［数式の表示］を実行すると、列の幅が自動で広がり、数式を入力したセルに計算結果ではなく数式自体が表示されます。表に入力したすべての数式をまとめてチェックできるので便利です。数式を表示した状態のままで、数式の修正もできます。［数式の表示］を終了すると列の幅は元に戻り、計算結果の表示に戻ります。［数式の表示］の実行中に数式を修正した場合は、修正後の計算結果が表示されます。

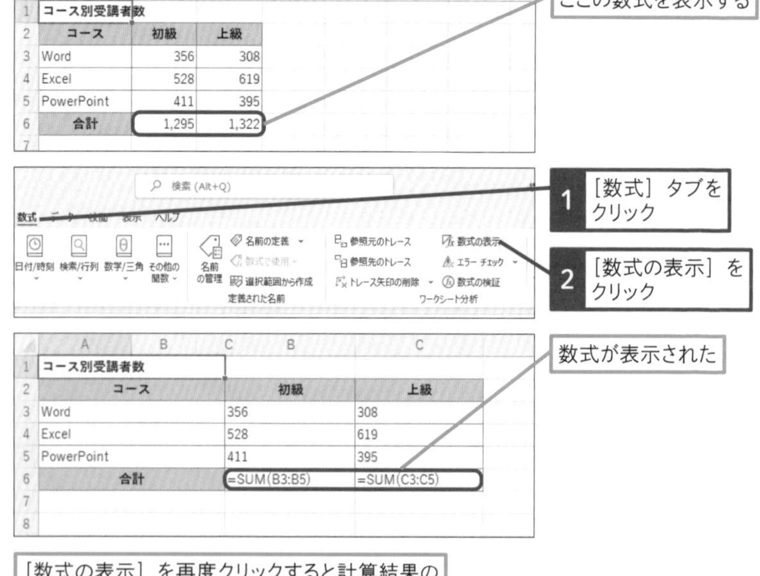

［数式の表示］を再度クリックすると計算結果の表示に戻り、列の幅が再調整される

ショートカットキー ［数式の表示］の実行／解除
Ctrl + Shift + @

第6章 エラー対処に役立つ解決技

139 Q 表示形式を設定した数値の計算結果が合わないときは

365 2021 2019 2016

お役立ち度 ★★★

A ROUND関数を使って端数を処理します

表示形式を設定して小数点以下を非表示にしても、実際に入力されている数値で計算されます。したがって、小数点以下の表示けた数を減らした場合、計算結果が見ための結果と合わないことがあります。金額計算のように正確さが求められる計算では、数値を整数化する目的で安易に小数点表示のけた下げをせず、ワザ101で解説する「ROUND関数」などを使ってきちんと端数を処理しましょう。なお、ROUND関数を使うのが面倒な場合など、どうしても表示されている数値の通りに計算したい場合は［Excelのオプション］画面の［詳細設定］タブで、［表示桁数で計算する］にチェックマークを付けることで対応できます。

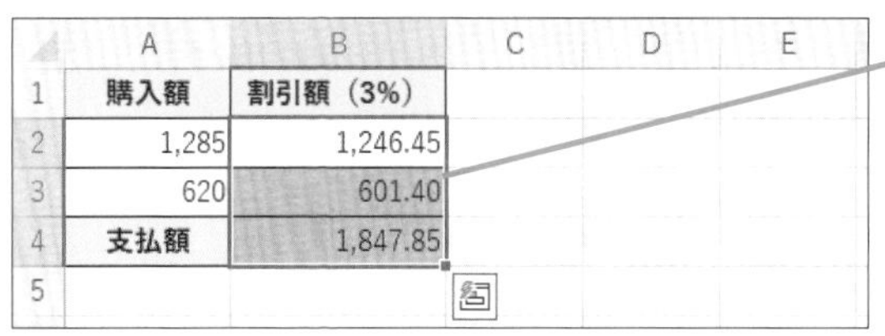

金額を0.97倍して割引額を求め、合計値を算出する

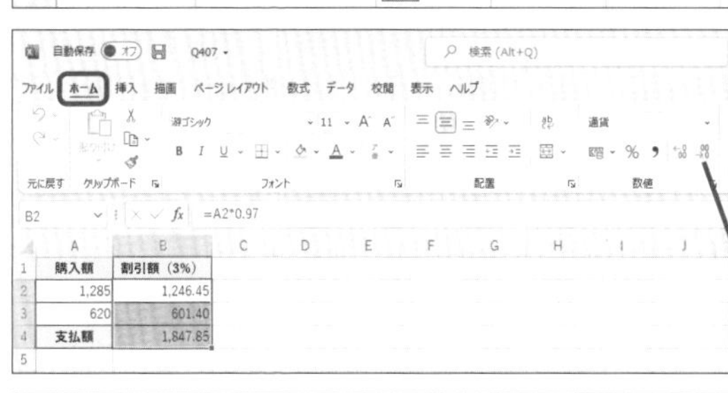

セルB2 ～ B4を選択しておく

1 ［ホーム］タブをクリック

2 ［小数点以下の表示桁数を減らす］を2回クリック

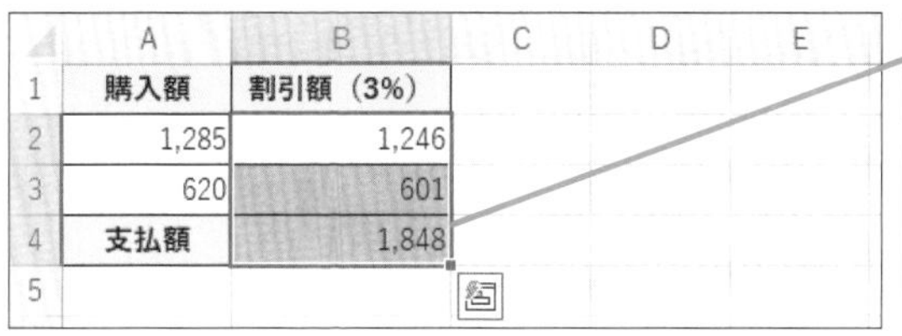

合計値の計算が合わなくなる

ROUND関数などを使って端数を処理をしてから計算し直す

関連 101 数値を指定したけたで四捨五入したい ► P.131

第6章 エラー対処に役立つ解決技

140 Q 「1.2−1.1」の計算結果は0.1にならない？

365 2021 2019 2016
お役立ち度 ★★★

A 2進法で小数を正確に表現できないからです

Excelに「1.2-1.1」を計算させると、その結果は「0.1」と正しく表示されます。ところが、そのセルを選択して［小数点以下の表示桁数を増やす］ボタン（）を繰り返しクリックすると、「0.0999……」という表示に変わります。これは、パソコンの世界で用いられる2進法で、小数を正確に表現できないことによる誤差です。IF関数で比較したときに想定外の結果を招くこともあるので注意してください。

「=A2−B2」という数式が入力されている

「=IF(C2=D2,"正しい","正しくない")」と入力されている

［ホーム］タブの［小数点以下の表示桁数を増やす］をクリックしてけたを上げていくと誤差が生じる

役立つ豆知識

大きい数値の計算にも誤差が生じるの？

Excelでは、小数の計算のほかに、大きい数値の計算でも誤差が生じることがあります。これは、Excelの有効けた数が15けたであるためです。この制限のため、16けた以上の計算をExcelで正確に行うことはできません。また、この誤差を防ぐこともできません。

第7章

グラフや図形の便利技

Excelの機能は「計算」だけではありません。グラフや図形など、ビジュアルな書類作成に役立つ機能も豊富です。これらの機能を活用すれば、見栄えのする資料を簡単に作成できます。

141

Q グラフを作成したい

365 2021 2019 2016
お役立ち度 ★★★

A ［挿入］タブからグラフの種類を選択します

グラフ作りは簡単です。グラフのもとになるセル範囲を選択して、［挿入］タブからグラフの種類を選ぶだけです。作成直後のグラフには、グラフタイトルや凡例など、最小限の要素しか配置されません。ほかの要素は、後から個別に追加します。

グラフを選択すると、リボンに［グラフのデザイン］タブと［書式］タブが表示されます。また、グラフの右上にもグラフ編集用のボタンが3つ表示されます。これらのタブやボタンで、グラフに要素を追加したり、デザインを変更するなどの編集を行えます。いずれもグラフを選択したときにだけ表示されるので、グラフの編集はまずグラフを選択するところから始めてください。

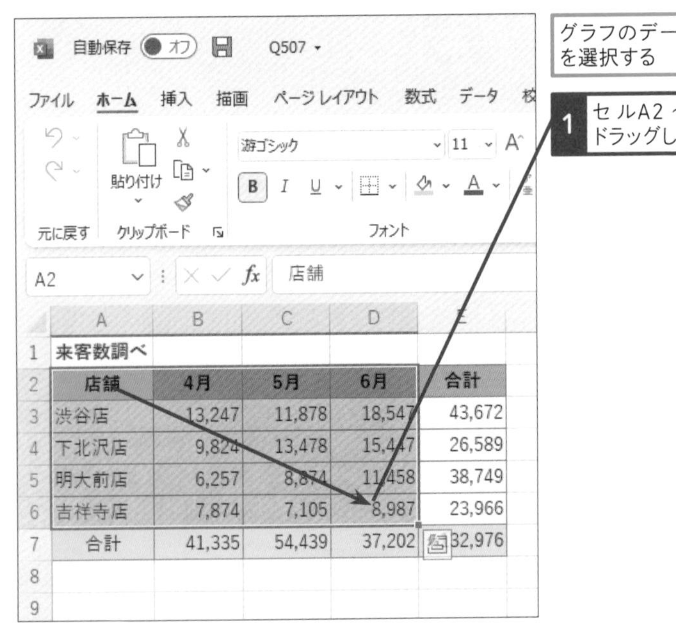

ショートカットキー
［挿入］タブに移動
Alt+N

●棒グラフを挿入する

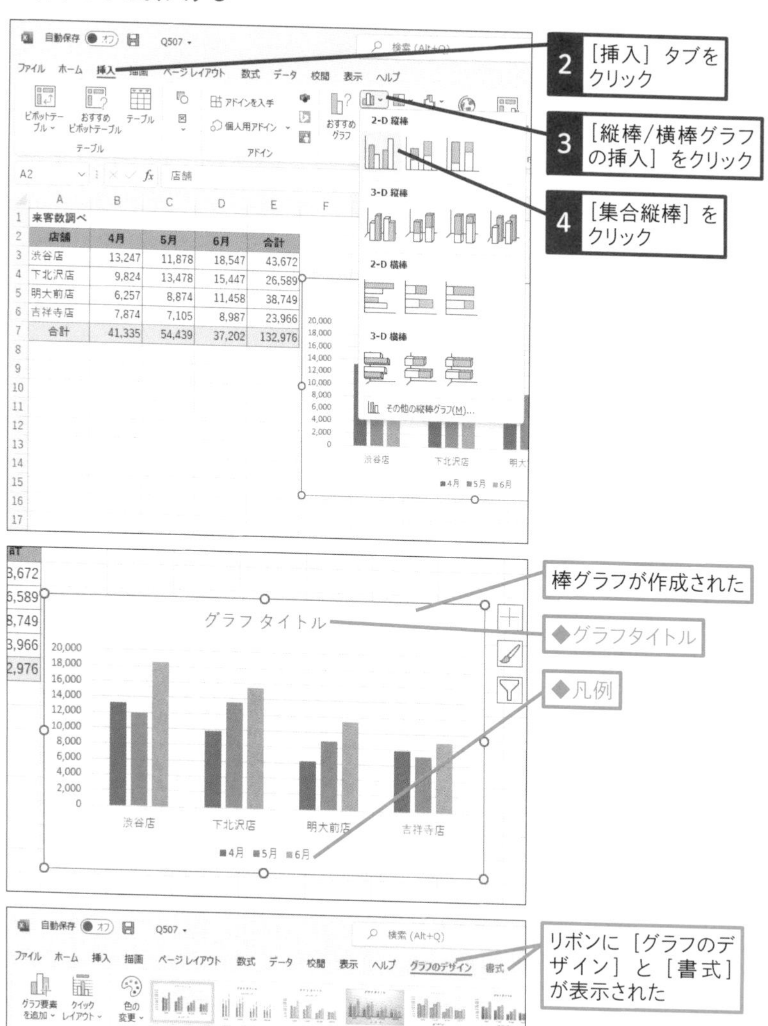

2 [挿入]タブをクリック
3 [縦棒/横棒グラフの挿入]をクリック
4 [集合縦棒]をクリック
棒グラフが作成された
◆グラフタイトル
◆凡例
リボンに[グラフのデザイン]と[書式]が表示された

142 Q グラフのデザインを変更したい

365 2021 2019 2016
お役立ち度 ★★★

A グラフスタイルを選択します

[グラフスタイル] と [色の変更] を使用すると、選択肢から選ぶだけでグラフのデザインをまとめて変更できます。[グラフスタイル] は、グラフ要素の配置や背景の色を変更する機能です。また、[色の変更] は棒や折れ線など、グラフそのものの色を変更する機能です。1本だけ棒の色を変えたい場合など、個別の書式を先に設定すると上書きされてしまうので、最初に [グラフスタイル] と [色の変更] を設定してから、個別の書式設定をしましょう。

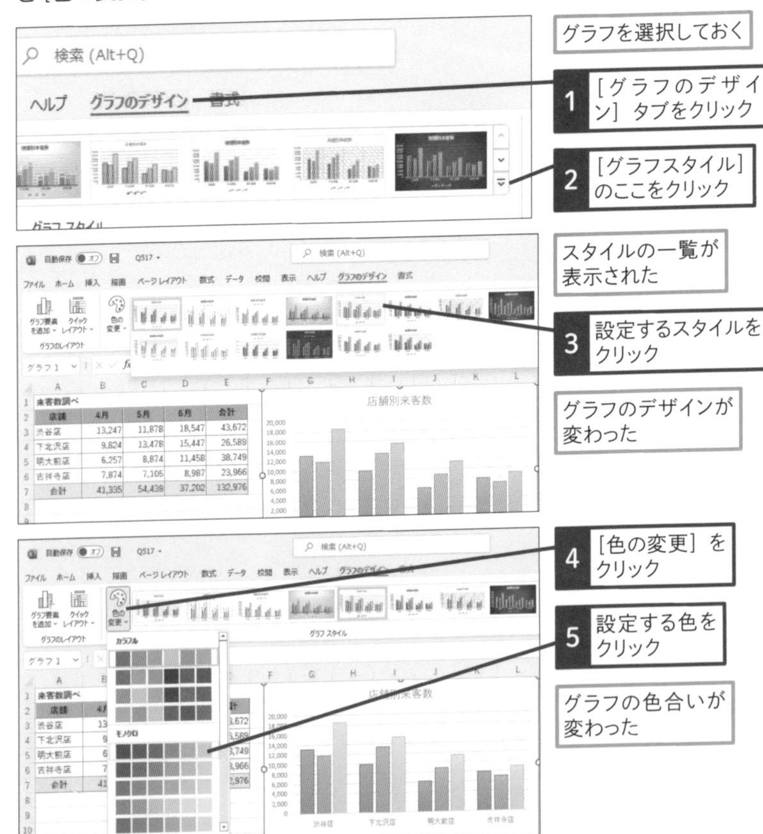

143 Q グラフのレイアウトを変更したい

365 2021 2019 2016
お役立ち度 ★★★

A クイックレイアウトから選択します

グラフには、タイトルやデータラベルなど、必要に応じていろいろなグラフ要素を表示できます。[クイックレイアウト] の一覧には、グラフ要素のレイアウトが数種類用意されています。ここから選択するだけで、簡単にそのレイアウトを適用できます。なお、選択するレイアウトによっては、グラフに設定してあったグラフタイトルなどの要素が消えてしまう場合もあります。まず、目的に近いレイアウトを適用してから、必要なグラフ要素を個別に追加しましょう。

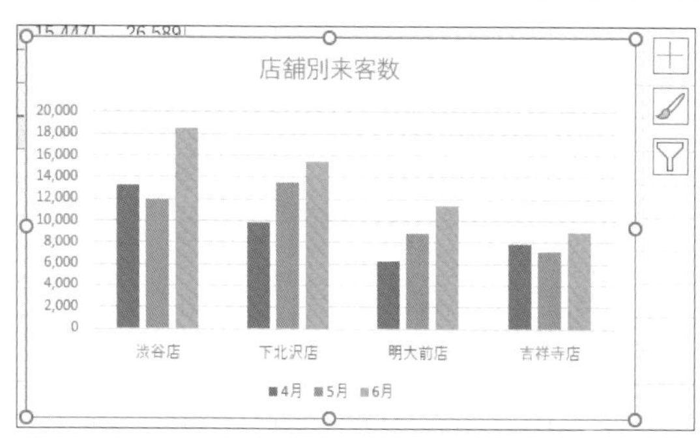

グラフを選択しておく

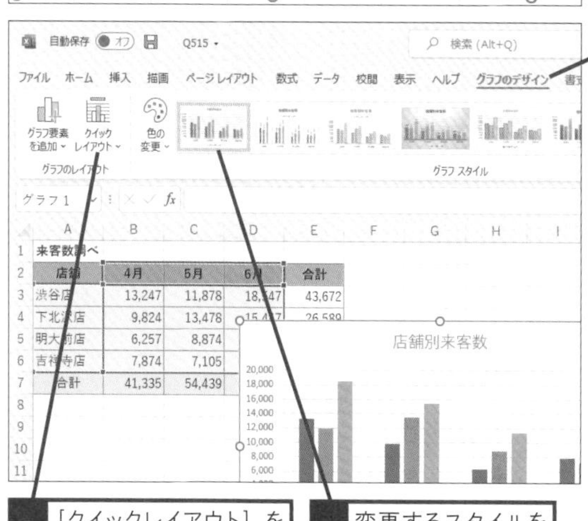

1 [グラフのデザイン] タブをクリック

2 [クイックレイアウト] をクリック

3 変更するスタイルをクリック

144 Q グラフの要素名を知りたい

365 2021 2019 2016
お役立ち度 ★★★

A マウスポインターを合わせると確認できます

グラフを構成する要素には名前が付いています。グラフ要素にマウスポインターを合わせると、その名前をポップヒントで確認できます。また、選択したグラフ要素の名前は、[書式] タブにある [現在の選択範囲] グループの [グラフの要素] に表示されるので、目的のグラフ要素を選択できているかどうか不安なときは確認しましょう。

●グラフの要素

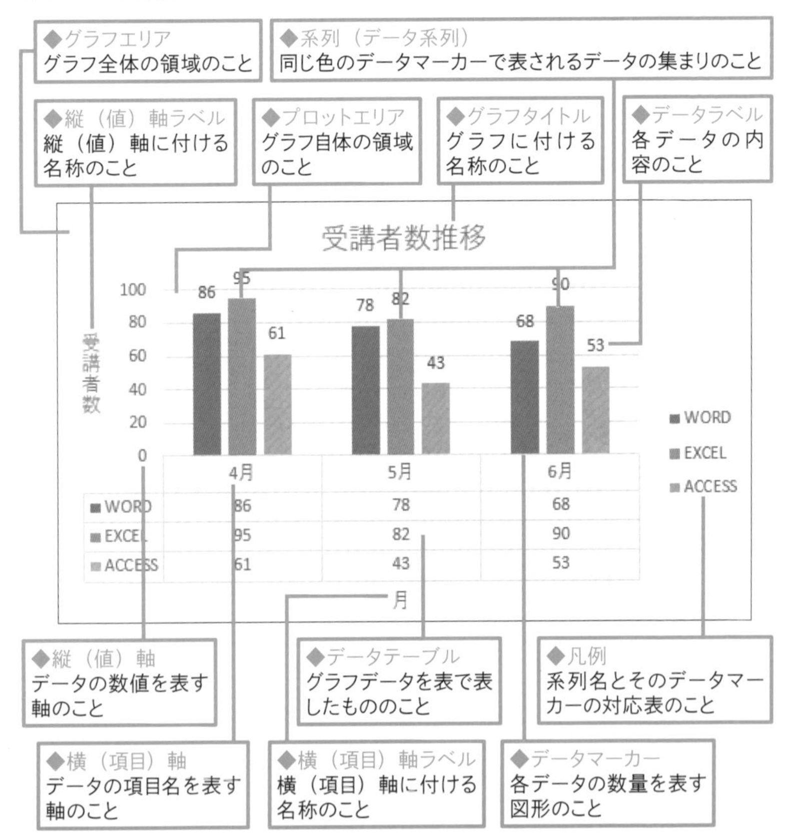

	4月	5月	6月
WORD	86	78	68
EXCEL	95	82	90
ACCESS	61	43	53

145 Q グラフのデータ範囲を変更したい

365 2021 2019 2016
お役立ち度 ★★★

A ［データソースの選択］で設定し直します

［データソースの選択］画面を使用すると、グラフのデータ範囲を変更できます。元データとは別のシートに作成したグラフや、離れたセルのデータから作成したグラフなど、あらゆるグラフのデータ範囲の変更が行えます。

グラフのデータ範囲を変更する

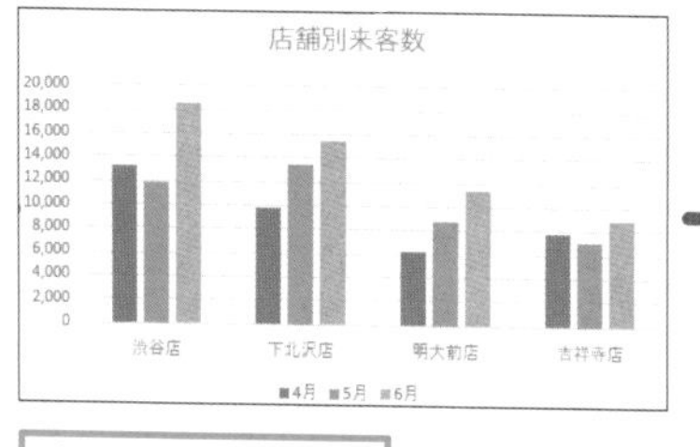

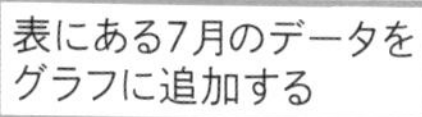

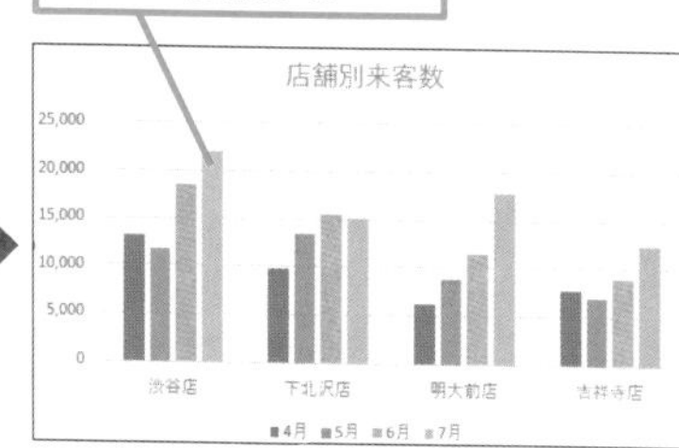

グラフを選択しておく

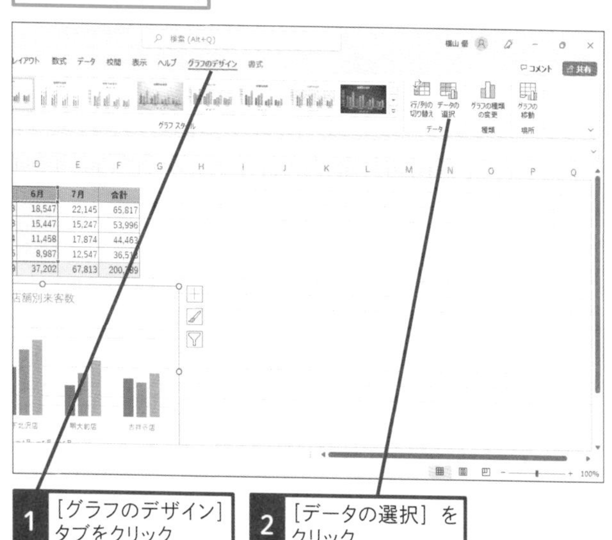

1 ［グラフのデザイン］タブをクリック

2 ［データの選択］をクリック

第7章 グラフや図形の便利技

次のページに続く

●グラフのデータ範囲を変更する

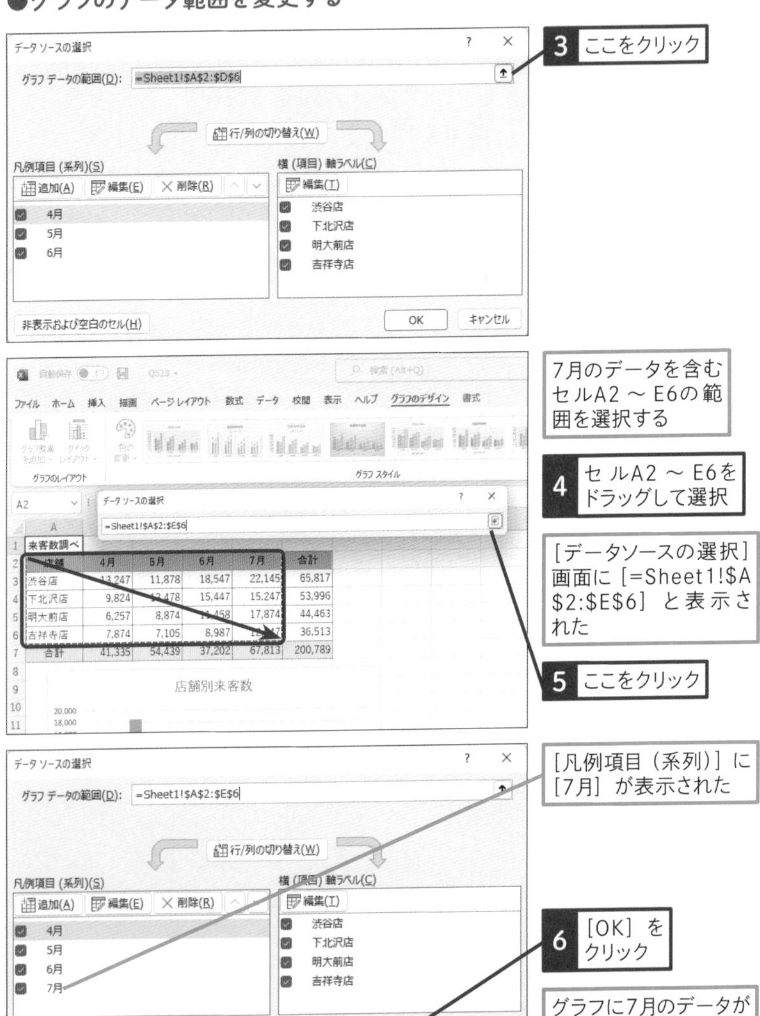

	A					
1	来客数調べ					
2	店舗	4月	5月	6月	7月	合計
3	渋谷店	13,247	11,878	18,547	22,145	65,817
4	下北沢店	9,824	13,478	15,447	15,247	53,996
5	明大前店	6,257	8,874	11,458	17,874	44,463
6	吉祥寺店	7,874	7,105	8,987	12,547	36,513
7	合計	41,335	54,439	37,202	67,813	200,789

146 Q 項目とデータ系列の内容を入れ替えたい

365 2021 2019 2016
お役立ち度 ★★★

A ［行/列の切り替え］をクリックします

グラフを作成したときに横（項目）軸の項目とデータ系列が目的とは逆に配置された場合は、［行/列の切り替え］ボタンをクリックしましょう。即座に内容が入れ替わります。

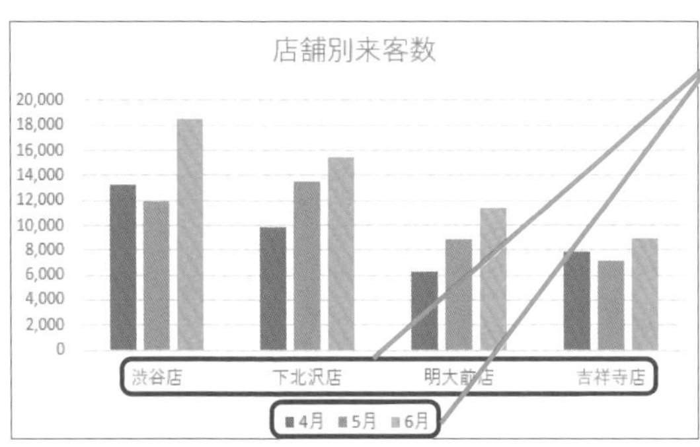

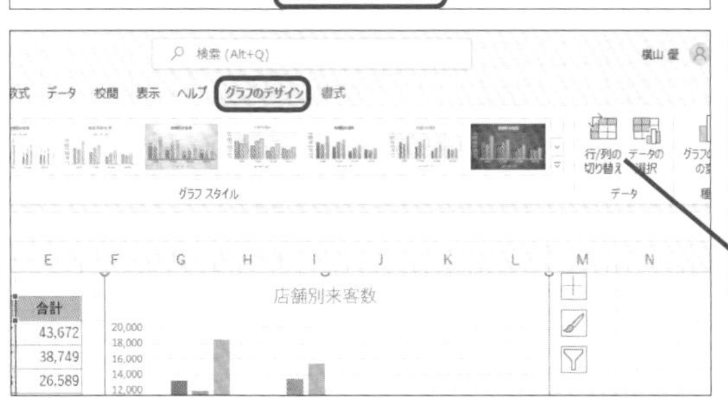

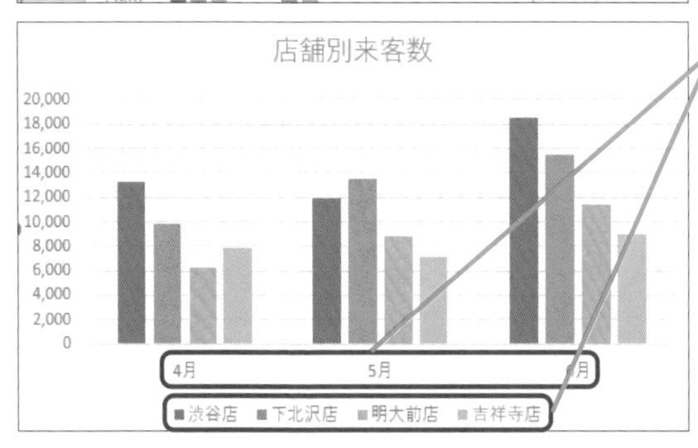

147 Q グラフにタイトルを表示したい

365 2021 2019 2016
お役立ち度 ★★★

A グラフタイトルの要素を追加します

グラフにタイトルを入れると、グラフの内容が分かりやすくなります。グラフの作成時にグラフタイトルが表示されなかった場合や、グラフタイトルを削除してしまった場合は、以下の手順で追加しましょう。

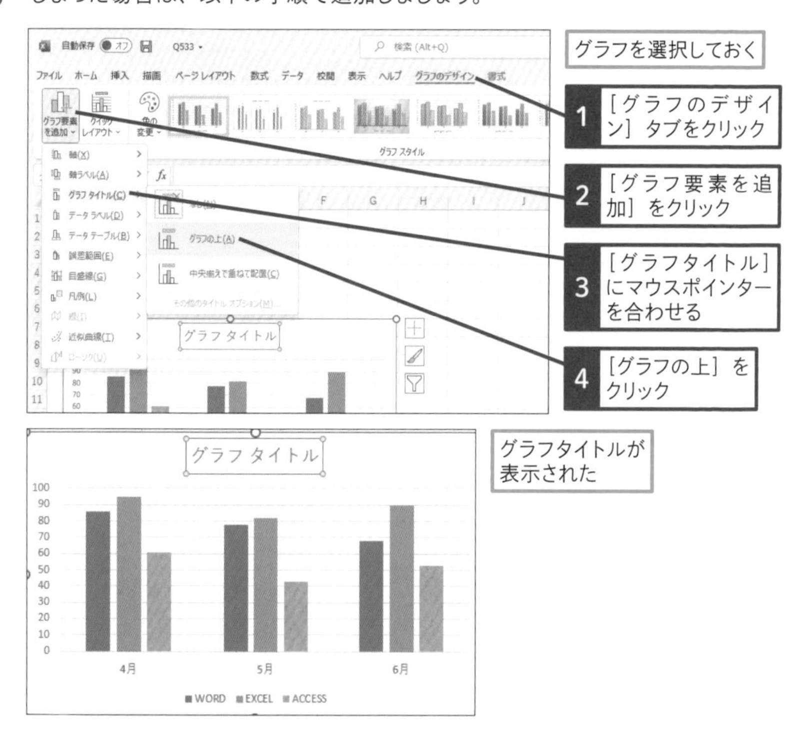

役立つ豆知識

グラフ上の文字の書式を変更するには

グラフタイトルや凡例などの文字は、それぞれの個別に選択してフォントやフォントの色、サイズを変更できます。グラフエリアを選択した場合は、グラフ上のすべてのグラフ要素の文字の書式を一括で変更できます。グラフエリアを選択してフォントサイズを変更した場合、グラフタイトルだけ自動でほかの文字より大きくなります。

148 Q グラフタイトルにセルの内容を表示できる？

365 2021 2019 2016
お役立ち度 ★★★

A 数式バーからセルを指定します

グラフタイトルを選択した状態で数式バーに「=セル番号」という式を入力すると、セルに入力されている文字列をそのままグラフタイトルに表示できます。セルの内容を修正すると、グラフタイトルも自動的に更新されるので便利です。

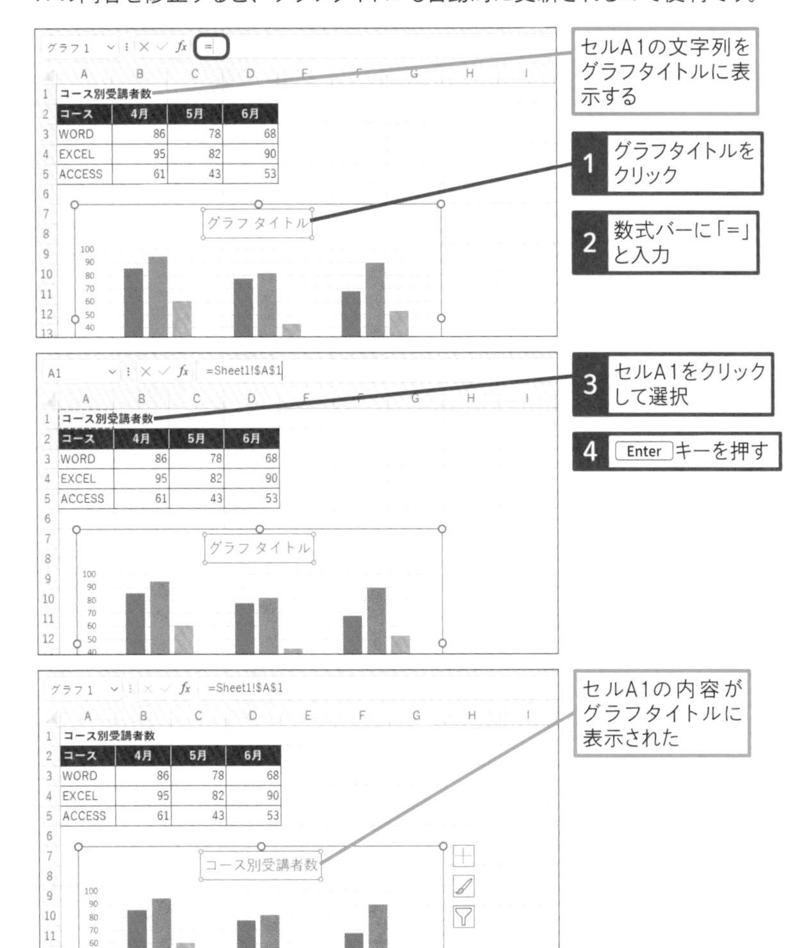

149 Q グラフに軸ラベルを表示したい

365 2021 2019 2016
お役立ち度 ★★★

A ［グラフ要素を追加］から軸ラベルを追加します

軸ラベルを使用すると、縦（値）軸と横（項目）軸の内容をそれぞれ分かりやすく伝えられます。軸ラベルを表示するには、以下の手順で操作しましょう。

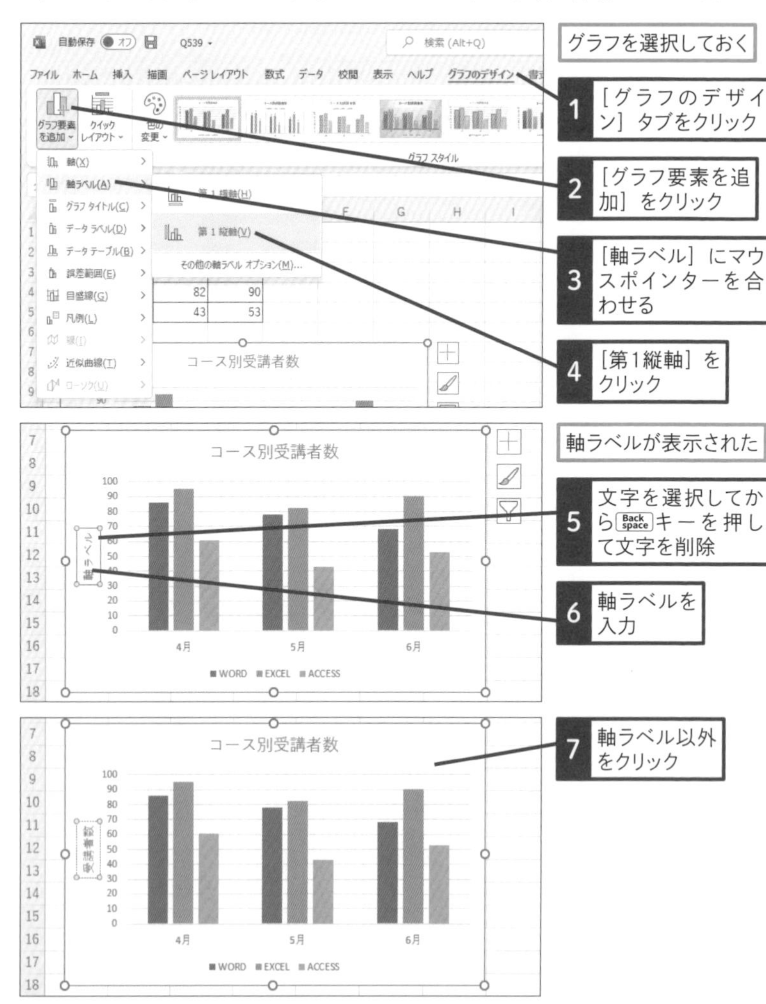

150 Q 軸ラベルの文字の向きがおかしい!

365 2021 2019 2016
お役立ち度 ★★★

A 文字の方向を修正します

縦棒グラフを横棒グラフに変更したり、数値の軸に表示単位を設定したときなど、何らかのタイミングで軸ラベルの文字が横向きになってしまうことがあります。そのようなときは、このワザの方法で縦書きに変更しましょう。

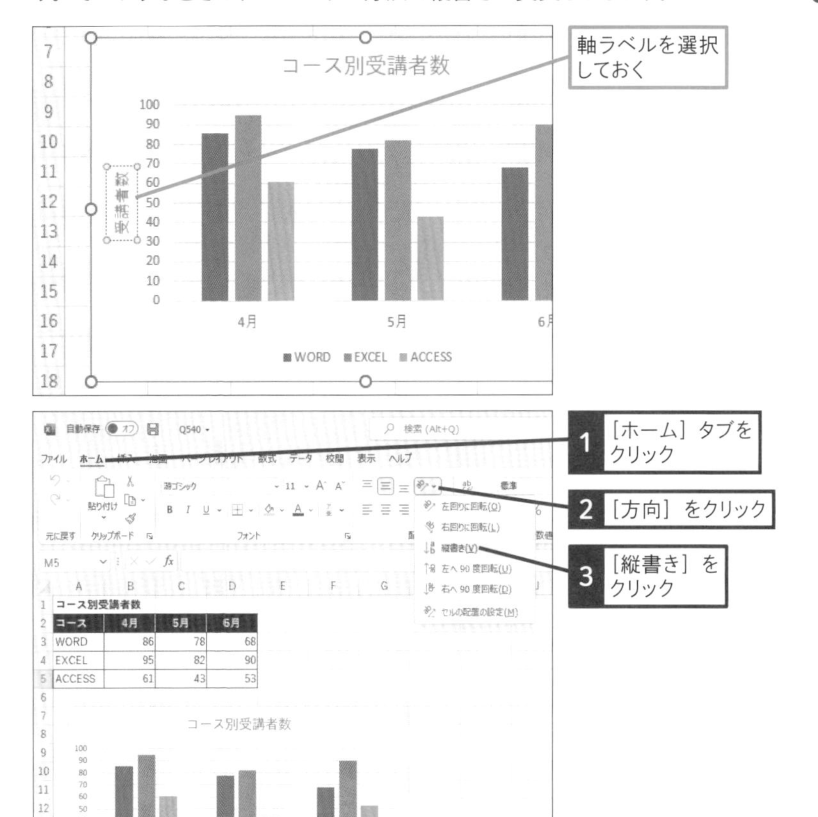

コース	4月	5月	6月
WORD	86	78	68
EXCEL	95	82	90
ACCESS	61	43	53

151 Q グラフ上にデータラベルを表示したい

365 2021 2019 2016
お役立ち度 ★★★

A グラフを選択して配置します

元データの数値をグラフの中に直接表示したいときは、データラベルを使用しましょう。グラフを選択した状態でデータラベルを配置すると、すべてのデータ系列のすべての要素にデータラベルを表示できます。

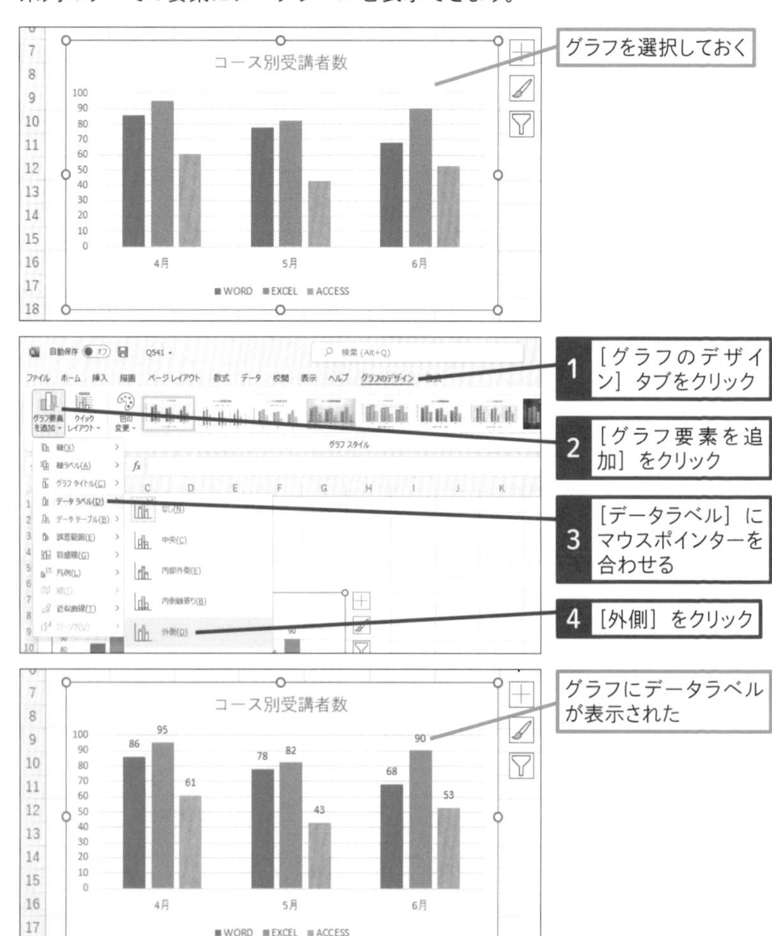

152 Q 縦（値）軸の目盛りの間隔を設定して見やすくするには

365 2021 2019 2016
お役立ち度 ★★★

A 軸のオプションを設定します

［軸の書式設定］作業ウィンドウでは、縦（値）軸の数値の［最大値］［最小値］［単位］を指定できます。［単位］とは、目盛りの間隔のことです。以下の例では、折れ線グラフの縦（値）軸の最小値を「0」から「50」に変更して、表示される目盛りの範囲を狭くしています。目盛りの範囲が狭くなると折れ線の変化が大きくなり、見やすくなります。

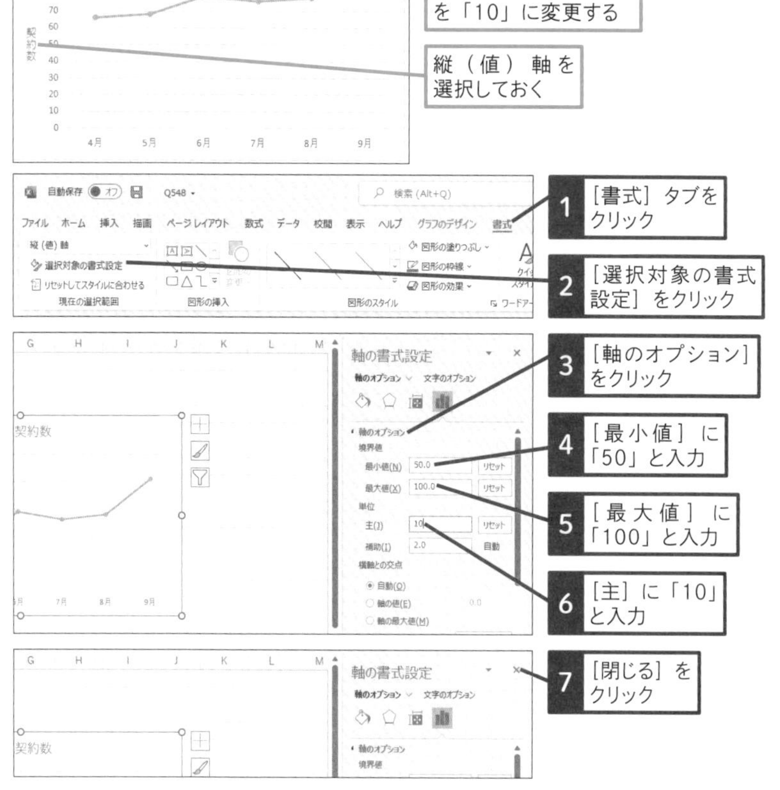

153 Q 縦（値）軸の目盛りの表示単位を万単位にするには

365 2021 2019 2016
お役立ち度 ★★★

A 軸のオプションで表示単位を設定します

縦（値）軸の目盛りに振られる数値のけたが大きい場合は、［軸の書式設定］作業ウィンドウで表示単位を「万」に設定すると、下4けたの数値を省略できます。表示単位は「百」から「兆」の間で選択できます。表示単位の「万」は、縦軸の左上に表示されます。

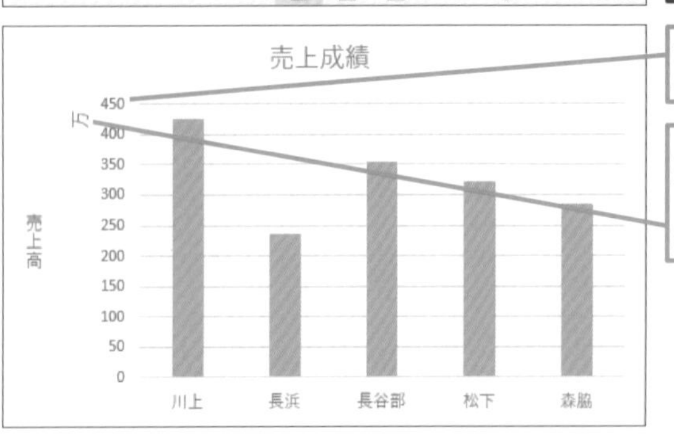

154 Q 棒グラフを太くするには？

365 2021 2019 2016
お役立ち度 ★★★

A 要素の間隔を変更します

棒グラフの棒を太くするには、棒の間隔を狭くします。棒の間隔を狭くするほど、棒の太さが太くなります。プレゼンに使用するグラフのインパクトを強くしたいときなどに効果的です。

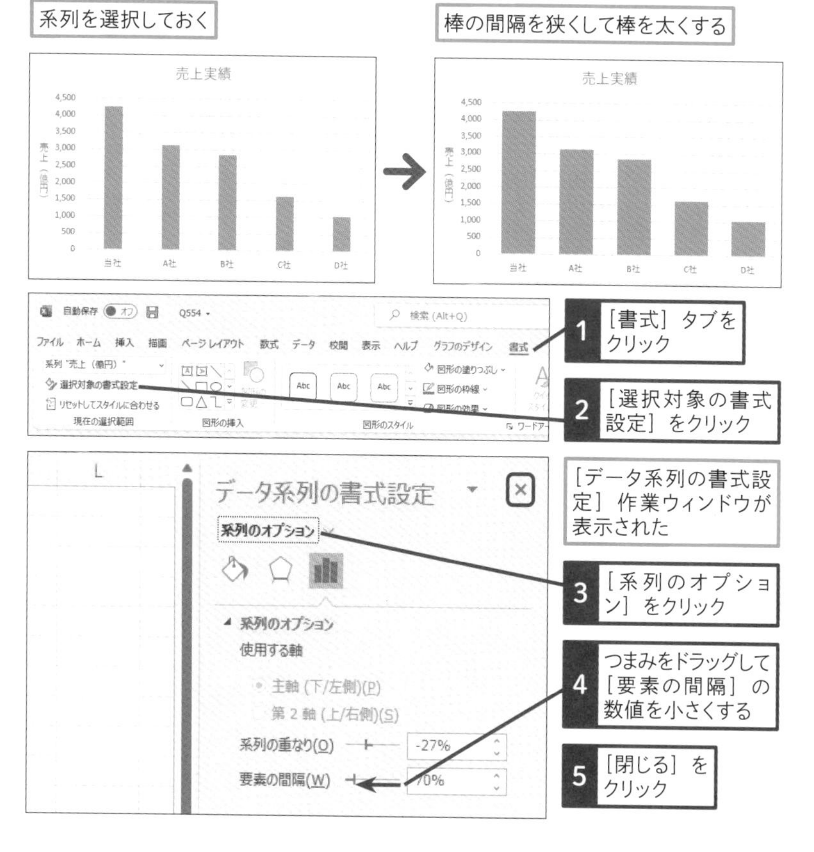

関連 155 棒を1本だけ目立たせたい ▸ P.194

155 Q 棒を1本だけ目立たせたい

365 2021 2019 2016
お役立ち度 ★★★

A 要素を1つだけ選択して書式を設定します

各データの数量を表すデータマーカーを1回クリックするとデータ系列が選択され、もう1回クリックするとデータ要素が選択されます。その状態で、以下のように操作すると、棒1本だけ色が変わります。

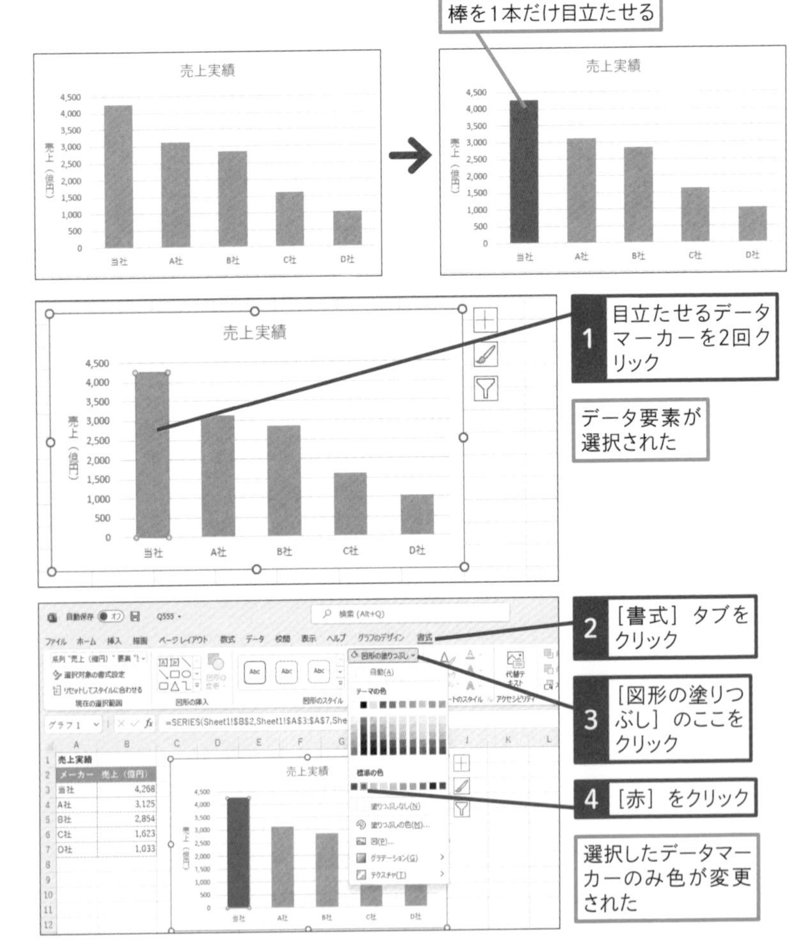

156 Q 円グラフのデータ要素を切り離すには？

365 2021 2019 2016
お役立ち度 ★★★

A 1つの要素を選択してドラッグします

円グラフの中で特に目立たせたい項目は、切り離して表示すると効果的です。ポイントは「1回目のクリックですべてのデータ系列が選択され、もう1回のクリックでデータ要素を選択できる」ということです。ハンドルの数やポップヒントをよく確認しましょう。

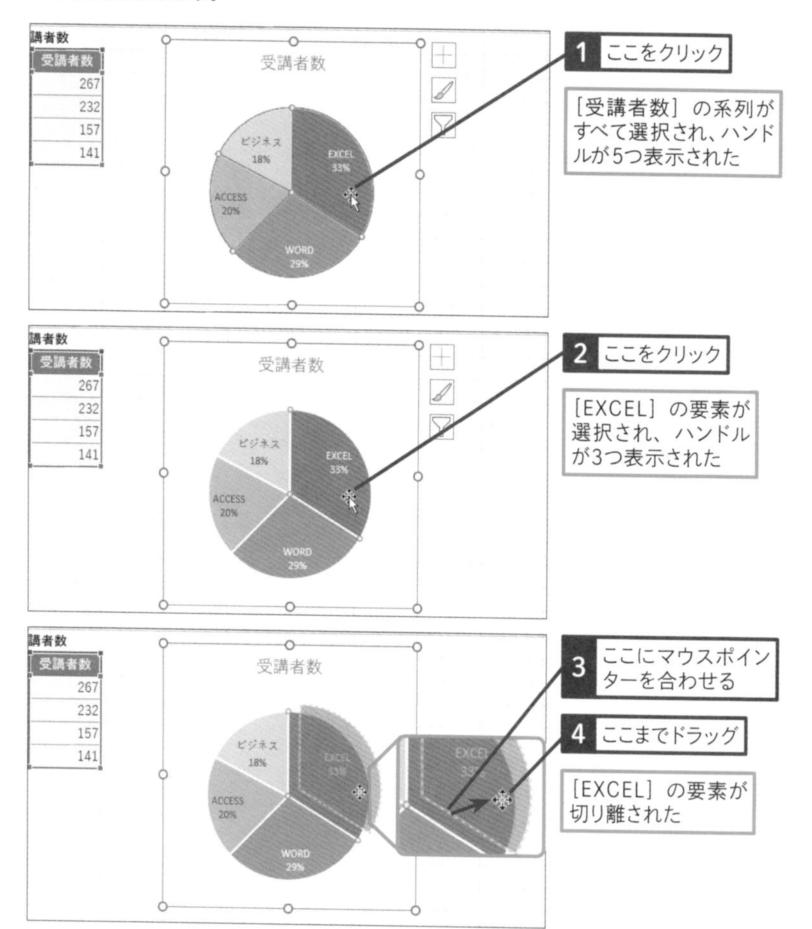

157 Q セル内にグラフを作成したい

365 2021 2019 2016

お役立ち度 ★★

A スパークラインを使います

「スパークライン」を使用すると、セルの中にグラフを作成できます。表の中にグラフを埋め込むことで、表の項目ごとに数値の変化を見やすく表示できます。作成できるグラフの種類は、[折れ線] [縦棒] [勝敗] の3種類です。

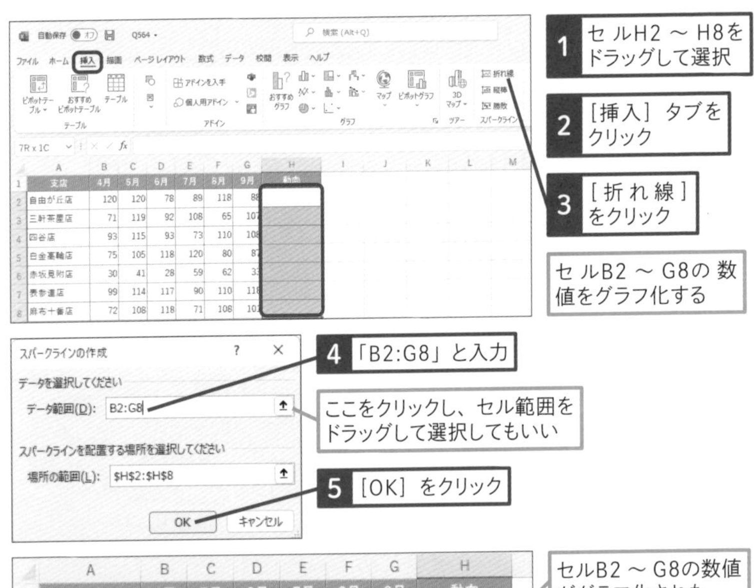

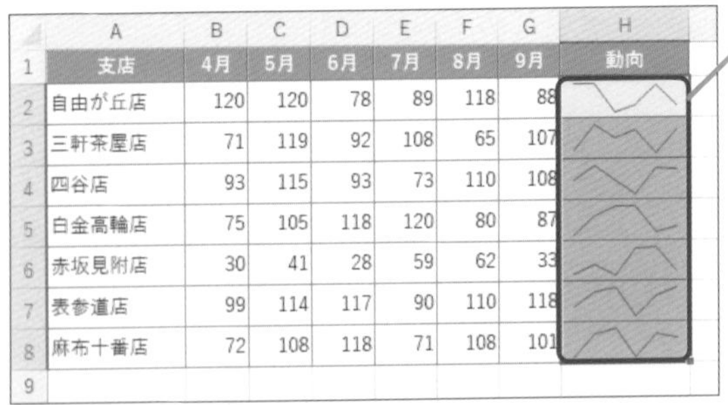

支店	4月	5月	6月	7月	8月	9月	動向
自由が丘店	120	120	78	89	118	88	
三軒茶屋店	71	119	92	108	65	107	
四谷店	93	115	93	73	110	108	
白金高輪店	75	105	118	120	80	87	
赤坂見附店	30	41	28	59	62	33	
表参道店	99	114	117	90	110	118	
麻布十番店	72	108	118	71	108	101	

関連067 値の大小を視覚的に表現するには ▶ P.92

158 Q 図形を作成するには

365 2021 2019 2016
お役立ち度 ★★★

A ［挿入］タブで［図］を選択します

図形は、地図や概念図の作成などに役立ちます。［挿入］タブの［図］グループにある［図形］ボタンから図形の種類を選択して作成します。

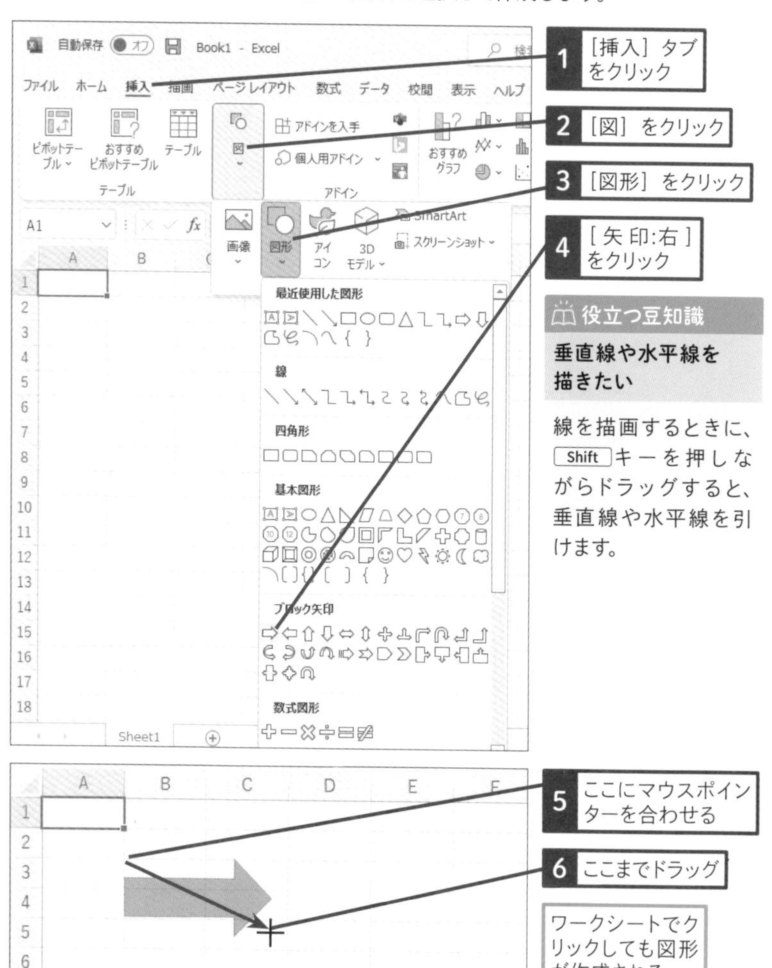

役立つ豆知識

垂直線や水平線を描きたい

線を描画するときに、Shift キーを押しながらドラッグすると、垂直線や水平線を引けます。

159 Q 図形の形状を調整したい

365 2021 2019 2016
お役立ち度 ★★★

A 調整ハンドルをドラッグします

調整ハンドルを使用すると、矢印の矢の大きさや角丸四角形の丸みなど、図形の形状を変えられます。

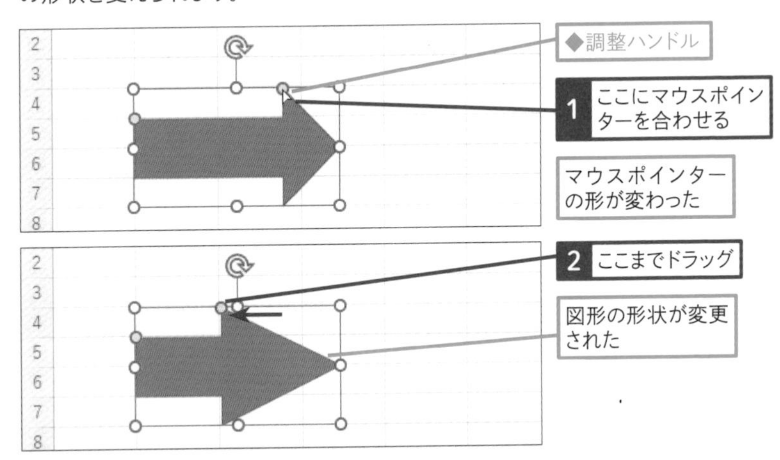

ステップアップ

よく使う図形の色などの設定を登録しておきたい

同じ書式の図形を複数作成するときは、書式を既定値として登録します。書式を設定した図形を右クリックして、表示されたメニューから［既定の図形に設定］をクリックすると、それ以降同じブック内で新規に作成する図形に同じ書式が適用されます。

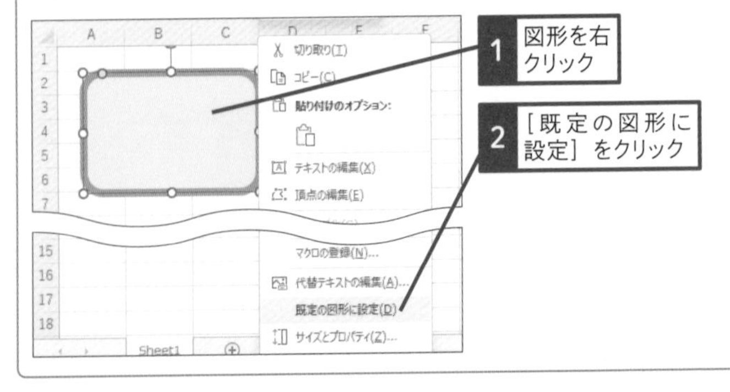

160 Q 行の高さや列の幅を変更したら図形の形が崩れてしまった

365 2021 2019 2016
お役立ち度 ★★★

A セルのサイズ変更に連動しないよう設定します

既定の状態では、図形のある場所に行や列を挿入したり、セルのサイズを変更したりすると、図形のサイズが変わってしまいます。図形のサイズを固定したい場合は、以下の手順で設定画面を表示して、[セルに合わせて移動するがサイズ変更はしない] か[セルに合わせて移動やサイズ変更をしない] を選択します。

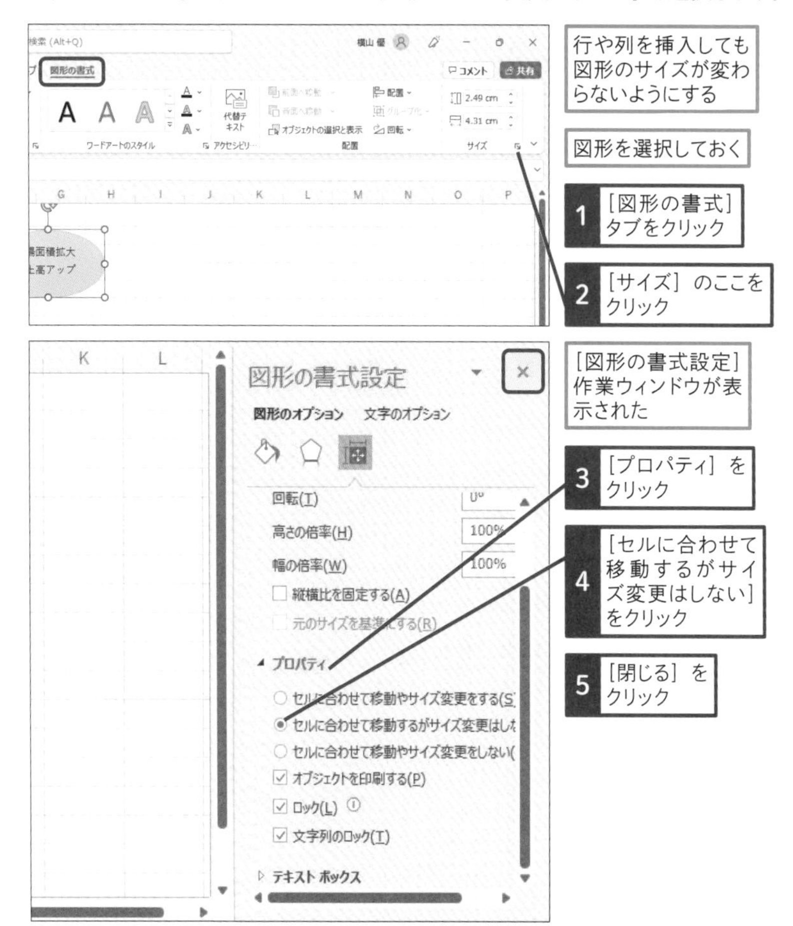

161 Q 図形内に文字を入力するには

365 2021 2019 2016
お役立ち度 ★★★

A 図形をクリックして文字を入力します

直線や矢印など一部の種類を除いて、図形に文字を入力できます。図形を選択して、そのままキーボードから文字を入力しましょう。なお、文字の配置を変更する方法は以下のステップアップを参照してください。

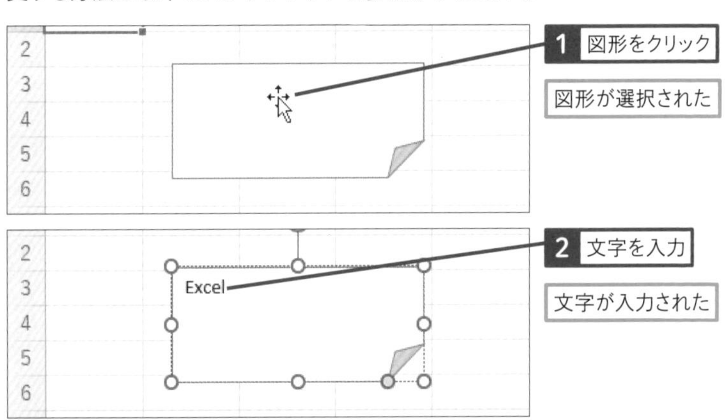

ステップアップ

図形内の文字の配置を整えたい

図形内の文字の横位置、縦位置、縦書きの設定は、セルの文字と同様に、[ホーム]タブの[配置]グループにあるボタンを使用して行えます。

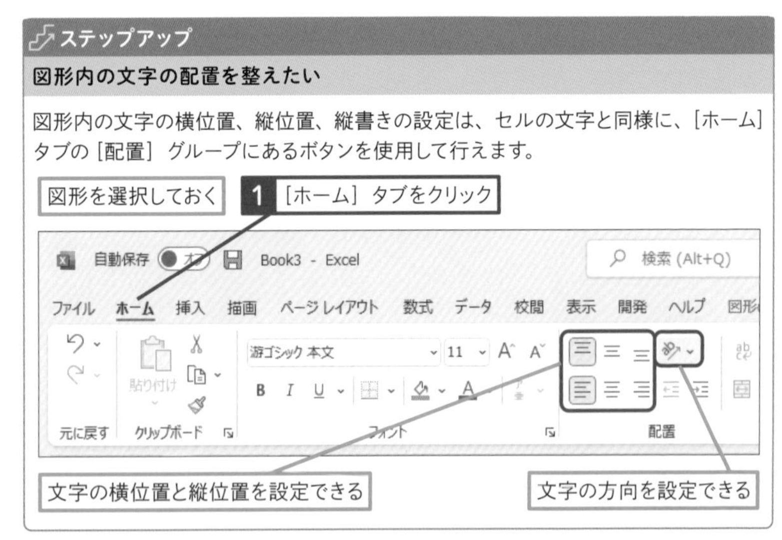

162 Q ワークシート上の自由な位置に文字を配置したい

365 2021 2019 2016
お役立ち度 ★★★

A テキストボックスを利用します

セルの位置を気にせずに、ワークシート内の自由な位置に文字を入力したいときは、テキストボックスを利用します。テキストボックスを描画するときに、ドラッグではなくクリックすることで、線と塗りつぶしのないテキストボックスを作成できます。印刷してもテキストボックスと分かることなく、きれいに仕上がります。テキストボックスのサイズは、文字の入力後に調整しましょう。

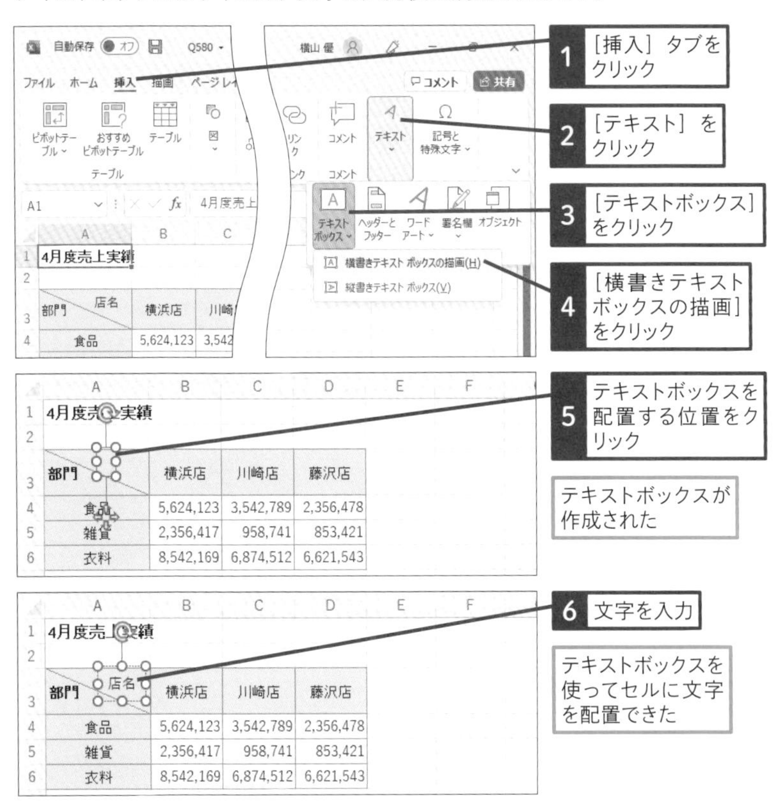

ショートカットキー
[挿入] タブに移動
Alt + N

163 Q 文字の縦横のバランスを簡単に変更したい

365 2021 2019 2016
お役立ち度 ★★

A ［変形］から［四角］を選びます

限られたスペースにできるだけ大きいサイズで文字を挿入したいときにお勧めなのが、［変形］の機能です。四角形などの図形に文字を入力しておき、［変形］から［四角］を設定すると、もとの図形のサイズに合わせて文字が拡大されます。図形のサイズを拡大・縮小するとそれに合わせて文字も拡大・縮小します。文字の縦横比も、図形のサイズに合わせて自由自在に変わります。

164 Q 複数の図形の配置をまとめて変更したい

365 2021 2019 2016
お役立ち度 ★★★

A ［オブジェクトの配置］を使います

［図形の書式］タブにある［配置］を使用すると、複数の図形の位置をそろえたり、間隔を均等にしたりできます。例えば［上揃え］を使用すると、複数の図形の上端の位置が、最も上にある図形にそろいます。また、［左右に整列］を使用すると、複数の図形の水平方向の間隔が均等になります。

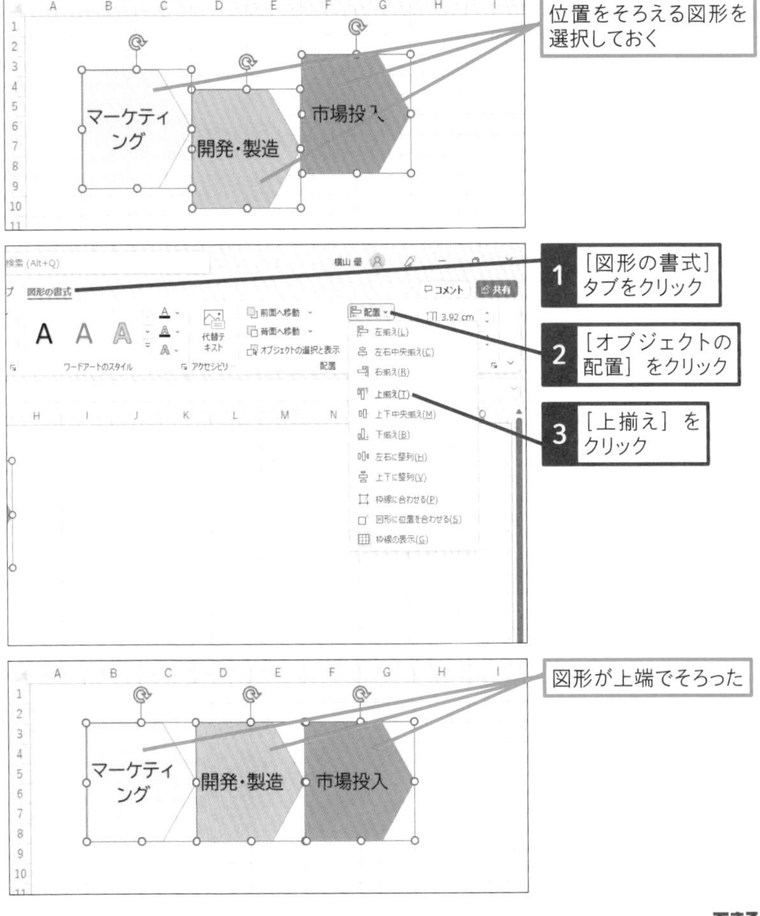

165 Q 複数の図形をまとめて操作できるようにするには

365 2021 2019 2016
お役立ち度 ★★★

A ［オブジェクトのグループ化］を行います

地図や概念図など、複数の図形を組み合わせて図を作成したときは、図形をグループ化しておきましょう。グループ化した図形は1つの図形として移動やサイズ変更、回転などの操作が行えます。グループ化した図形をクリックして選択したあと、グループ内の図形をクリックすると、図形を個別に選択して編集できます。グループ化を解除するには、グループ化した図形を選択して、［オブジェクトのグループ化］のメニューから［グループ解除］をクリックします。

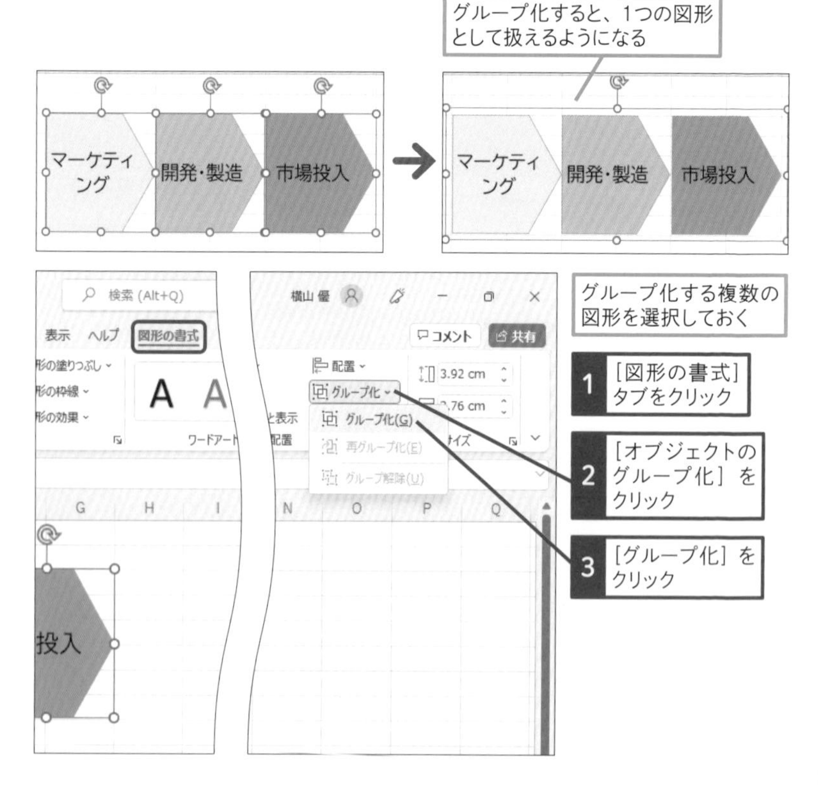

166 Q 絵文字を使用したい

365 2021 2019 2016
お役立ち度 ★★★

A アイコンを利用します

文書を作成するときに、ちょっとしたイラストを使いたいことがあります。［アイコン］を利用すると、キーワードでイラストを検索してワークシートに挿入できます。文書に合わせて色を変えたり、影などの効果を設定することも可能です。

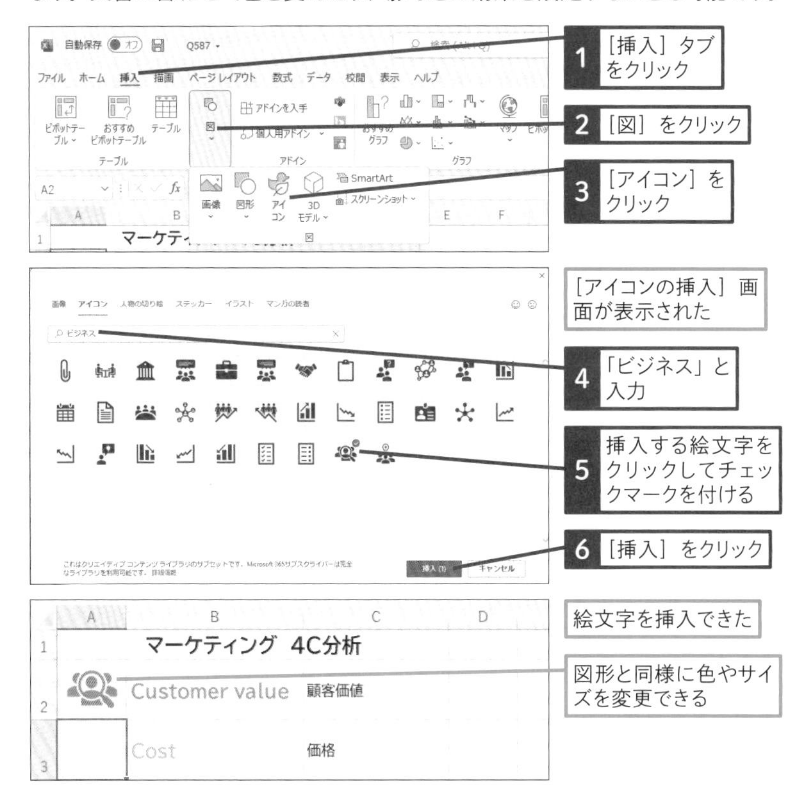

ショートカットキー
［挿入］タブに移動
Alt + N

167 Q ワークシートに画像を挿入したい

365 2021 2019 2016
お役立ち度 ★★★

A ［挿入］タブから画像を挿入します

デジタルカメラで撮った写真や、画像編集ソフトで作成した画像などを取り込めます。

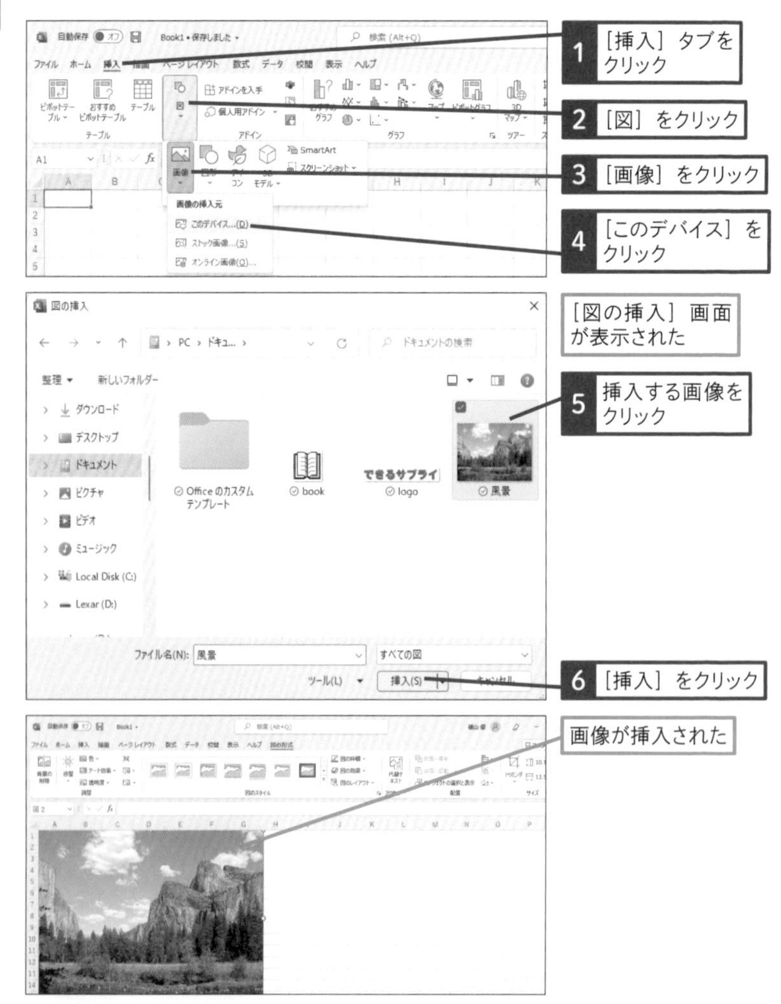

168 Q 画像の不要な部分を取り除きたい

365 2021 2019 2016
お役立ち度 ★★★

A トリミングで不要な部分を切り取ります

画像の周りの不要な部分を非表示にする作業を「トリミング」と言います。このワザの方法で操作すると、画像の八方にハンドルが表示されます。このハンドルをドラッグすると、画像をトリミングできます。なお、トリミングされた画像は一時的に非表示になっているだけで、実際に切り抜かれるわけではありません。再度操作して、トリミングの位置を変更できます。

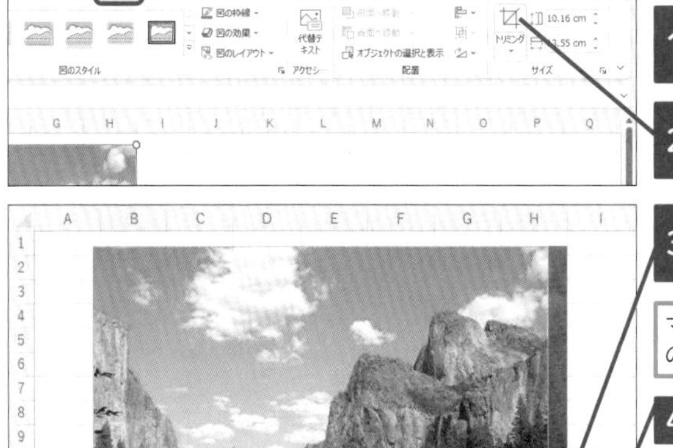

ステップアップ

画像の不要な部分を完全に削除するには

画像をトリミングしたあと［図の圧縮］を行うと、非表示の部分を完全に削除して、ファイルサイズを小さくできます。まず、画像を選択して、［図の形式］タブの［調整］グループにある［図の圧縮］（ ）をクリックします。設定画面が表示されたら［図のトリミング部分を削除する］にチェックマークを付け、［OK］をクリックします。圧縮で削除した部分は、トリミングし直すことはできません。

169 Q Web上の地図をワークシートに挿入できる？

365 2021 2019 2016
お役立ち度 ★★★

A スクリーンショットを挿入します

［スクリーンショット］の機能を使用すると、パソコンのディスプレイに表示されている内容を画像としてワークシートに貼り付けることができます。例えばWebで調べた地図をワークシートに貼り付ければ、案内状などを作成するときに便利です。

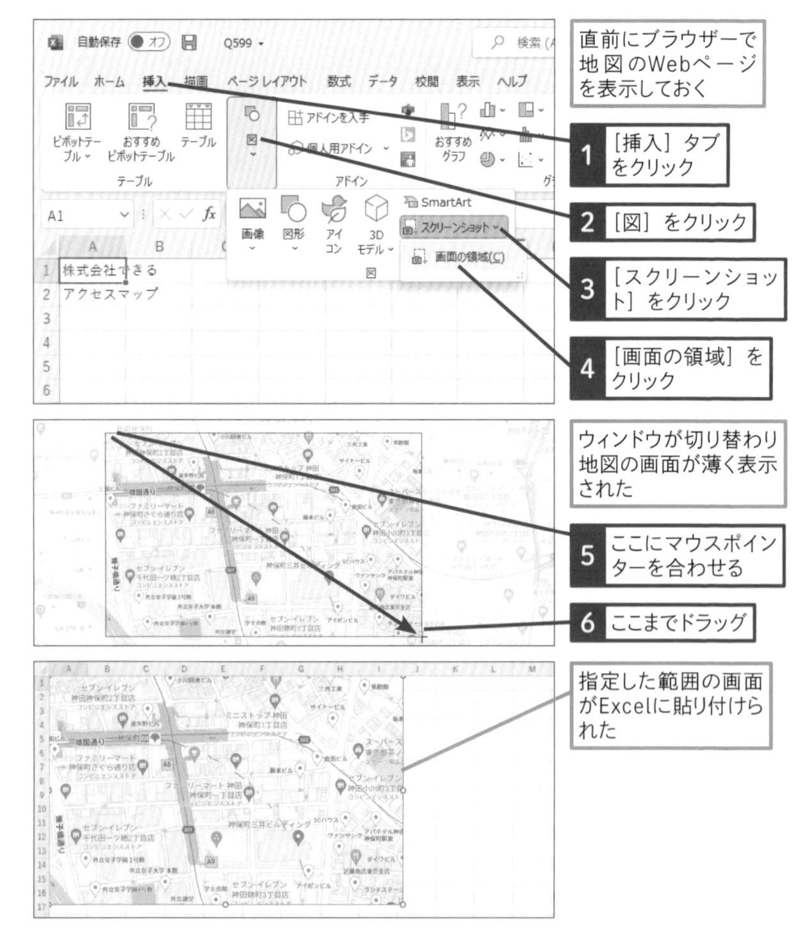

第8章

データ集計の活用技

データベースに蓄えたデータは、集計・並べ替え・抽出などの操作を加えて、さまざまな形に加工できます。Excelのデータベース機能を使いこなして、データを有効利用しましょう。

170 Q 表をテーブルに変換するには

365 2021 2019 2016
お役立ち度 ★★★

A ［テーブル］ボタンをクリックします

ワザ063で紹介した［テーブルとして書式設定］か、以下の手順を実行すると、表がテーブルに変換されます。テーブルのすぐ下の行に新しいデータを入力すると、テーブルの範囲が拡張され、新しいデータも自動的にテーブルに含まれます。

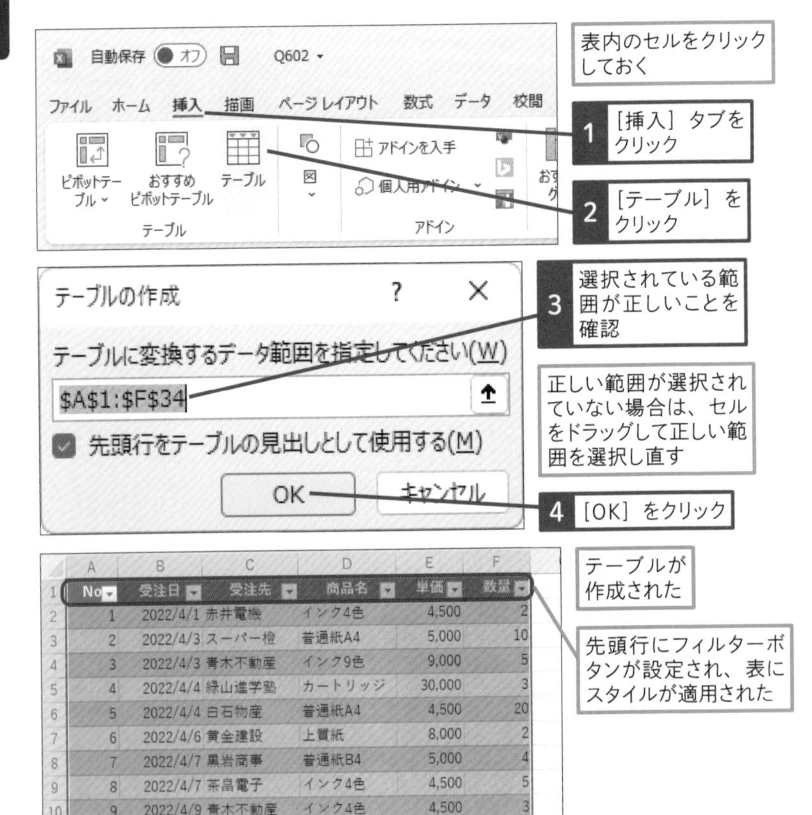

ショートカットキー テーブルの作成
Ctrl + T

171 Q テーブルの集計行を表示するには

365 2021 2019 2016
お役立ち度 ★★★

A ［集計行］にチェックマークを付けます

［デザイン］タブにある［集計行］を使用すると、テーブルの末尾に集計行を追加できます。最初は最終列だけに集計値が表示されますが、集計行のどのセルを選択しても ボタンが表示され、集計方法の選択／解除を行えます。

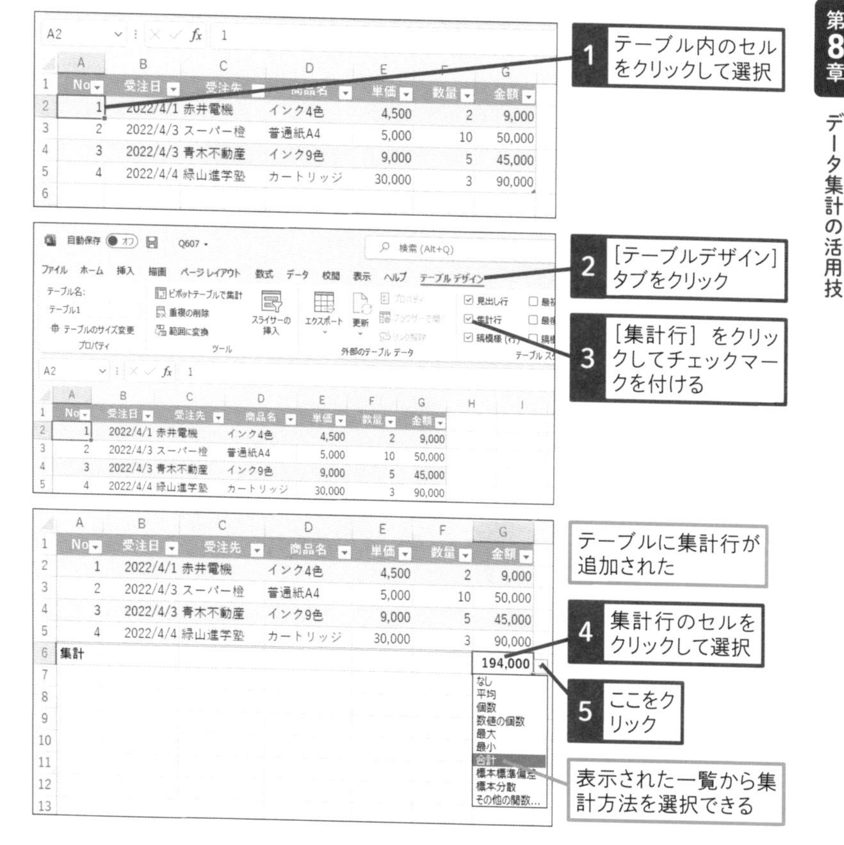

172 Q テーブルのデータを簡単に抽出する方法はある？

365 2021 2019 2016
お役立ち度 ★★★

A スライサーを利用します

スライサーを使用すると、テーブルのデータの抽出を行えます。例えば［商品名］のスライサーを使用すると、テーブルの［商品名］列に含まれる商品名がスライサーに一覧表示され、その中から抽出条件を選択できます。クリック1つで簡単に抽出項目を切り替えられるので便利です。

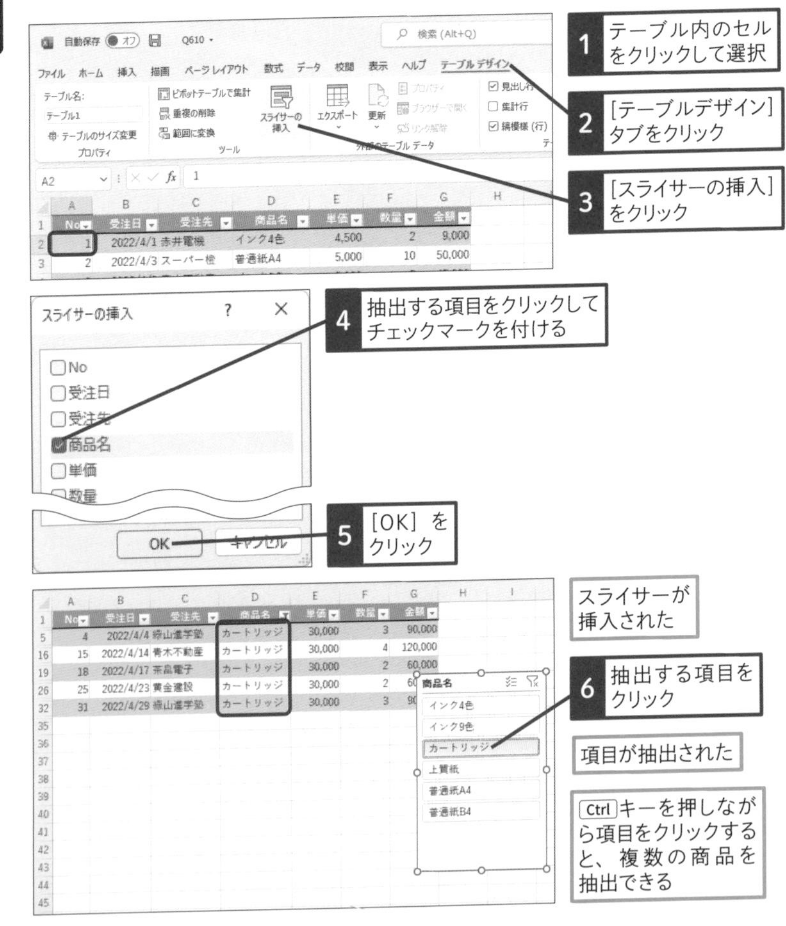

173 Q データを並べ替えるには

365 2021 2019 2016
お役立ち度 ★★★

A ［昇順］か［降順］ボタンをクリックします

特定の列を基準にした並べ替えなら、列内のいずれかのセルを1つ選択して、ボタン操作で簡単に実行できます。「昇順」とは、数値の小さい順、文字列の五十音順、日付の古い順で、「降順」はその逆です。

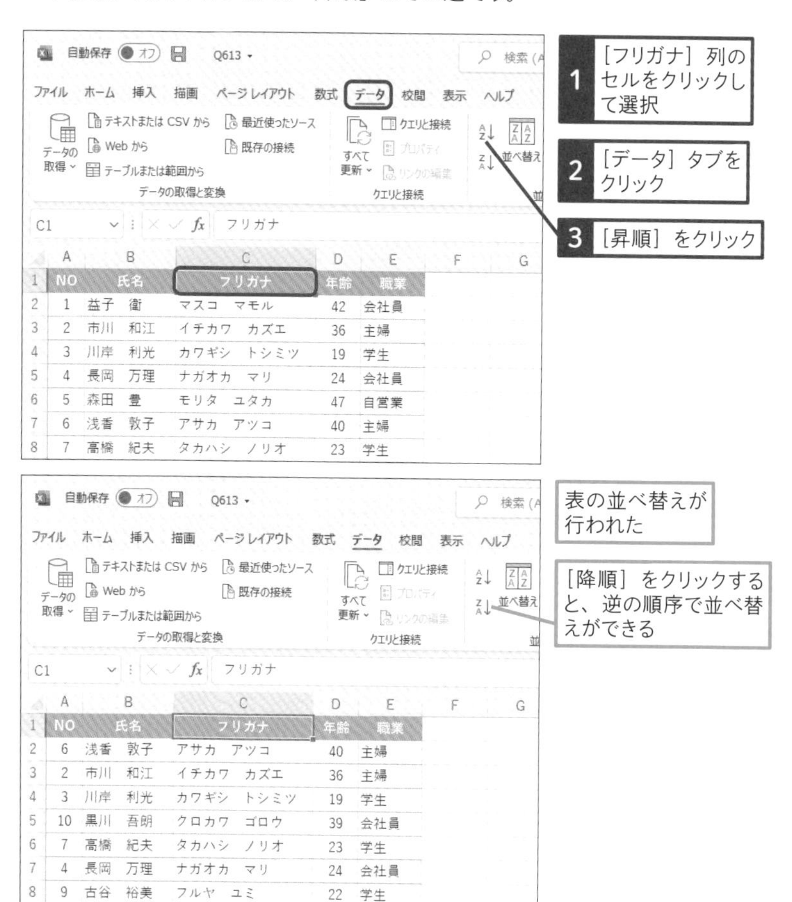

NO	氏名	フリガナ	年齢	職業
1	益子　衛	マスコ　マモル	42	会社員
2	市川　和江	イチカワ　カズエ	36	主婦
3	川岸　利光	カワギシ　トシミツ	19	学生
4	長岡　万理	ナガオカ　マリ	24	会社員
5	森田　豊	モリタ　ユタカ	47	自営業
6	浅香　敦子	アサカ　アツコ	40	主婦
7	高橋　紀夫	タカハシ　ノリオ	23	学生

NO	氏名	フリガナ	年齢	職業
6	浅香　敦子	アサカ　アツコ	40	主婦
2	市川　和江	イチカワ　カズエ	36	主婦
3	川岸　利光	カワギシ　トシミツ	19	学生
10	黒川　吾朗	クロカワ　ゴロウ	39	会社員
7	高橋　紀夫	タカハシ　ノリオ	23	学生
4	長岡　万理	ナガオカ　マリ	24	会社員
9	古谷　裕美	フルヤ　ユミ	22	学生

174 Q 複数の条件で並べ替えるには

365 2021 2019 2016
お役立ち度 ★★★

A ［並べ替え］画面でレベルを追加します

「［受注先］の昇順で並べ替えを行い、同じ［受注先］の中では［商品名］の昇順で並べ替えたい」といった複数の条件で並べ替えを行うには、［並べ替え］画面を利用します。［レベルの追加］ボタンをクリックすることで、並べ替えの条件を最大64項目まで指定できます。優先順位の高い列から並べ替えの設定を行うようにしましょう。

No	受注日	受注先	商品名	単価	数量	金額
1	2022/4/1	赤井電機	インク4色	4,500	2	9,000
2	2022/4/3	スーパー橙	普通紙A4	5,000	10	50,000
3	2022/4/3	青木不動産	インク9色	9,000	5	45,000
4	2022/4/4	緑山進学塾	カートリッジ	30,000	3	90,000
5	2022/4/4	白石物産	普通紙A4	4,500	20	90,000
6	2022/4/6	黄金建設	上質紙	8,000	2	16,000
7	2022/4/7	黒岩商事	普通紙B4	5,000	4	20,000
8	2022/4/7	茶畠電子	インク4色	4,500	5	22,500
9	2022/4/9	青木不動産	インク4色	4,500	3	13,500
10	2022/4/10	白石物産	上質紙	8,000	3	24,000
11	2022/4/10	青木不動産	インク9色	9,000	1	9,000
12	2022/4/11	赤井電機	普通紙A4	4,500	10	45,000
13	2022/4/12	茶畠電子	上質紙	8,000	5	40,000

［受注先］列を昇順で最優先にして、［商品名］列を昇順で2番目の優先にして並べ替えたい

並べ替えを行う表内のセルを選択しておく

1つのセルが選択されている状態にしておく

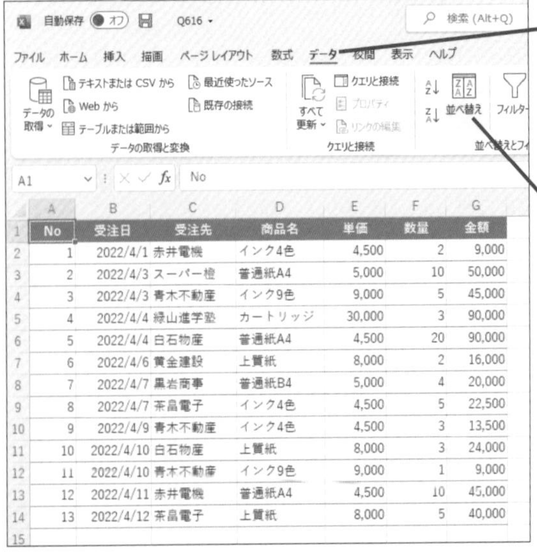

No	受注日	受注先	商品名	単価	数量	金額
1	2022/4/1	赤井電機	インク4色	4,500	2	9,000
2	2022/4/3	スーパー橙	普通紙A4	5,000	10	50,000
3	2022/4/3	青木不動産	インク9色	9,000	5	45,000
4	2022/4/4	緑山進学塾	カートリッジ	30,000	3	90,000
5	2022/4/4	白石物産	普通紙A4	4,500	20	90,000
6	2022/4/6	黄金建設	上質紙	8,000	2	16,000
7	2022/4/7	黒岩商事	普通紙B4	5,000	4	20,000
8	2022/4/7	茶畠電子	インク4色	4,500	5	22,500
9	2022/4/9	青木不動産	インク4色	4,500	3	13,500
10	2022/4/10	白石物産	上質紙	8,000	3	24,000
11	2022/4/10	青木不動産	インク9色	9,000	1	9,000
12	2022/4/11	赤井電機	普通紙A4	4,500	10	45,000
13	2022/4/12	茶畠電子	上質紙	8,000	5	40,000

●並べ替えの条件を設定する

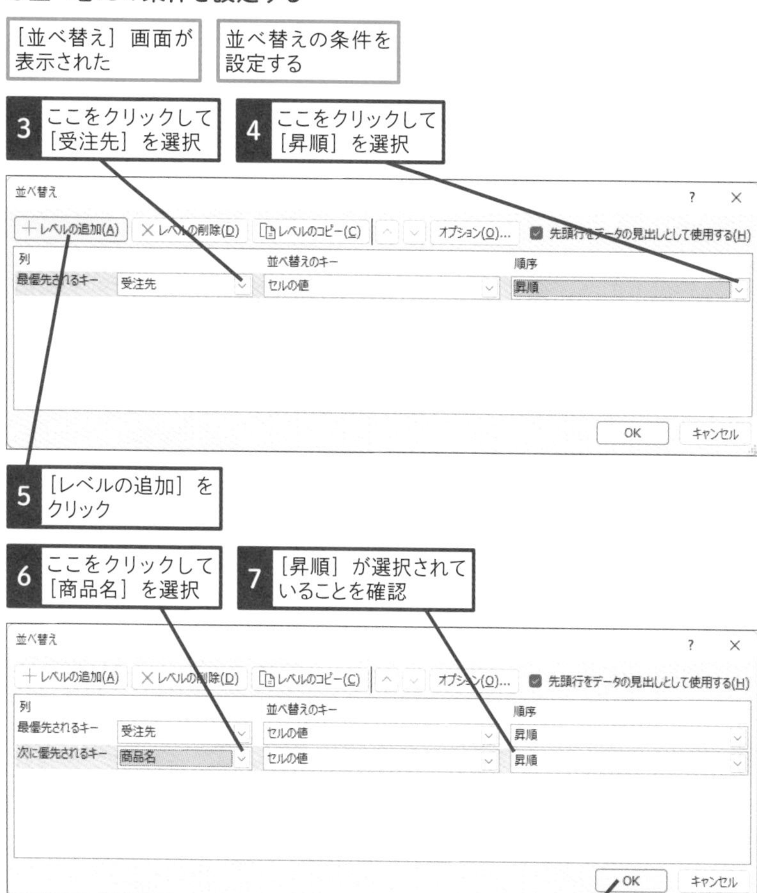

役立つ豆知識

並べ替える前に戻したい

並べ替えをした直後なら、[ホーム] タブ (Excel 2019/2016の場合はクイックアクセスツールバー) の [元に戻す] ボタンを使用して、元の並び順に戻せます。[元に戻す] ボタンに頼らずに、確実に元の表の状態に戻せるようにするには、前もって列を追加し、「1、2、3……」と連番を入力しておきましょう。連番の列を基準に昇順で並べ替えを行えば、いつでも元の並び順に戻せます。

175 Q オリジナルの順序でデータを並べ替えたい

365 2021 2019 2016
お役立ち度 ★★★

A ユーザー設定リストを使います

部署順や役職順など、独自の順序で表を並べたいことがあります。ワザ014を参考にあらかじめ［ユーザー設定リスト］に並び順を登録しておくと、その順序を基準に並べ替えを実行できます。

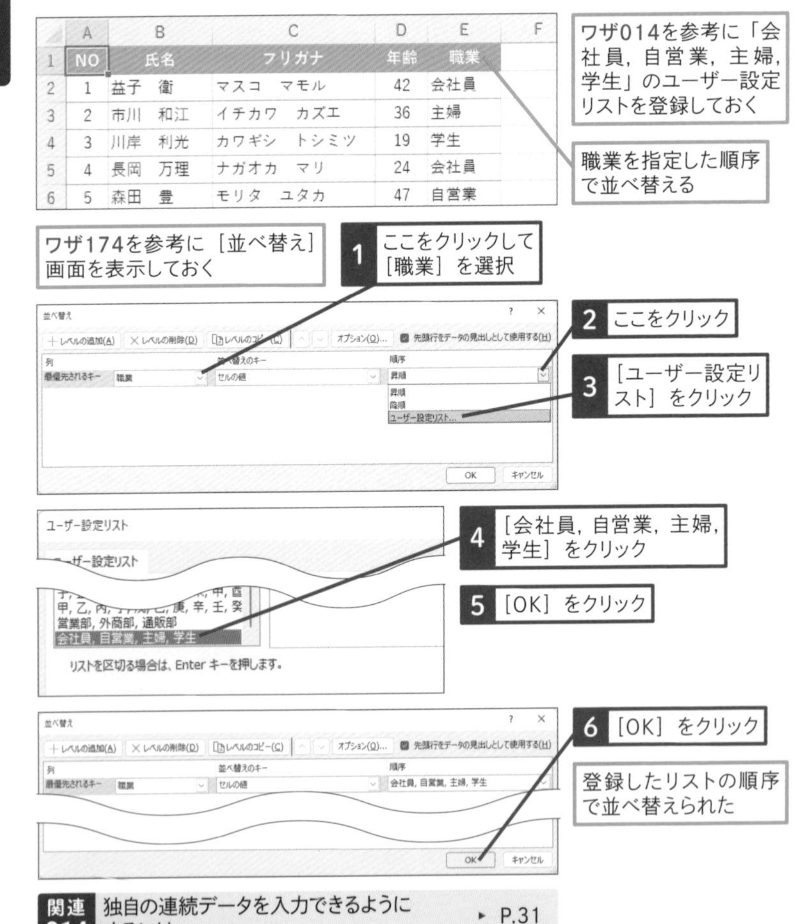

関連 014 独自の連続データを入力できるようにするには ► P.31

176 Q オートフィルターって何？

365 2021 2019 2016
お役立ち度 ★★★

A 便利な抽出機能です

「オートフィルター」の機能を使用すると、見出しのセルに表示されるフィルターボタン（▾）で、簡単にデータの抽出を実行できます。テーブルでは、あらかじめ見出しにフィルターボタンが表示されていますが、通常の表の場合は、以下の手順でフィルターボタンを表示します。

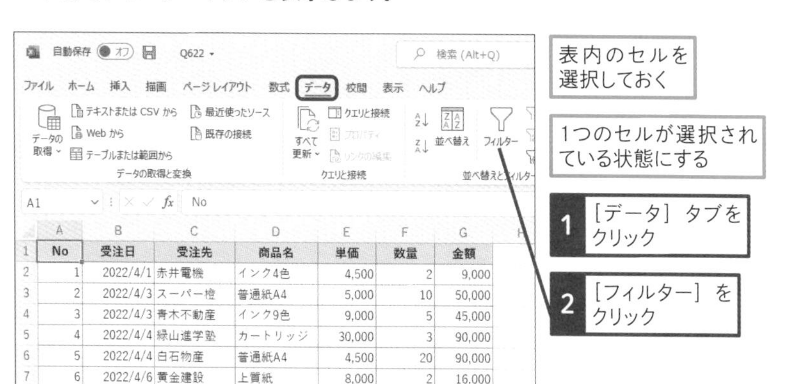

	A	B	C	D	E	F	G
1	No	受注日	受注先	商品名	単価	数量	金額
2	1	2022/4/1	赤井電機	インク4色	4,500	2	9,000
3	2	2022/4/3	スーパー橙	普通紙A4	5,000	10	50,000
4	3	2022/4/3	青木不動産	インク9色	9,000	5	45,000
5	4	2022/4/4	緑山進学塾	カートリッジ	30,000	3	90,000
6	5	2022/4/4	白石物産	普通紙A4	4,500	20	90,000
7	6	2022/4/6	黄金建設	上質紙	8,000	2	16,000
8	7	2022/4/7	黒岩商事	普通紙B4	5,000	4	20,000
9	8	2022/4/7	茶畠電子	インク4色	4,500	5	22,500
10	9	2022/4/9	青木不動産	インク4色	4,500	3	13,500
11	10	2022/4/10	白石物産	上質紙	8,000	3	24,000
12	11	2022/4/10	青木不動産	インク9色	9,000	1	9,000
13	12	2022/4/11	赤井電機	普通紙A4	4,500	10	45,000
14	13	2022/4/12	茶畠電子	上質紙	8,000	5	40,000
15	14	2022/4/13	スーパー橙	インク4色	4,500	3	13,500
16	15	2022/4/14	青木不動産	カートリッジ	30,000	4	120,000

表にオートフィルターが設定された

列見出しにフィルターボタンが表示される

ショートカットキー
オートフィルターを適用／解除
Ctrl + Shift + L

177 Q 商品名が「○○」のデータだけを抽出したい

365 2021 2019 2016
お役立ち度 ★★★

A 抽出したい項目にチェックマークを付けます

列見出しに表示されるフィルターボタンをクリックすると、その列に入力されているデータが一覧表示されます。そこから選択するだけで、データを簡単に抽出できます。抽出条件を指定した列のフィルターボタンは表示が変わり、抽出が行われていることがひと目で分かります。

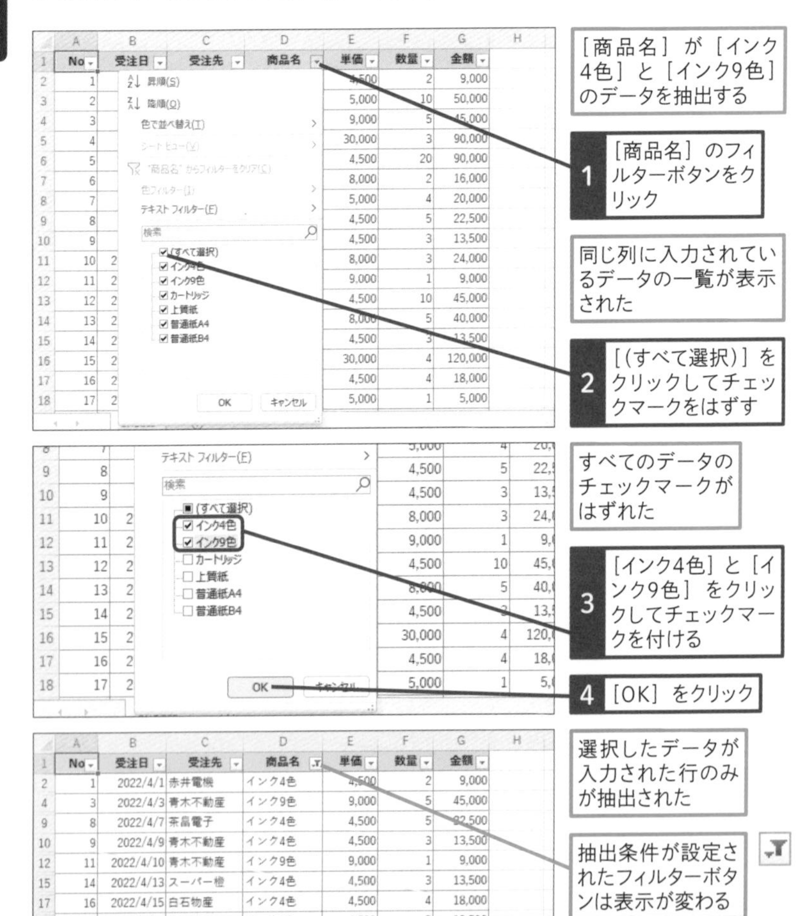

178 Q 「○以上△以下」のデータを抽出する方法は？

365 2021 2019 2016
お役立ち度 ★★★

A 数値フィルターを使います

[数値フィルター] を使用すると、数値の範囲を条件としてデータを抽出できます。「○以上」「○より大きい」「○以上○以下」「○と等しくない」など、さまざまな条件を指定できるので、目的に応じて簡単に抽出を行えます。

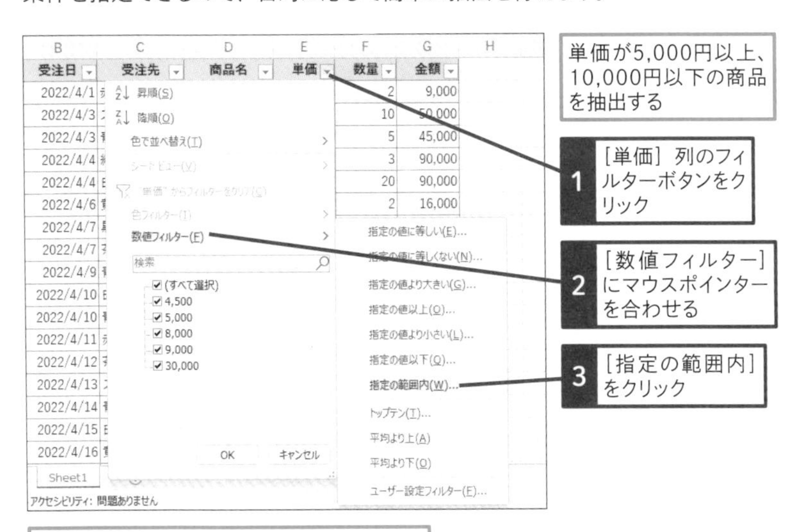

[カスタムオートフィルター]（または［オートフィルターオプション］）画面が表示された

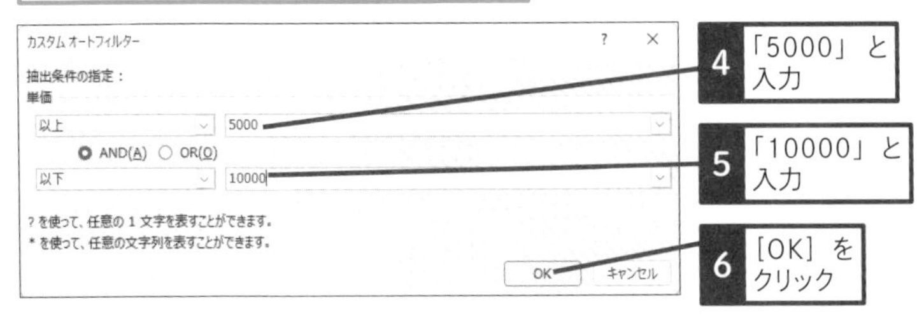

第8章 データ集計の活用技

179 Q 売り上げのベスト5を抽出したい

365 2021 2019 2016
お役立ち度 ★★★

A トップテンオートフィルターを使います

［トップテンオートフィルター］を使用すると、上位または下位の順位を指定して抽出を行えます。例えば売り上げのベスト5を抽出したいときは、設定画面で［上位］「5」［項目］を指定します。その際に5位が2件ある場合、データは6件抽出されます。なお、並び順は変わらないので、必要なら並べ替えも実行しましょう。

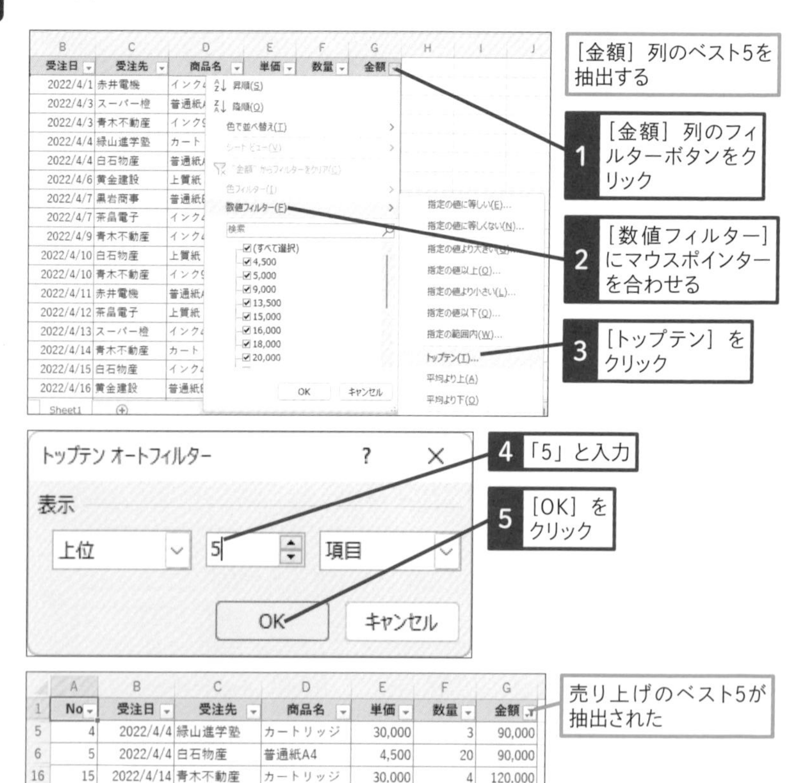

	No	受注日	受注先	商品名	単価	数量	金額
5	4	2022/4/4	緑山進学塾	カートリッジ	30,000	3	90,000
6	5	2022/4/4	白石物産	普通紙A4	4,500	20	90,000
16	15	2022/4/14	青木不動産	カートリッジ	30,000	4	120,000
19	18	2022/4/17	茶畠電子	カートリッジ	30,000	2	60,000
26	25	2022/4/23	黄金建設	カートリッジ	30,000	2	60,000
32	31	2022/4/29	緑山進学塾	カートリッジ	30,000	3	90,000

180 Q オートフィルターの抽出結果で合計値を求めたい

365 2021 2019 2016
お役立ち度 ★★

A SUBTOTAL関数が便利です

「SUBTOTAL（サブトータル）関数」を使用すると、常にそのとき表示されているデータだけを集計できます。抽出を実行すれば抽出されているデータだけが集計され、解除すればすべてのデータが集計されます。指定する引数は、集計方法と集計するセル範囲の2種類で、「=SUBTOTAL(集計方法,セル範囲)」の形式で入力します。集計方法は、合計は「9」、平均は「1」、数値の個数は「2」、データの個数は「3」で指定します。

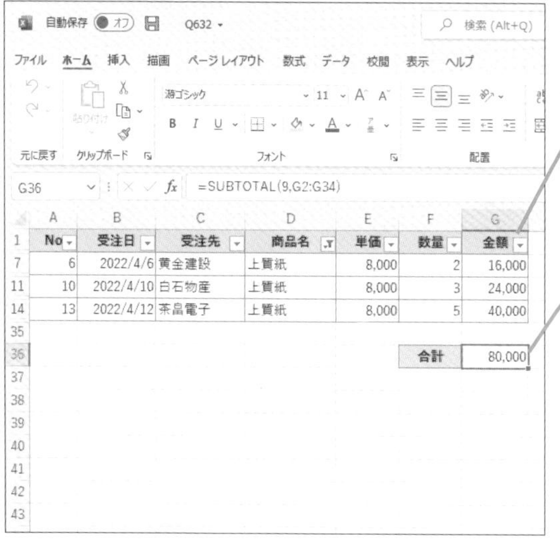

オートフィルターで抽出されたデータの合計を求めたい

［金額］（G列）の抽出結果の合計を求める

◆=SUBTOTAL(9,G2:G34)
抽出結果に合わせてG列の売上高の合計が自動計算される

関連 177 商品名が「〇〇」のデータだけを抽出したい ►P.218

役立つ豆知識

すべての抽出条件を解除したい

［データ］タブの［並べ替えとフィルター］グループにある［クリア］ボタンをクリックすると、すべての抽出条件を解除して、全データを表示できます。フィルターボタンは残るので、すぐに別の条件で抽出を行えます。

181 Q 複雑な条件でデータを抽出するには

365 2021 2019 2016
お役立ち度 ★★

A ［フィルターオプションの設定］を使います

より複雑な条件でデータを抽出するには、［フィルターオプションの設定］という機能を使います。事前にデータベースの表とは別に、抽出条件を指定するための表を用意することがポイントです。その際、条件となる別表の先頭行には、必ずデータベースの表と同じ列見出しを付けておきましょう。同じ行に条件を入力すると、すべての条件を満たすデータだけが抽出され、異なる行に条件を入力すると、いずれかの条件を満たすデータが抽出されます。

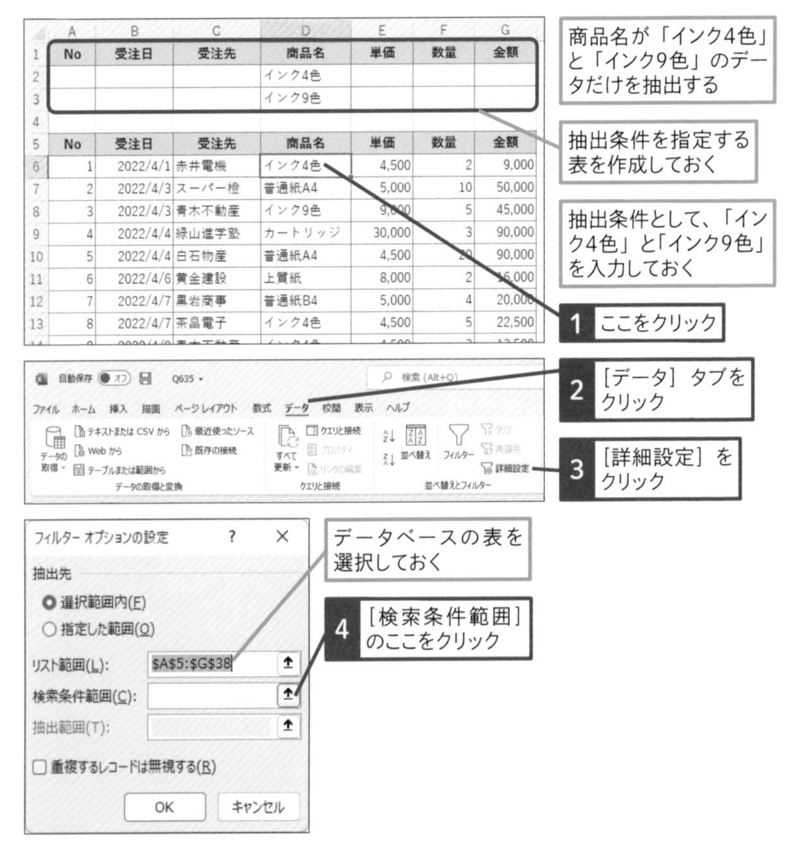

	A	B	C	D	E	F	G
1	No	受注日	受注先	商品名	単価	数量	金額
2				インク4色			
3				インク9色			
4							
5	No	受注日	受注先	商品名	単価	数量	金額
6	1	2022/4/1	赤井電機	インク4色	4,500	2	9,000
7	2	2022/4/3	スーパー橙	普通紙A4	5,000	10	50,000
8	3	2022/4/3	青木不動産	インク9色	9,000	5	45,000
9	4	2022/4/4	緑山進学塾	カートリッジ	30,000	3	90,000
10	5	2022/4/4	白石物産	普通紙A4	4,500	20	90,000
11	6	2022/4/6	黄金建設	上質紙	8,000	2	16,000
12	7	2022/4/7	黒岩商事	普通紙B4	5,000	4	20,000
13	8	2022/4/7	茶畠電子	インク4色	4,500	5	22,500

●検索条件範囲を設定する

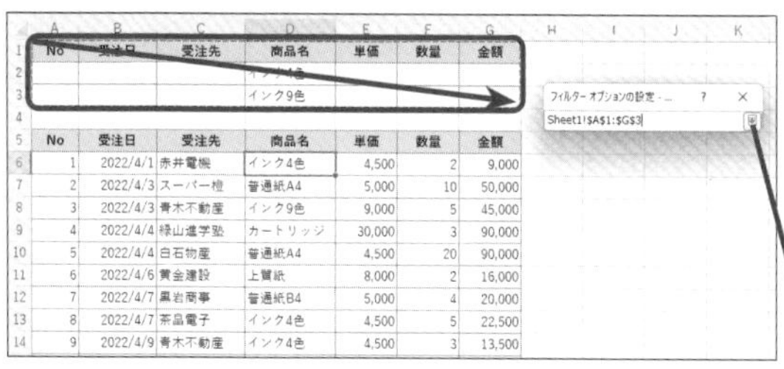

	A	B	C	D	E	F	G
1	No	受注日	受注先	商品名	単価	数量	金額
2				インク4色			
3				インク9色			
4							
5	No	受注日	受注先	商品名	単価	数量	金額
6	1	2022/4/1	赤井電機	インク4色	4,500	2	9,000
7	2	2022/4/3	スーパー橙	普通紙A4	5,000	10	50,000
8	3	2022/4/3	青木不動産	インク9色	9,000	5	45,000
9	4	2022/4/4	緑山進学塾	カートリッジ	30,000	3	90,000
10	5	2022/4/4	白石物産	普通紙A4	4,500	20	90,000
11	6	2022/4/6	黄金建設	上質紙	8,000	2	16,000
12	7	2022/4/7	黒岩商事	普通紙B4	5,000	4	20,000
13	8	2022/4/7	茶畠電子	インク4色	4,500	5	22,500
14	9	2022/4/9	青木不動産	インク4色	4,500	3	13,500

［フィルターオプションの設定］画面が小さくなった

5 検索条件範囲をドラッグして選択

6 ここをクリック

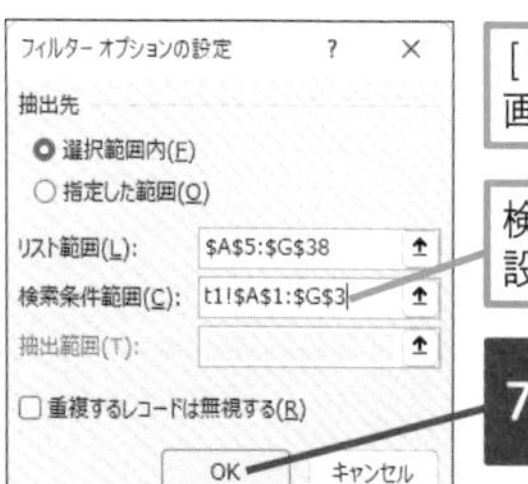

［フィルターオプションの設定］画面が元の大きさで表示された

検索条件範囲が設定された

7 ［OK］をクリック

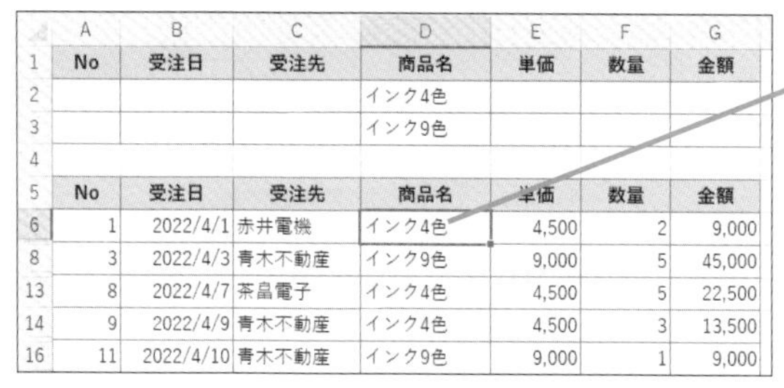

	A	B	C	D	E	F	G
1	No	受注日	受注先	商品名	単価	数量	金額
2				インク4色			
3				インク9色			
4							
5	No	受注日	受注先	商品名	単価	数量	金額
6	1	2022/4/1	赤井電機	インク4色	4,500	2	9,000
8	3	2022/4/3	青木不動産	インク9色	9,000	5	45,000
13	8	2022/4/7	茶畠電子	インク4色	4,500	5	22,500
14	9	2022/4/9	青木不動産	インク4色	4,500	3	13,500
16	11	2022/4/10	青木不動産	インク9色	9,000	1	9,000

商品名が「インク4色」と「インク9色」のデータが抽出された

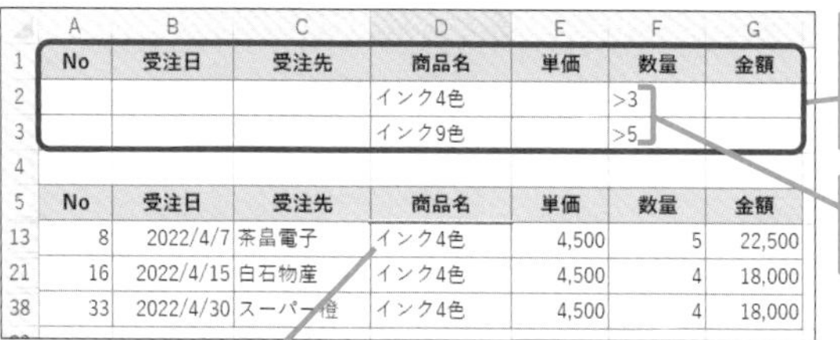

	A	B	C	D	E	F	G
1	No	受注日	受注先	商品名	単価	数量	金額
2				インク4色		>3	
3				インク9色		>5	
4							
5	No	受注日	受注先	商品名	単価	数量	金額
13	8	2022/4/7	茶畠電子	インク4色	4,500	5	22,500
21	16	2022/4/15	白石物産	インク4色	4,500	4	18,000
38	33	2022/4/30	スーパー橙	インク4色	4,500	4	18,000

各フィールドに複数の条件を設定すれば、より複雑な抽出も行える

［数量］に「>3」「>5」と入力されている

［フィルターオプションの設定］画面で［OK］をクリックすると、商品名「インク4色」の数量が3より大きいデータと、商品名「インク9色」の数量が5より大きいデータを抽出できる

ショートカットキー
［データ］タブに移動
Alt + A

182 Q 1つの列から重複なくデータを取り出したい

365 2021 2019 2016
お役立ち度 ★★★

A [重複するレコードは無視する] を有効にします

[フィルターオプションの設定] 画面で [重複するレコードは無視する] を有効にして抽出を行うと、特定の列に入力されているデータを重複しないように抽出できます。

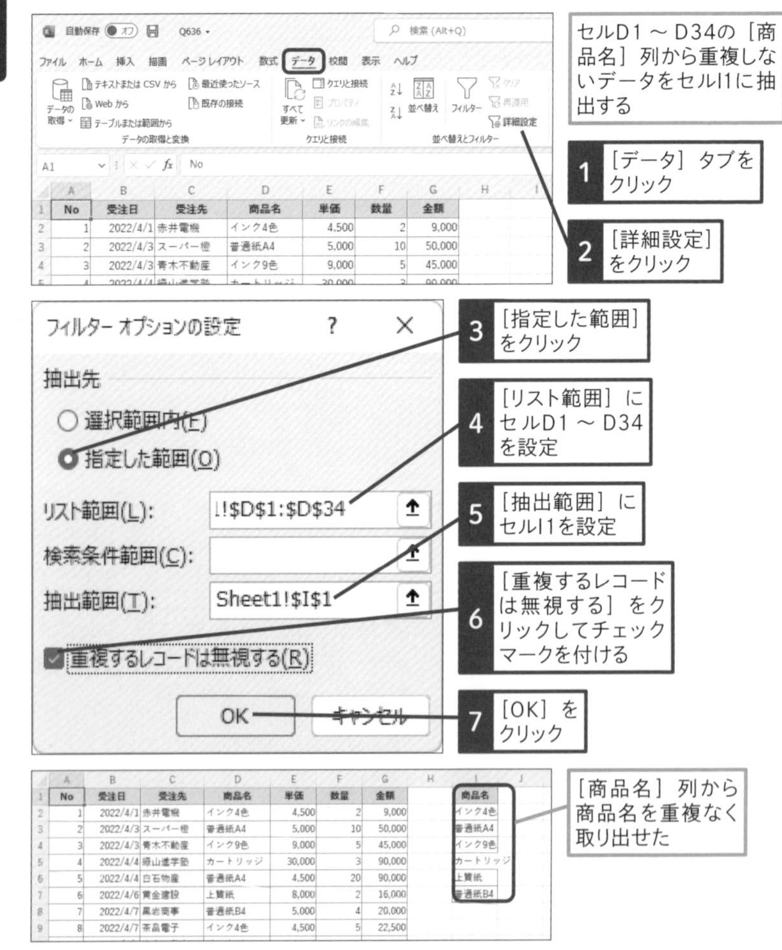

No	受注日	受注先	商品名	単価	数量	金額		商品名
1	2022/4/1	赤井電機	インク4色	4,500	2	9,000		インク4色
2	2022/4/3	スーパー橙	普通紙A4	5,000	10	50,000		普通紙A4
3	2022/4/3	青木不動産	インク9色	9,000	5	45,000		インク9色
4	2022/4/4	緑山進学塾	カートリッジ	30,000	3	90,000		カートリッジ
5	2022/4/4	白石物産	普通紙A4	4,500	20	90,000		上質紙
6	2022/4/6	黄金建設	上質紙	8,000	2	16,000		普通紙B4
7	2022/4/7	黒岩商事	普通紙B4	5,000	4	20,000		
8	2022/4/7	茶畠電子	インク4色	4,500	5	22,500		

183 Q 重複する行を削除したい

365 2021 2019 2016
お役立ち度 ★★★

A ［重複の削除］ボタンを使います

［重複の削除］を使用すると、重複データのうち1件を残して2件目以降を削除できます。以下の例のように、重複チェックの基準として[会員名] [フリガナ] [生年月日] の列を指定すると、これら3項目がすべて一致するデータが重複と見なされます。

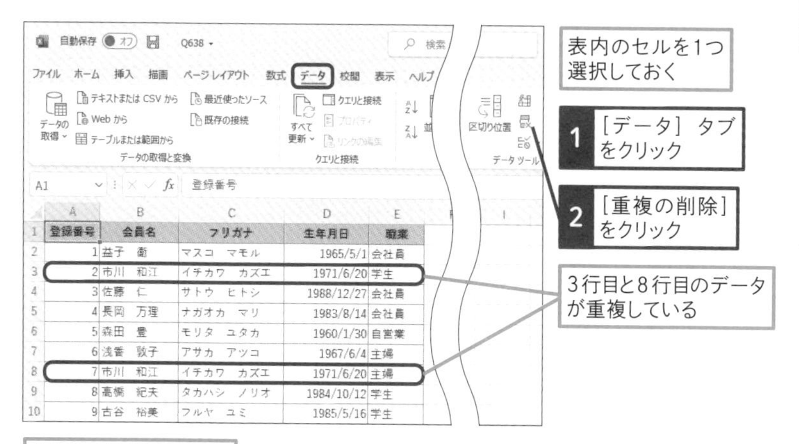

	A	B	C	D	E
1	登録番号	会員名	フリガナ	生年月日	職業
2	1	益子 衛	マスコ マモル	1965/5/1	会社員
3	2	市川 和江	イチカワ カズエ	1971/6/20	学生
4	3	佐藤 仁	サトウ ヒトシ	1988/12/27	会社員
5	4	長岡 万理	ナガオカ マリ	1983/8/14	会社員
6	5	森田 豊	モリタ ユタカ	1960/1/30	自営業
7	6	浅香 敦子	アサカ アツコ	1967/6/4	主婦
8	7	市川 和江	イチカワ カズエ	1971/6/20	主婦
9	8	高橋 紀夫	タカハシ ノリオ	1984/10/12	学生
10	9	古谷 裕美	フルヤ ユミ	1985/5/16	学生

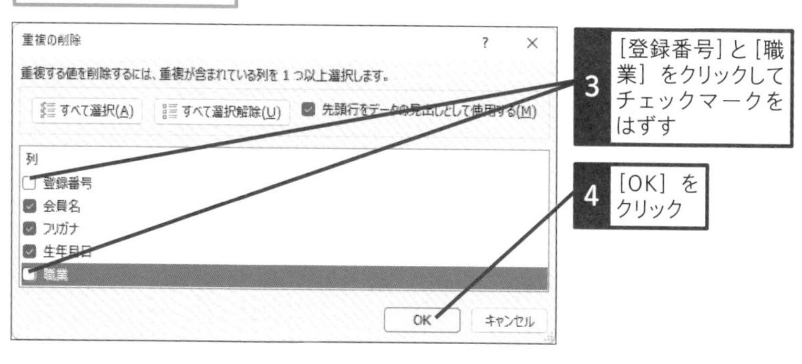

第8章 データ集計の活用技

次のページに続く ➡

●重複データの削除を確認する

重複するデータが1つ削除された
というメッセージが表示された

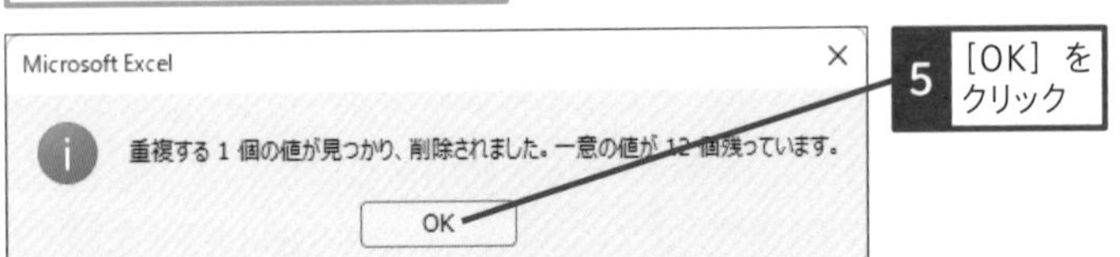

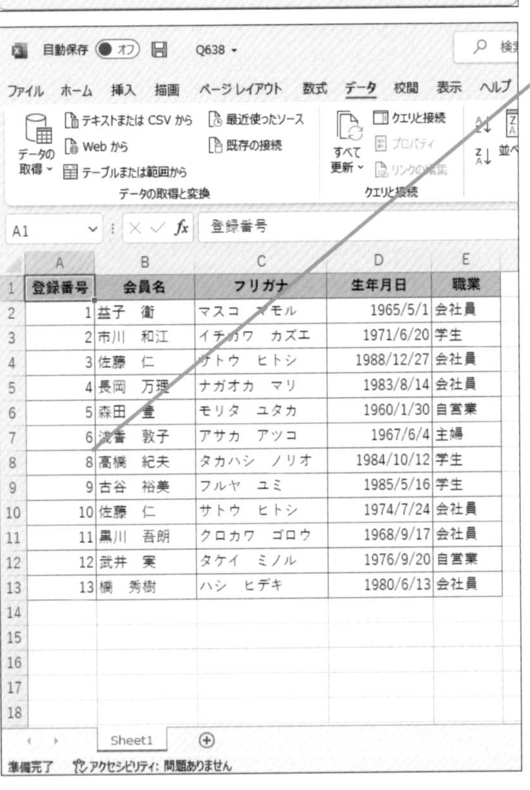

登録番号	会員名	フリガナ	生年月日	職業
1	益子　衛	マスコ　マモル	1965/5/1	会社員
2	市川　和江	イチカワ　カズエ	1971/6/20	学生
3	佐藤　仁	サトウ　ヒトシ	1988/12/27	会社員
4	長岡　万理	ナガオカ　マリ	1983/8/14	会社員
5	森田　豊	モリタ　ユタカ	1960/1/30	自営業
6	浅香　敦子	アサカ　アツコ	1967/6/4	主婦
8	高橋　紀夫	タカハシ　ノリオ	1984/10/12	学生
9	古谷　裕美	フルヤ　ユミ	1985/5/16	学生
10	佐藤　仁	サトウ　ヒトシ	1974/7/24	会社員
11	黒川　吾朗	クロカワ　ゴロウ	1968/9/17	会社員
12	武井　実	タケイ　ミノル	1976/9/20	自営業
13	橋　秀樹	ハシ　ヒデキ	1980/6/13	会社員

184 Q 重複するデータの入力を防ぐには

365 2021 2019 2016
お役立ち度 ★★

A 入力規則を設定します

「現在のセルと同じデータが同じ列の中に1つだけしかない」という条件で入力規則を設定すると、重複データの入力を禁止できます。

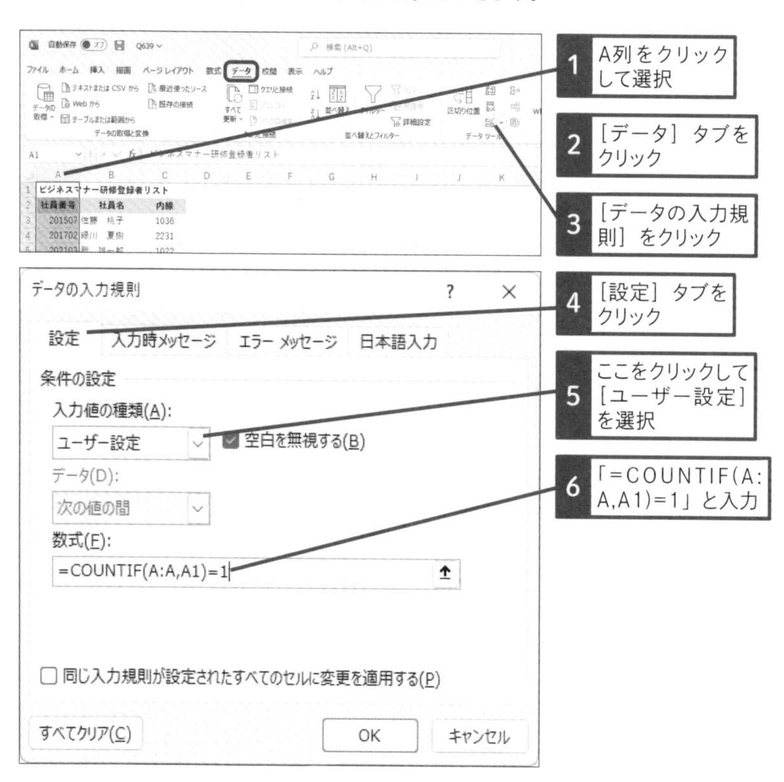

次のページに続く

●エラーメッセージを設定する

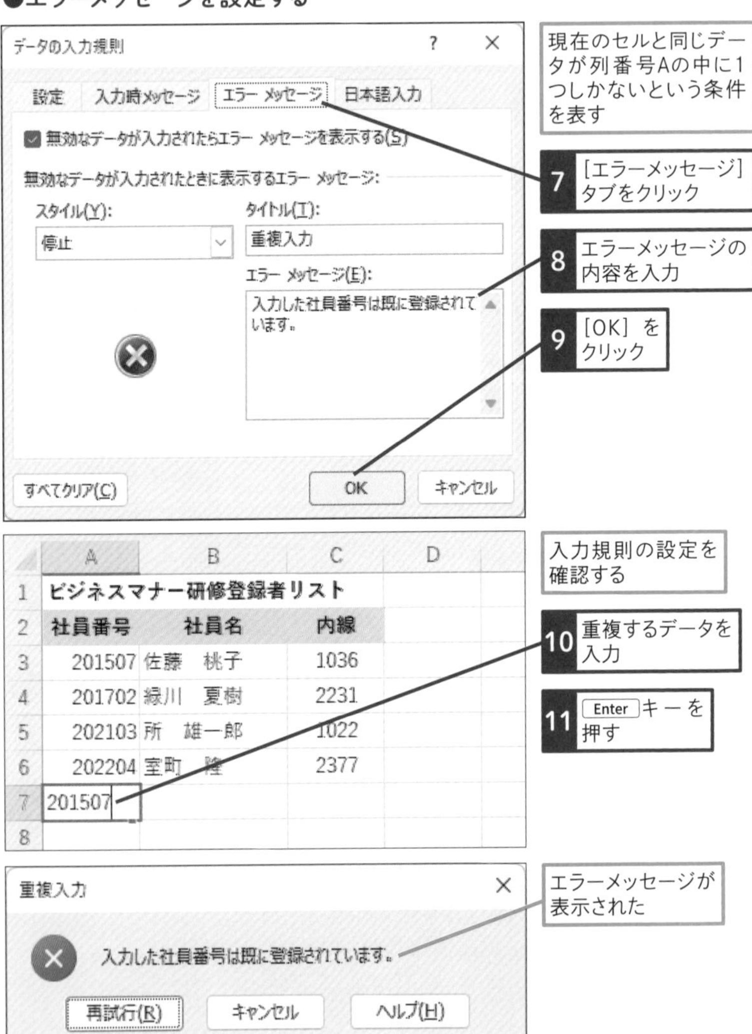

185 Q 同じ項目ごとにデータを集計したい

365 2021 2019 2016
お役立ち度 ★★★

A ［集計の設定］画面でグループの基準を設定します

特定の項目をグループ化してデータを集計するには、事前にグループ化する列で並べ替えを行ってから、［集計の設定］画面を使用します。例えば受注先ごとに金額を合計するには、あらかじめ［受注先］を基準に表を並べ替えておき、［集計の設定］画面で［グループの基準］として［受注先］、［集計の方法］として［合計］、［集計するフィールド］として［金額］を指定しましょう。集計を行うと、表に小計行と総計行が挿入され、詳細データを折り畳んだり展開したりするためのボタンが表示されます。

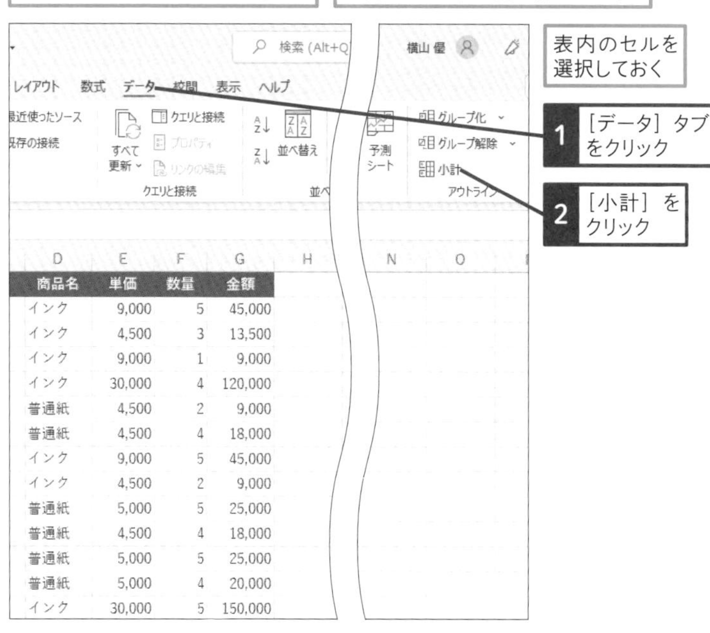

商品名	単価	数量	金額
インク	9,000	5	45,000
インク	4,500	3	13,500
インク	9,000	1	9,000
インク	30,000	4	120,000
普通紙	4,500	2	9,000
普通紙	4,500	4	18,000
インク	9,000	5	45,000
インク	4,500	2	9,000
普通紙	5,000	5	25,000
普通紙	4,500	4	18,000
普通紙	5,000	5	25,000
普通紙	5,000	4	20,000
インク	30,000	5	150,000

ショートカットキー
［データ］タブに移動
Alt + A

次のページに続く

●集計を設定する

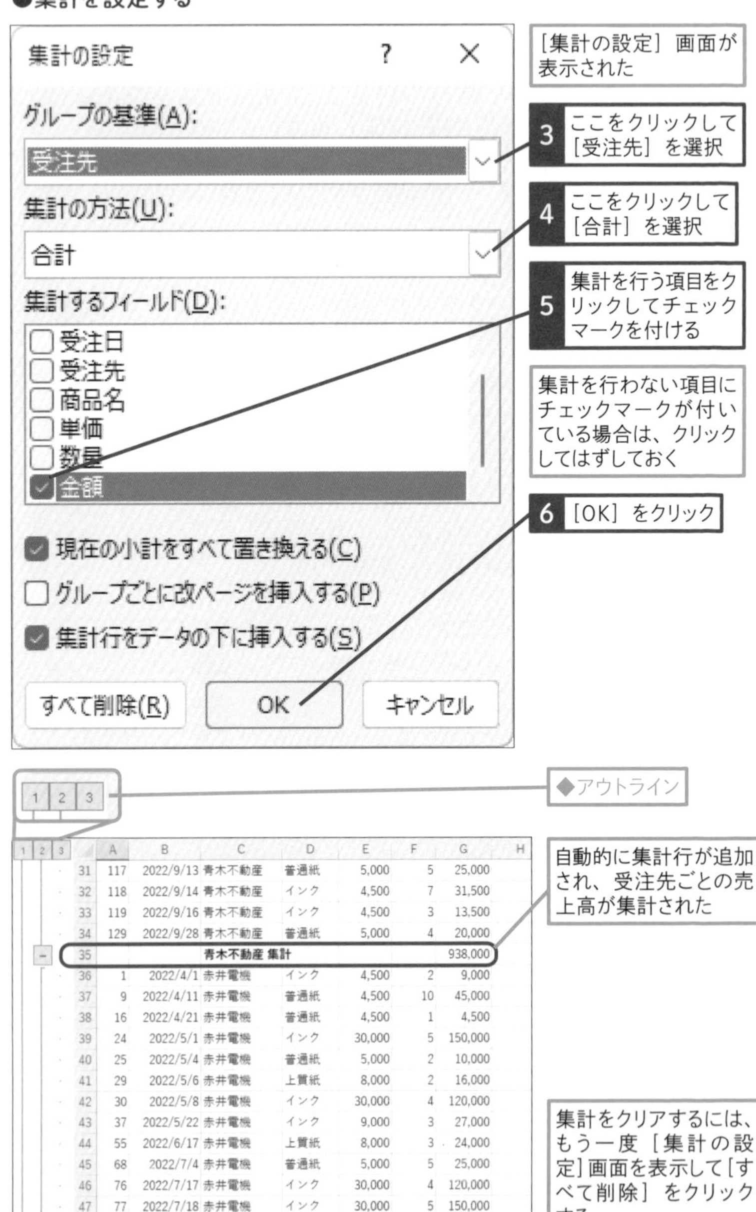

	A	B	C	D	E	F	G	H
31	117	2022/9/13	青木不動産	普通紙	5,000	5	25,000	
32	118	2022/9/14	青木不動産	インク	4,500	7	31,500	
33	119	2022/9/16	青木不動産	インク	4,500	3	13,500	
34	129	2022/9/28	青木不動産	普通紙	5,000	4	20,000	
35			青木不動産 集計				938,000	
36	1	2022/4/1	赤井電機	インク	4,500	2	9,000	
37	9	2022/4/11	赤井電機	普通紙	4,500	10	45,000	
38	16	2022/4/21	赤井電機	普通紙	4,500	1	4,500	
39	24	2022/5/1	赤井電機	インク	30,000	5	150,000	
40	25	2022/5/4	赤井電機	普通紙	5,000	2	10,000	
41	29	2022/5/6	赤井電機	上質紙	8,000	2	16,000	
42	30	2022/5/8	赤井電機	インク	30,000	4	120,000	
43	37	2022/5/22	赤井電機	インク	9,000	3	27,000	
44	55	2022/6/17	赤井電機	上質紙	8,000	3	24,000	
45	68	2022/7/4	赤井電機	普通紙	5,000	5	25,000	
46	76	2022/7/17	赤井電機	インク	30,000	4	120,000	
47	77	2022/7/18	赤井電機	インク	30,000	5	150,000	
48	82	2022/7/28	赤井電機	上質紙	8,000	2	16,000	

186 Q ピボットテーブルって何？

365 2021 2019 2016
お役立ち度 ★★★

A データを多角的に集計できる形式です

ピボットテーブルは、データベース形式の表のデータを基に集計表を作成する機能です。データベース形式の表の先頭行にはフィールド名が入力されていますが、ピボットテーブルではフィールド名の一覧から集計項目を選択するだけで集計表を作成できます。集計項目は後から簡単に変えられるので、データの多角的な集計、分析に向いています。

●ピボットテーブル作成前のデータ

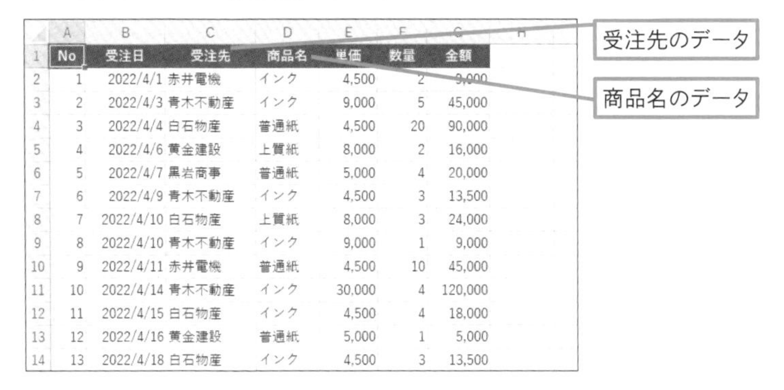

No	受注日	受注先	商品名	単価	数量	金額
1	2022/4/1	赤井電機	インク	4,500	2	9,000
2	2022/4/3	青木不動産	インク	9,000	5	45,000
3	2022/4/4	白石物産	普通紙	4,500	20	90,000
4	2022/4/6	黄金建設	上質紙	8,000	2	16,000
5	2022/4/7	黒岩商事	普通紙	5,000	4	20,000
6	2022/4/9	青木不動産	インク	4,500	3	13,500
7	2022/4/10	白石物産	上質紙	8,000	3	24,000
8	2022/4/10	青木不動産	インク	9,000	1	9,000
9	2022/4/11	赤井電機	普通紙	4,500	10	45,000
10	2022/4/14	青木不動産	インク	30,000	4	120,000
11	2022/4/15	白石物産	インク	4,500	4	18,000
12	2022/4/16	黄金建設	普通紙	5,000	1	5,000
13	2022/4/18	白石物産	インク	4,500	3	13,500

●受注先別、商品名別にピボットテーブルを作成

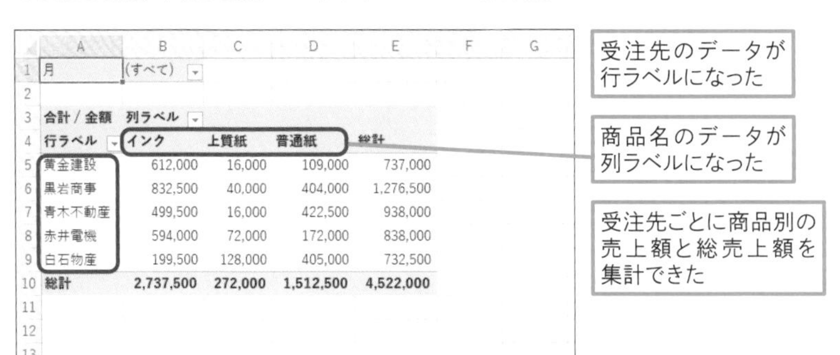

月	(すべて)			
合計 / 金額	列ラベル			
行ラベル	インク	上質紙	普通紙	総計
黄金建設	612,000	16,000	109,000	737,000
黒岩商事	832,500	40,000	404,000	1,276,500
青木不動産	499,500	16,000	422,500	938,000
赤井電機	594,000	72,000	172,000	838,000
白石物産	199,500	128,000	405,000	732,500
総計	2,737,500	272,000	1,512,500	4,522,000

187 Q ピボットテーブルの構成は?

365 2021 2019 2016
お役立ち度 ★★★

A 4つのフィールドで構成されています

ピボットテーブルは、レポートフィルター、列ラベル、行ラベル、値の4つのフィールドで構成されます。集計項目は、[ピボットテーブルのフィールドリスト] で指定します。基になるデータベースのフィールド名が上部に一覧表示され、下部にはピボットテーブルの各フィールドに対応する4つのエリアが表示されます。具体的な操作方法は、ワザ188で紹介します。

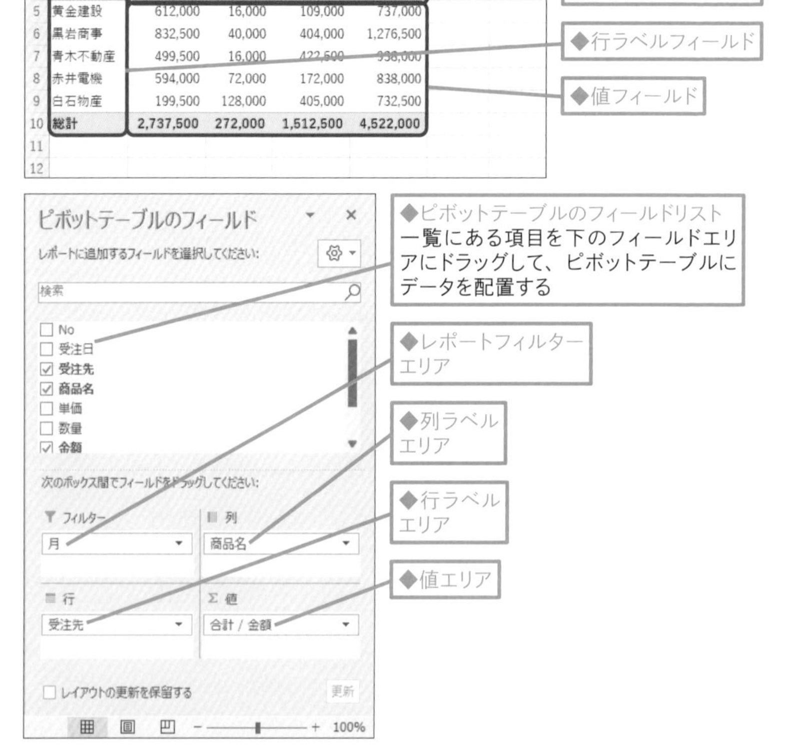

月	(すべて)			
合計 / 金額	列ラベル			
行ラベル	インク	上質紙	普通紙	総計
黄金建設	612,000	16,000	109,000	737,000
黒岩商事	832,500	40,000	404,000	1,276,500
青木不動産	499,500	16,000	422,500	938,000
赤井電機	594,000	72,000	172,000	838,000
白石物産	199,500	128,000	405,000	732,500
総計	2,737,500	272,000	1,512,500	4,522,000

188 Q ピボットテーブルを作成するには

365 2021 2019 2016
お役立ち度 ★★★

A 空のピボットテーブルを作成してからフィールドを配置します

ピボットテーブルでは、集計表の土台となる空のピボットテーブルの作成と、フィールドの配置の2段階の操作で集計を行います。[ピボットテーブルのフィールドリスト] でフィールドの配置を行うと、その配置の設定がピボットテーブルに反映され、集計が行われます。

1 ピボットテーブルを作成する

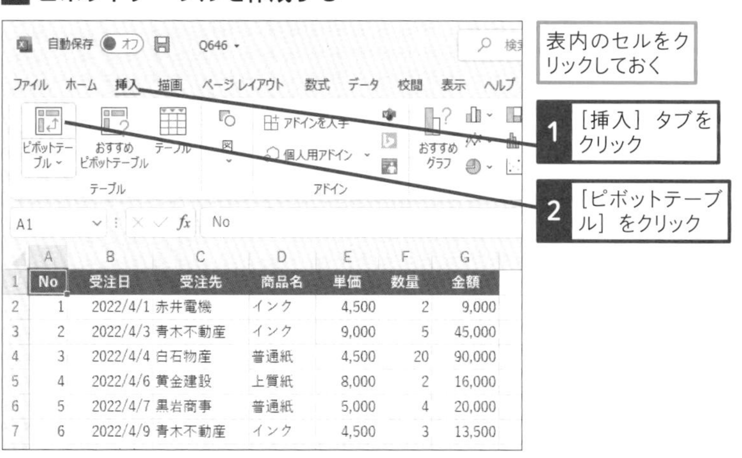

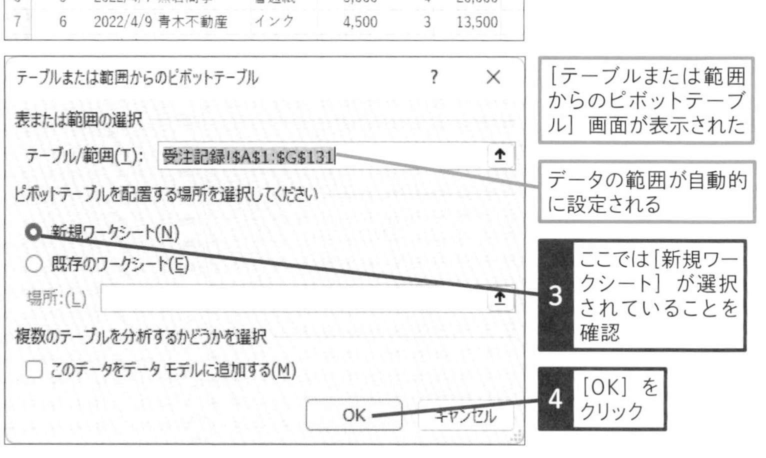

第8章 データ集計の活用技

次のページに続く➡

●ピボットテーブルのフィールドリストが表示された

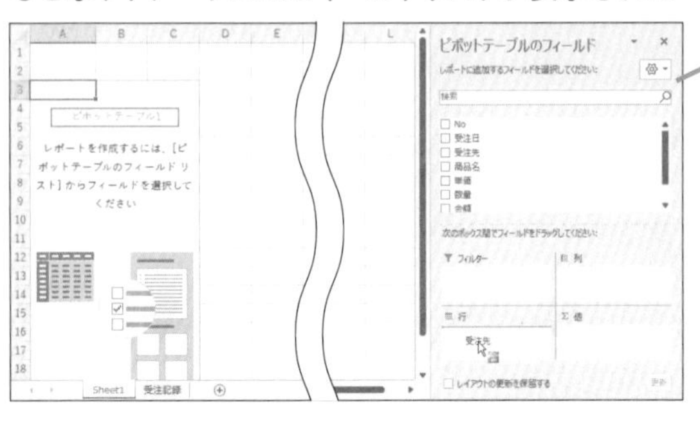

ピボットテーブルのフィールドリストが表示された

2 フィールドエリアにフィールドを追加する

行に設定する項目を追加する

1 ［受注先］を［行］エリアまでドラッグ

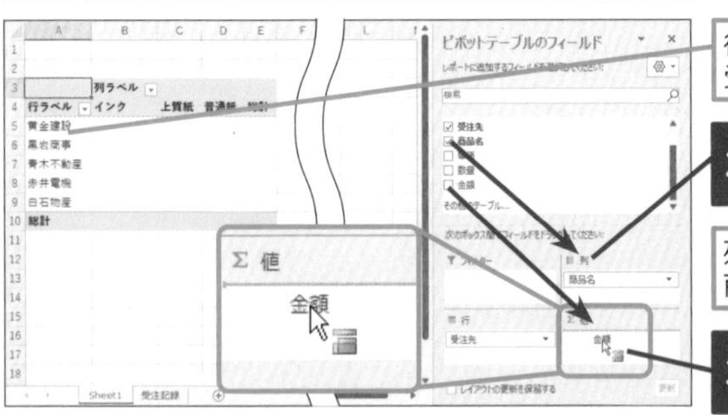

行ラベルフィールドに受注先が設定された

2 ［商品名］を［列］エリアにドラッグ

列ラベルフィールドに商品名が設定された

3 ［金額］を［値］エリアにドラッグ

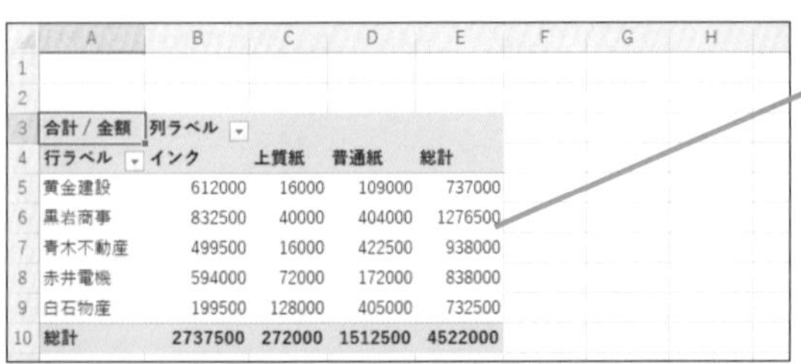

合計 / 金額	列ラベル			
行ラベル	インク	上質紙	普通紙	総計
黄金建設	612000	16000	109000	737000
黒岩商事	832500	40000	404000	1276500
青木不動産	499500	16000	422500	938000
赤井電機	594000	72000	172000	838000
白石物産	199500	128000	405000	732500
総計	2737500	272000	1512500	4522000

値フィールドに金額が設定された

ピボットテーブルが完成した

189 Q ピボットテーブルのフィールドを変更するには

365 2021 2019 2016
お役立ち度 ★★★

A フィールドをドラッグして入れ替えます

ピボットテーブルに配置したフィールドは、簡単な操作で何度でも変更できます。ワザ188で作成したピボットテーブルは、以下の手順のように配置されているフィールドをドラッグして移動すれば、視点を変えた集計表になります。

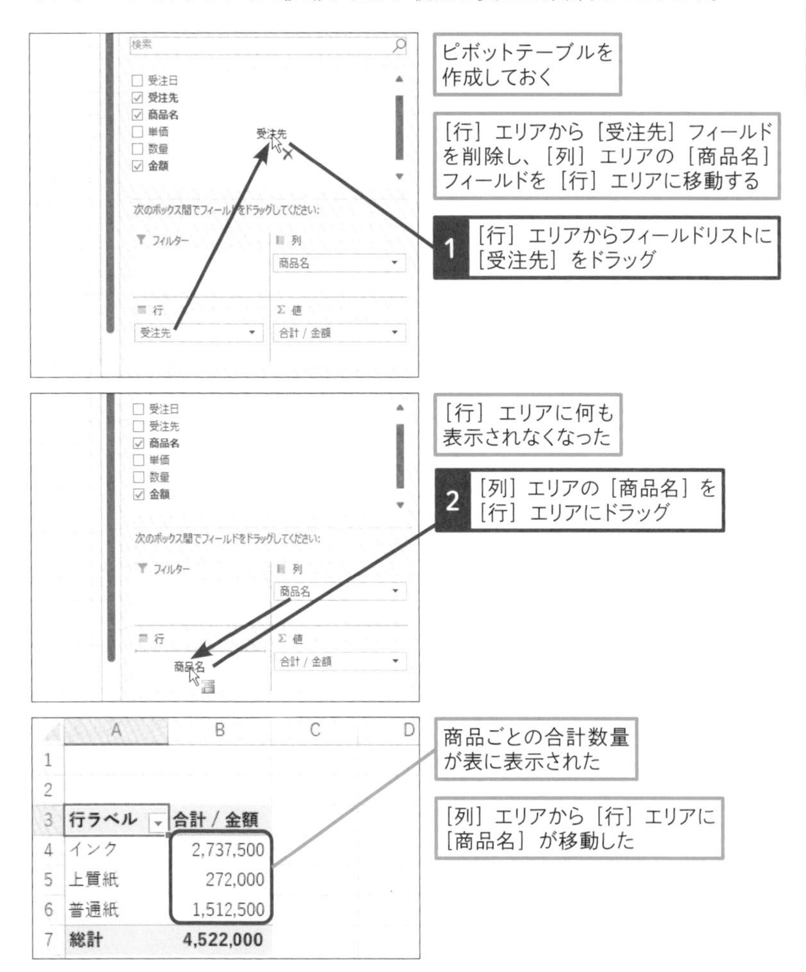

190 Q 行や列に表示される項目を絞り込みたい

365 2021 2019 2016
お役立ち度 ★★★

A フィルターボタンから絞り込めます

ピボットテーブルの「行ラベル」「列ラベル」と表示されたセルには、フィルターボタンが表示されます。このボタンを使用すると、オートフィルターで抽出をする要領で、ピボットテーブルに表示する項目を抽出できます。

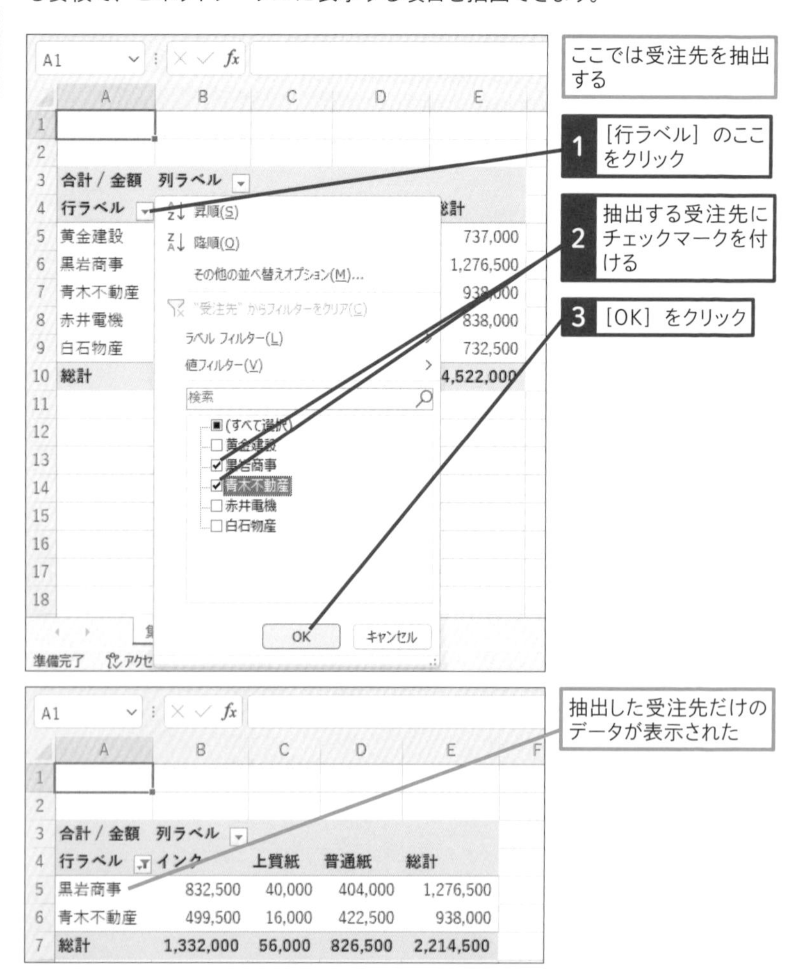

第8章 データ集計の活用技

191 Q 日付データを月ごとにまとめて集計するには

365 2021 2019 2016
お役立ち度 ★★★

A グループ化の単位を指定します

日付のフィールドを[行] エリアか[列] エリアに配置すると、日付が自動的にグループ化されます。数か月分の日付が入力されている場合は「月単位」、数年分の日付が入力されている場合は「年単位四半期単位」という具合に、グループ化の単位は入力されている日付の範囲によって変わります。

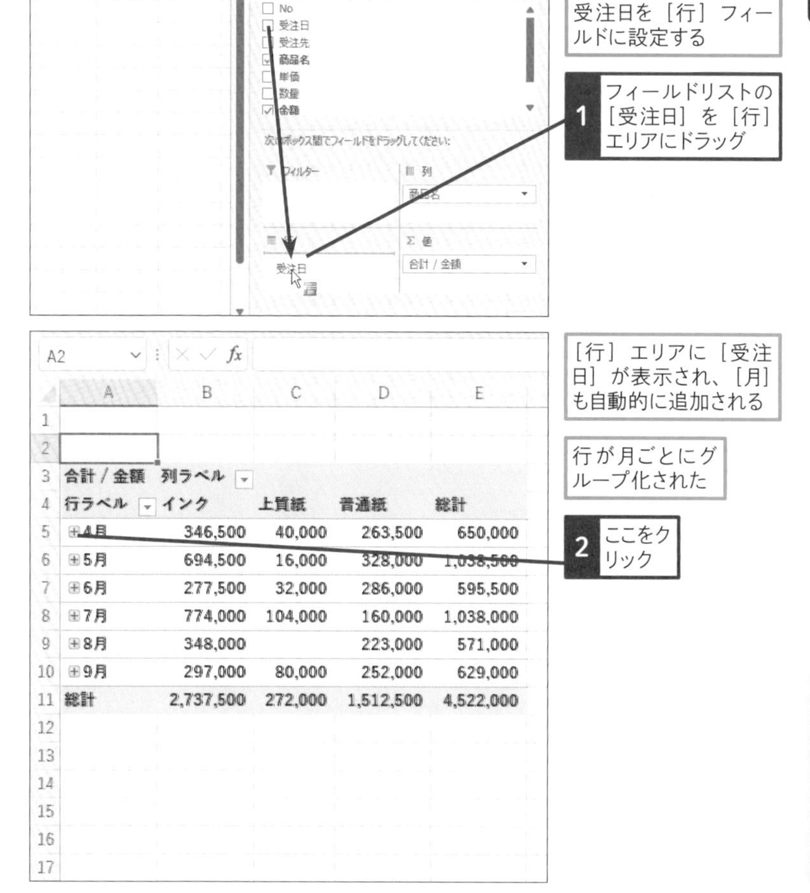

第8章 データ集計の活用技

次のページに続く ➡

●グループ内データを確認する

月内の日ごとのデータが表示された

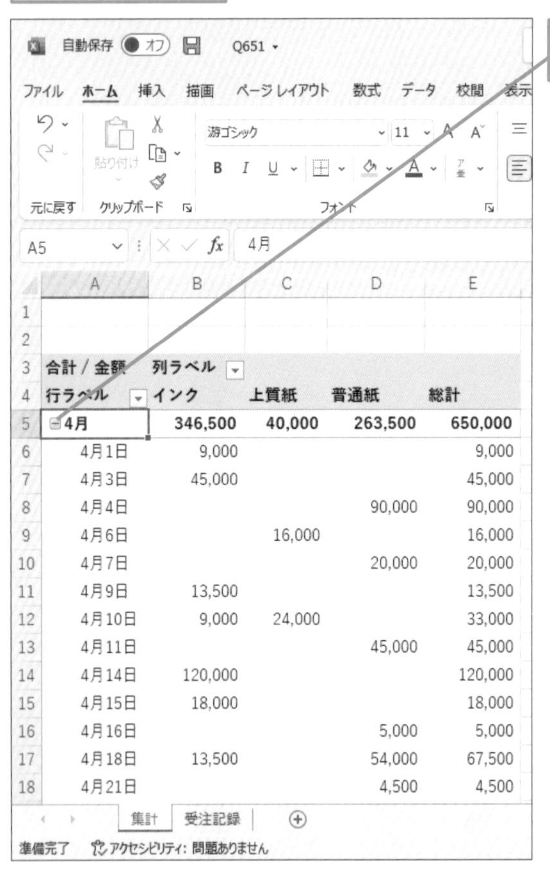

	A	B	C	D	E
1					
2					
3	合計 / 金額	列ラベル			
4	行ラベル	インク	上質紙	普通紙	総計
5	4月	346,500	40,000	263,500	650,000
6	4月1日	9,000			9,000
7	4月3日	45,000			45,000
8	4月4日			90,000	90,000
9	4月6日		16,000		16,000
10	4月7日			20,000	20,000
11	4月9日	13,500			13,500
12	4月10日	9,000	24,000		33,000
13	4月11日			45,000	45,000
14	4月14日	120,000			120,000
15	4月15日	18,000			18,000
16	4月16日			5,000	5,000
17	4月18日	13,500		54,000	67,500
18	4月21日			4,500	4,500

ここをクリックすると月ごとのデータに戻る

192 Q ピボットテーブルで条件を切り替えて集計表を見るには

365 2021 2019 2016
お役立ち度 ★★★

A 条件となるフィールドを選択します

ピボットテーブルの値フィールドで集計されるデータを絞り込むには、絞り込みの条件となるフィールドをレポートフィルターエリアに配置します。例えば［商品名］を配置すると、商品名ごとに集計結果を切り替えて表示できます。

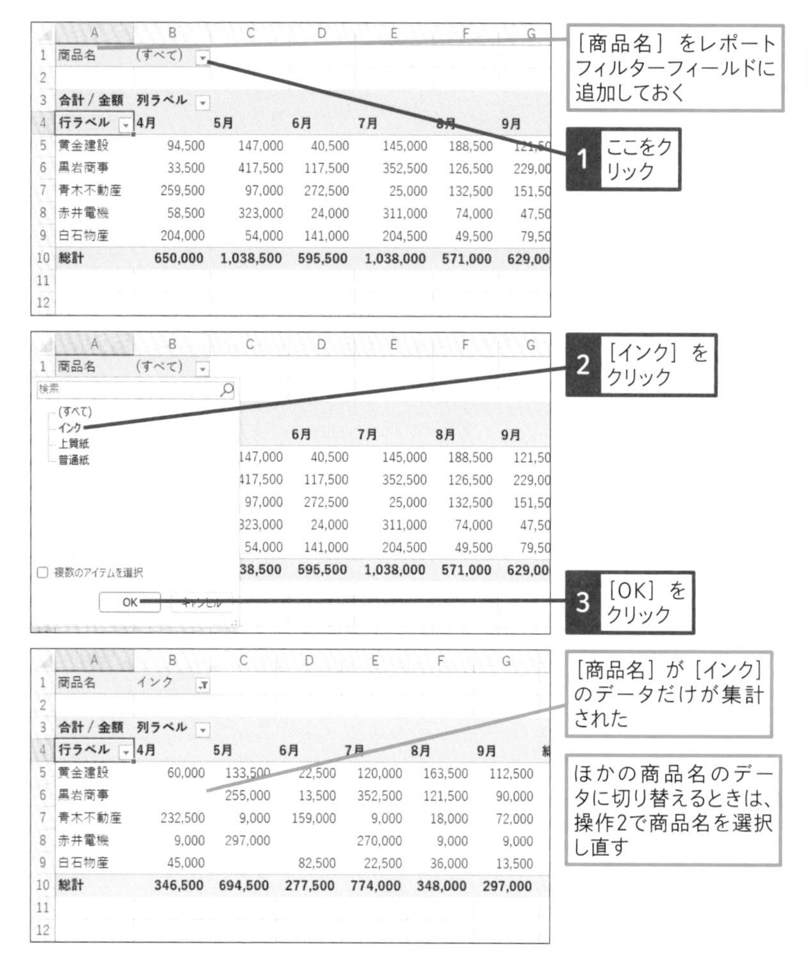

商品名 (すべて)

合計 / 金額	列ラベル					
行ラベル	4月	5月	6月	7月	8月	9月
黄金建設	94,500	147,000	40,500	145,000	188,500	121,50
黒岩商事	33,500	417,500	117,500	352,500	126,500	229,00
青木不動産	259,500	97,000	272,500	25,000	132,500	151,50
赤井電機	58,500	323,000	24,000	311,000	74,000	47,50
白石物産	204,000	54,000	141,000	204,500	49,500	79,50
総計	650,000	1,038,500	595,500	1,038,000	571,000	629,00

商品名 インク

合計 / 金額	列ラベル					
行ラベル	4月	5月	6月	7月	8月	9月
黄金建設	60,000	133,500	22,500	120,000	163,500	112,500
黒岩商事		255,000	13,500	352,500	121,500	90,000
青木不動産	232,500	9,000	159,000	9,000	18,000	72,000
赤井電機	9,000	297,000		270,000	9,000	9,000
白石物産	45,000		82,500	22,500	36,000	13,500
総計	346,500	694,500	277,500	774,000	348,000	297,000

193 Q もっと簡単に条件を切り替えたい

365 2021 2019 2016
お役立ち度 ★★★

A スライサーで簡単に切り替えられます

スライサーを使用すると、より簡単に集計の対象となる条件を切り替えられます。例えば［商品名］のスライサーを使用すると、商品名をクリックするだけで、簡単にその商品の集計結果に切り替えることができます。

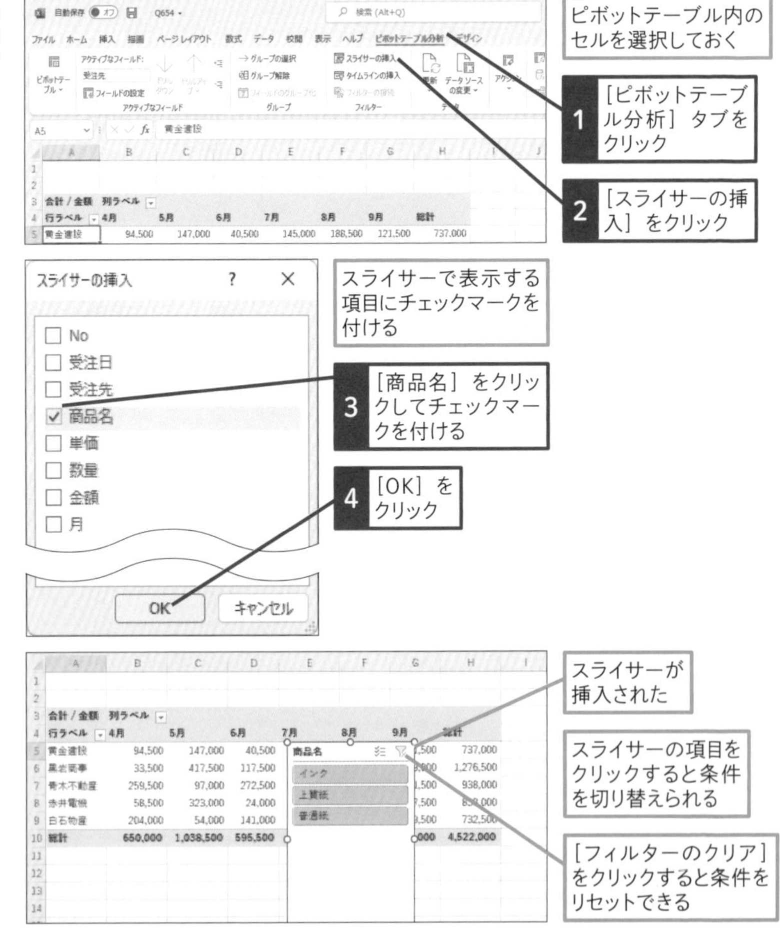

194 Q 過去のデータから未来のデータを予測したい

365 2021 2019 2016
お役立ち度 ★★★

A セル範囲を選択して[予測シート]を表示します

予測機能を使用すると、時系列のデータを基に将来のデータを予測できます。予測の基にする表には、日付を等間隔で入力しておきます。月単位のデータの場合も、「1月」「2月」などの月名ではなく、「2022/4/1」「2022/5/1」のように「毎月○日」の日付を入力しましょう。表のセル範囲を選択して[予測シート]を実行すると、新しいワークシートが追加され、予測データを計算したテーブルと予測グラフが作成されます。なお、基にするデータがテーブルやデータベース形式の表の場合は、最初に表内のセルを1つ選択しておくだけでもOKです。

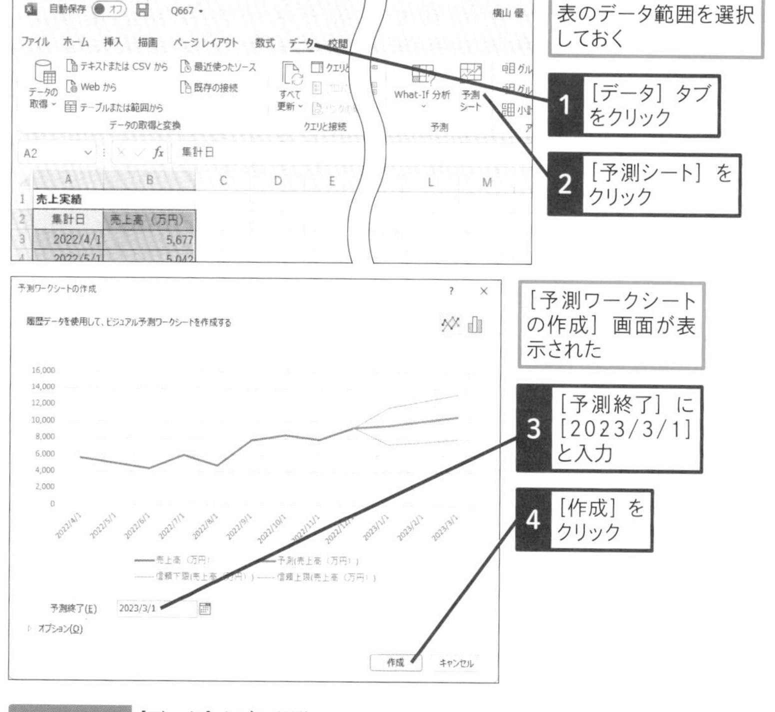

ショートカットキー
[データ]タブに移動
Alt + A

第8章 データ集計の活用技

次のページに続く ➡

●予測シートと予測グラフを確認する

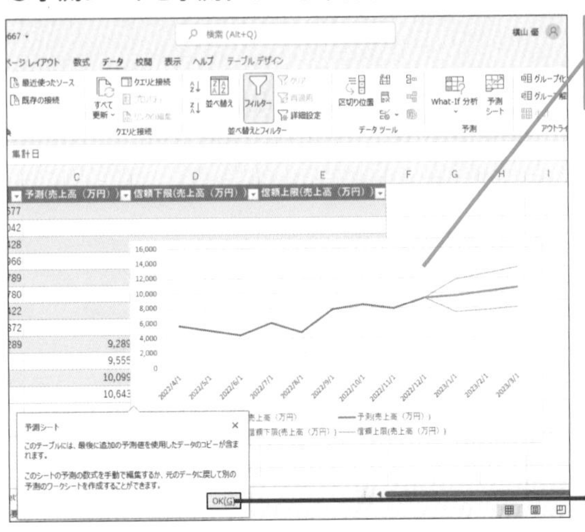

新しいワークシートに予測シートと予測グラフが作成された

5 ［OK］をクリック

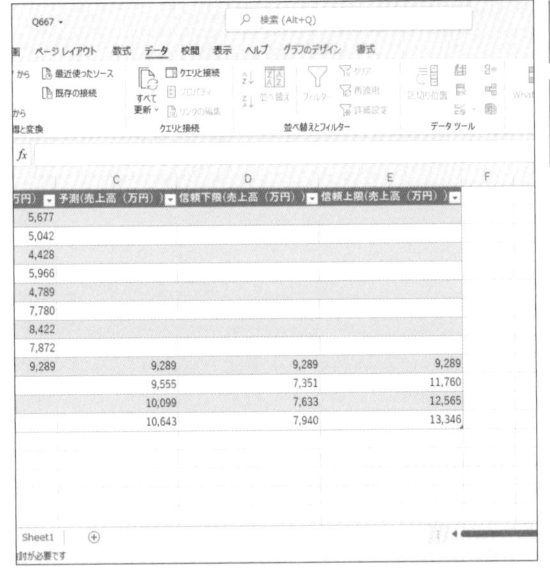

予測グラフをドラッグして移動しておく

予測シートに売上高の予測数値が表示された

第9章

ブックとファイルの便利技

この章では、Excelのブック全般に関する技を紹介します。ファイル操作やウィンドウ操作はもちろん、ほかのバージョンのExcelとの互換性など、知っておきたい技が盛りだくさんです。

195 Q マイクロソフトのWebサイトにあるテンプレートを利用したい

365 2021 2019 2016
お役立ち度 ★★★

A キーワードで検索してダウンロードします

独自に作成したテンプレートのほかにも、マイクロソフトからインターネットを通して提供されるテンプレートも利用できます。見積書や家計簿など、一般的な定型文書が豊富に用意されており、自分で作成するより効率的です。Excelの画面でキーワードを入力すると、自動的にマイクロソフトのWebサイトからテンプレートが検索され、簡単にダウンロードできます。

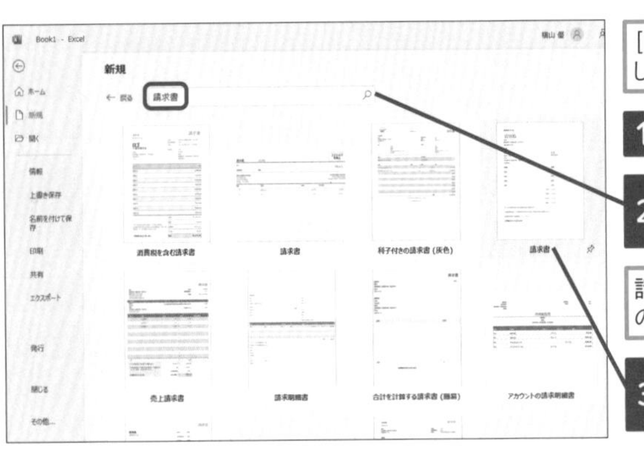

[新規] の画面を表示しておく

1 「請求書」と入力

2 [検索の開始] をクリック

請求書のテンプレートの一覧が表示された

3 使用するテンプレートをクリック

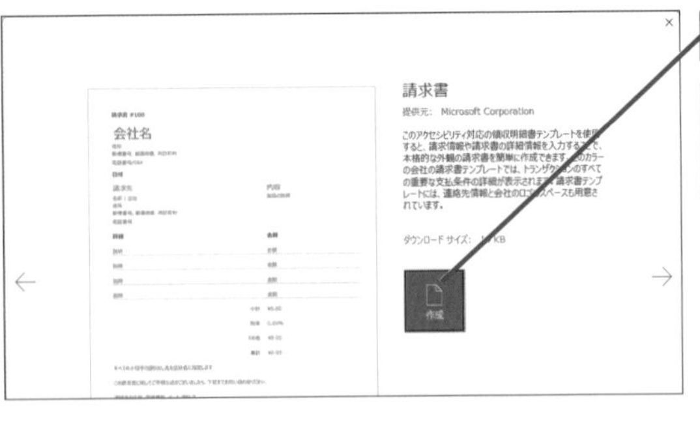

4 [作成] をクリック

テンプレートがダウンロードされ、請求書のファイルが開いた

役立つ豆知識

テンプレートを学習に役立てよう

「チュートリアル」というキーワードで、Excelの学習用のテンプレートを検索できます。関数やピボットテーブル、グラフ作成など、Excelのスキルアップに役立ちます。

196 Q 上書き保存するときに古いブックも残す方法はある？

365 2021 2019 2016
お役立ち度 ★★

A ［バックアップファイルを作成する］にチェックマークを付けます

以下のように設定を行うと、ブックを上書き保存するときに、前に保存したブックが「○○のバックアップ.xlk」という名前で同じフォルダーに保存されます。上書き保存するたびにバックアップファイルも最新の1つ前のブックで置き換わり、常に同じフォルダーに最新のブックと1つ前の状態のブックが保存された状態になります。誤った内容で上書き保存してしまったり、最新のブックが壊れてしまったりした場合、［ファイルを開く］画面を使用してバックアップファイルを開けば1つ前の状態に戻れます。なお、OneDriveと同期しているフォルダーでは、バックアップファイルは形成されないので注意してください。

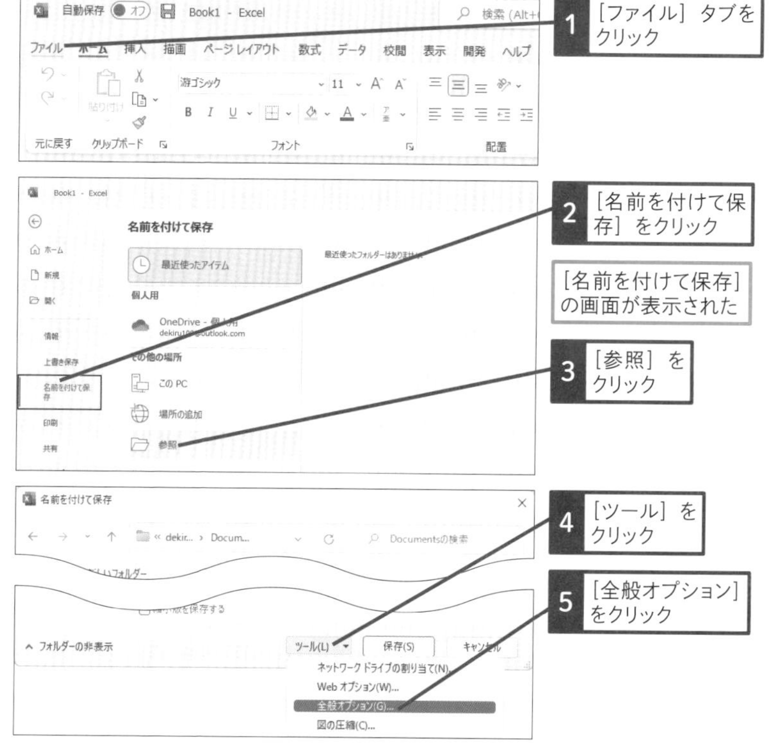

第9章 ブックとファイルの便利技

次のページに続く

●バックアップファイルを作成する

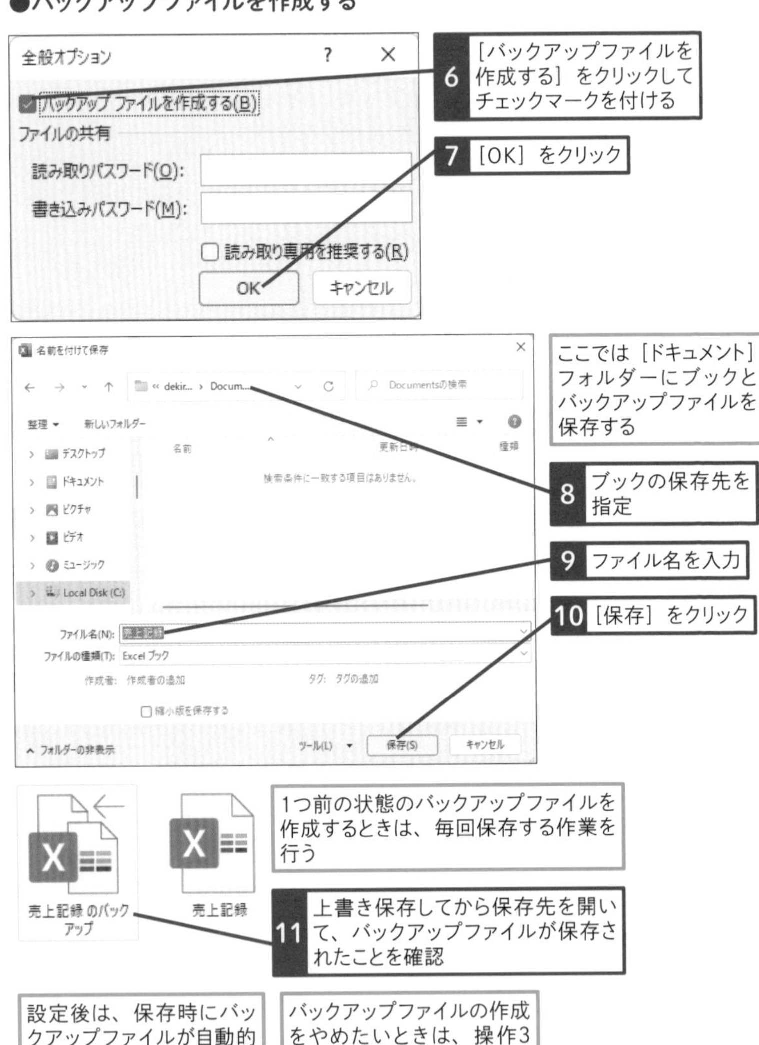

設定後は、保存時にバックアップファイルが自動的に作成されるようになる

バックアップファイルの作成をやめたいときは、操作3のチェックマークをはずす

197

Q ブックを開くときにパスワードを設定したい

365 2021 2019 2016
お役立ち度 ★★★

A ［ブックの保護］からパスワードを設定します

第三者に内容を知られたくないブックには、［パスワードを使用して暗号化］を設定すると、パスワードを知っている人しかブックを開けなくなります。パスワードは、大文字と小文字が区別されます。パスワードを忘れると、自分自身もブックを開けなくなるので注意してください。

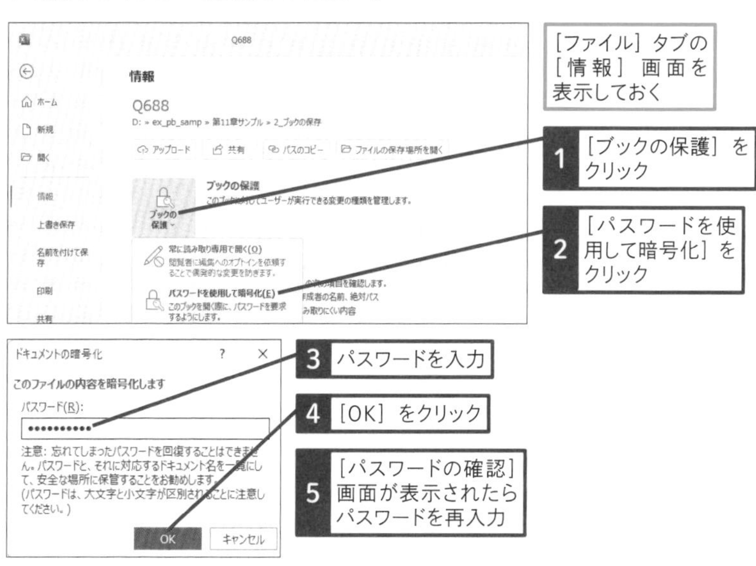

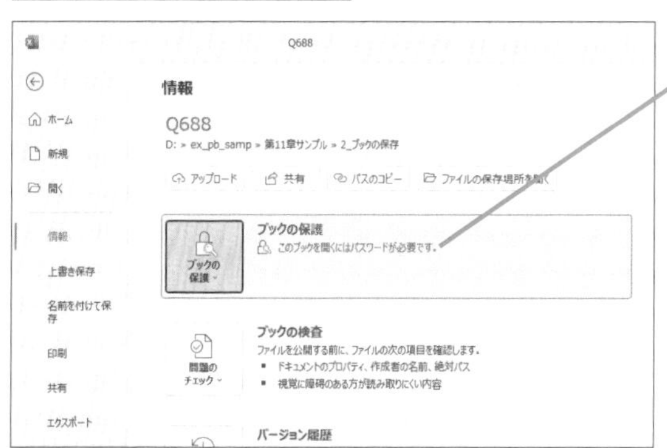

パスワードが設定され［このブックを開くにはパスワードが必要です］と表示された

ブックを保存しておく

パスワードを解除するには再度［ドキュメントの暗号化］画面を開き、パスワードを削除して、ブックを上書き保存する

第9章 ブックとファイルの便利技

198 Q ブックをテキスト形式で保存するには

365 2021 2019 2016
お役立ち度 ★★

A 保存時にファイルの種類を変更します

テキスト形式のファイルは、多くの機器やソフトウェアで共通に利用できるため、データを受け渡しするときに、よく利用されます。ブックを保存する際に選択できるテキスト形式は数種類あるので、データを渡す相手の使用するソフトウェアや用途に応じて、どのテキスト形式がいいかを判断しましょう。一般的には[テキスト(タブ区切り)](.txt)または[CSV(カンマ区切り)](.csv)の形式で保存すればいいでしょう。

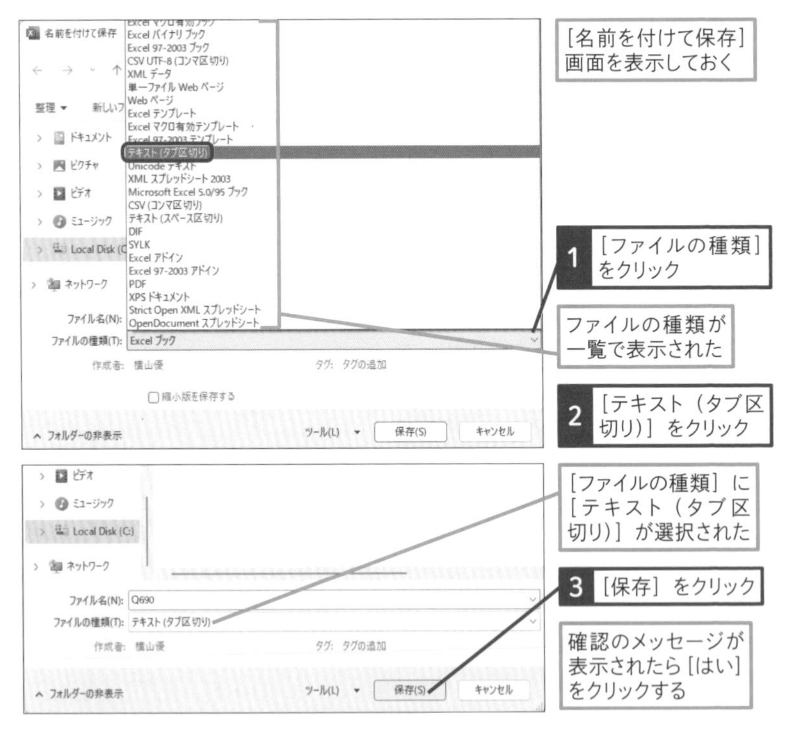

ショートカットキー [名前を付けて保存]画面を開く
F12

199 Q 人に見せるためにブックをPDF形式で保存したい

365 2021 2019 2016
お役立ち度 ★★★

A ファイルの種類で［PDF］を選択します

Excelを持っていない相手にブックを渡す場合は、以下のように操作して、ブックをPDF形式で保存して渡しましょう。なお、PDF形式で保存したあとで修正する必要ができたときは、もとのExcelブックを修正して、再度PDF形式で保存し直します。

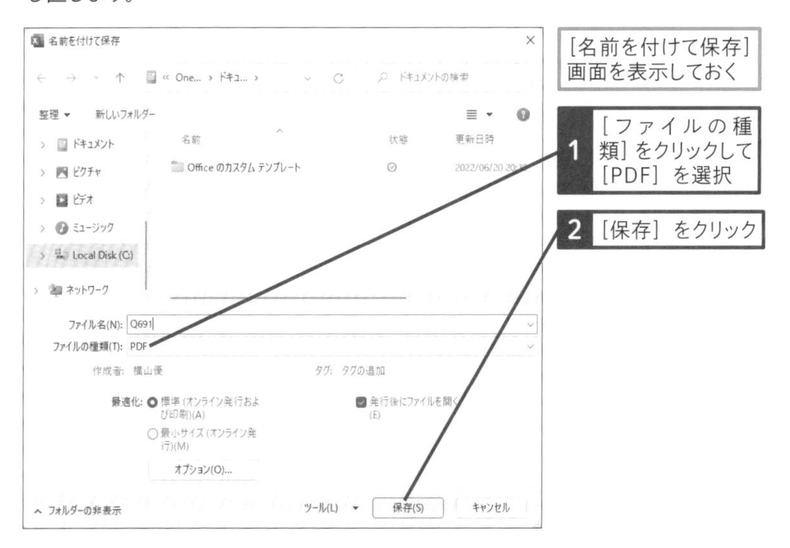

第9章 ブックとファイルの便利技

役立つ豆知識

PDF形式とは

PDF形式は、Adobe社が開発した、文書を印刷イメージのまま保存するファイル形式です。「Adobe Reader」など、PDFを表示する無料アプリが数多く公開されており、誰でも手軽に文書を見ることができるので、ファイルを受け渡すファイル形式として適しています。

200 Q ブックに残った個人情報をすべて削除したい

365 2021 2019 2016
お役立ち度 ★★★

A ［ドキュメントの検査］から削除できます

［ドキュメントの検査］を使用すると、ブックに含まれる個人情報を検索して削除できます。詳細な検索項目があり、ブックのプロパティやコメント、ヘッダー／フッターなど、ユーザー名が含まれる可能性がある場所を漏れなく検索できます。例えば、［ドキュメントのプロパティと個人情報］欄の［すべて削除］をクリックすると、ブックのプロパティから作成者や会社名が削除されます。コメントやヘッダー／フッターが検索された場合は、一律にすべて削除してしまわずに、コメントやヘッダー／フッターから手動で個人名だけを削除し、必要な情報は残すようにしましょう。

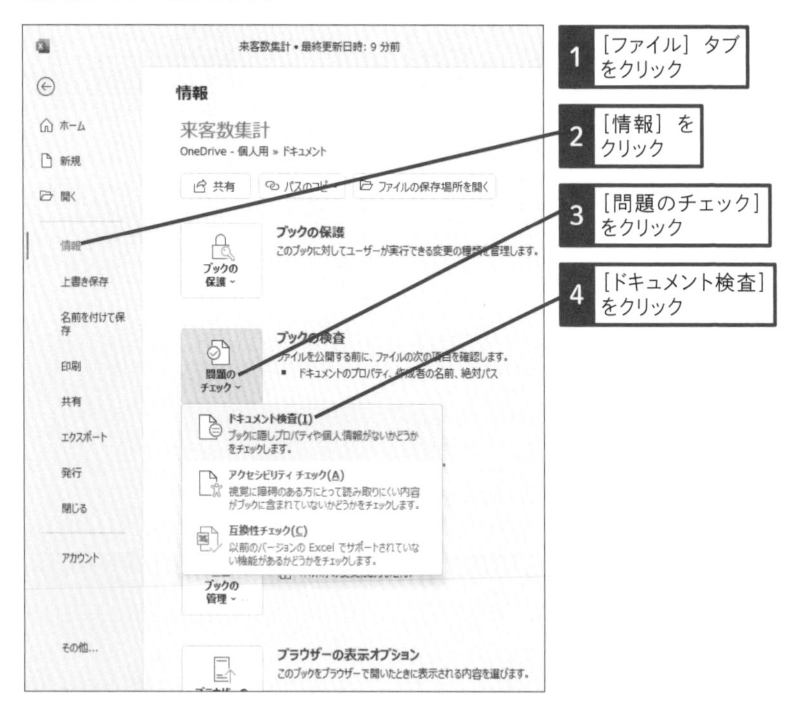

●ドキュメントの検査を実行する

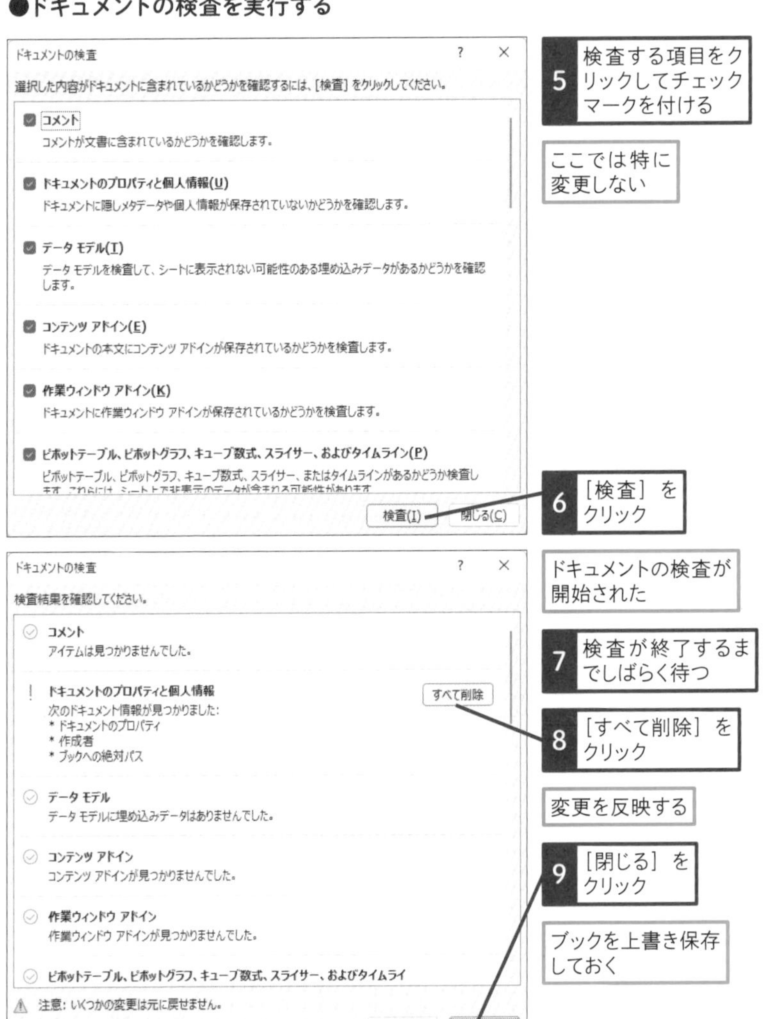

201 Q 使用したブックの履歴を他人に見せないようにしたい

365 2021 2019 2016
お役立ち度 ★★★

A 履歴の数をゼロにします

最近使用したブックの履歴を他人に見られては困る場合は、以下のように操作して、最近使用したブックの一覧にブック名が表示されないように設定しておくと安心です。

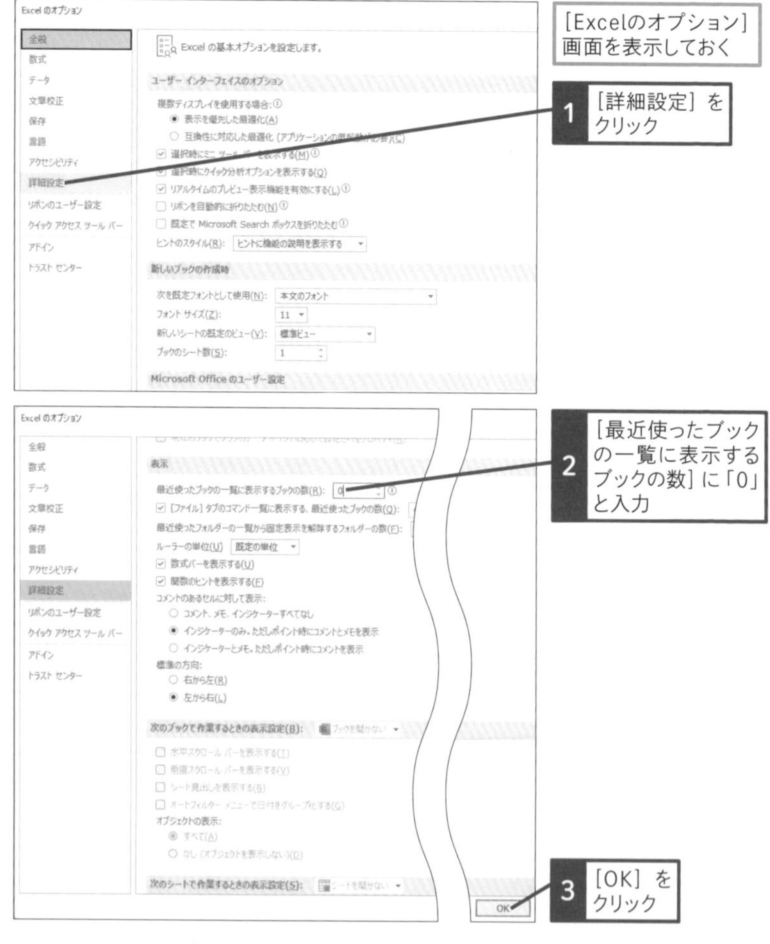

202

Q 自動保存されたブックを開くには

365 2021 2019 2016
お役立ち度 ★★★

A ［ブックの管理］の自動保存履歴から選択します

Excelの初期設定では、編集中のブックは10分ごとに自動保存されます。自動保存されたブックを［ファイル］タブの［情報］で一覧表示でき、自動保存の時刻のブックを選択すると、編集中のブックとは別に、その時点のブックを開けます。誤って消してしまったデータを現在のブックにコピーしたり、自動保存のブックで現在のブックを上書きしたりするなど、さまざまな用途で利用できます。

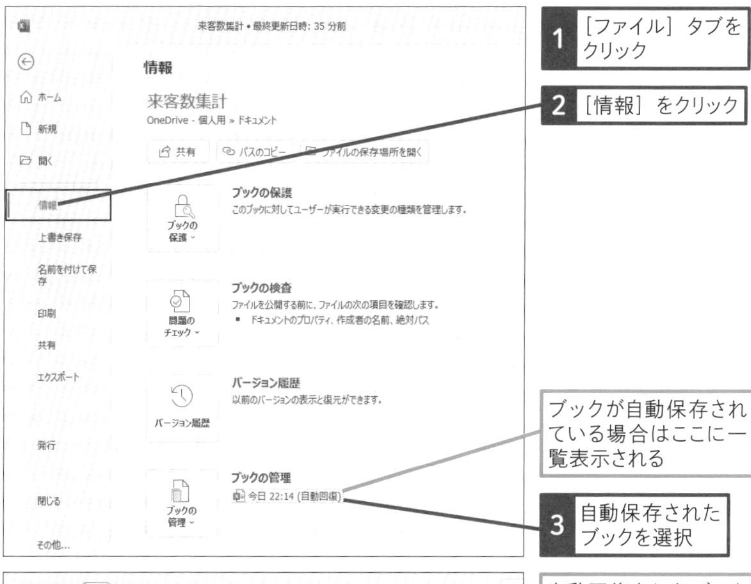

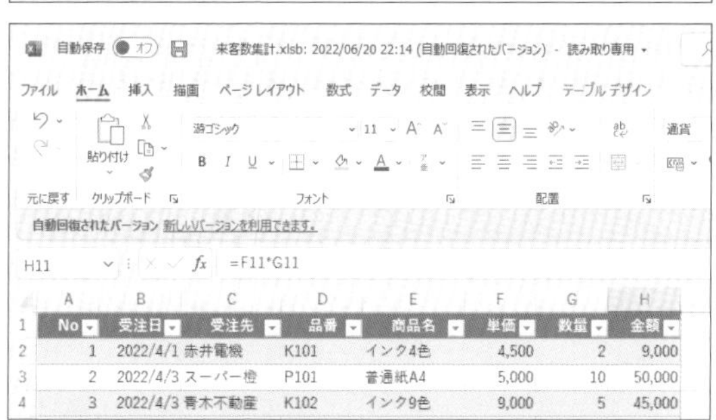

No	受注日	受注先	品番	商品名	単価	数量	金額
1	2022/4/1	赤井電機	K101	インク4色	4,500	2	9,000
2	2022/4/3	スーパー椎	P101	普通紙A4	5,000	10	50,000
3	2022/4/3	青木不動産	K102	インク9色	9,000	5	45,000

自動回復されたブックが開いて、メッセージバーに［自動保存されたバージョン］が表示された

203 Q 同じワークシートの離れた場所のデータを同時に表示できる?

365 2021 2019 2016
お役立ち度 ★★★

A ウィンドウを［分割］します

［分割］を実行すると、選択したセルを基準にワークシートが2つまたは4つのウィンドウに分割されます。それぞれのウィンドウは個別にスクロールできるので、同じワークシート内の離れたセルを同時に表示して見比べたいときなどに便利です。

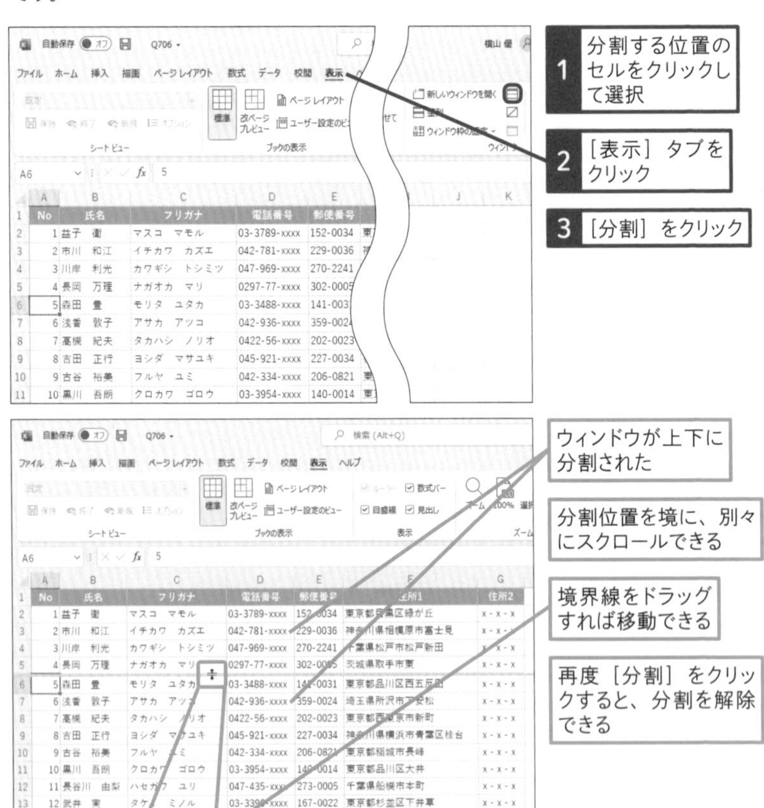

204 Q 表の見出しを常に表示しておきたい

365 2021 2019 2016
お役立ち度 ★★★

A ウィンドウ枠を固定します

列見出しや行見出しを固定表示しておくと、画面をスクロールしたときでも項目名を常に表示できます。列見出しを固定するには列見出しの下の行を、行見出しを固定するには行見出しの右の列を選択し、[ウィンドウ枠の固定] を実行します。

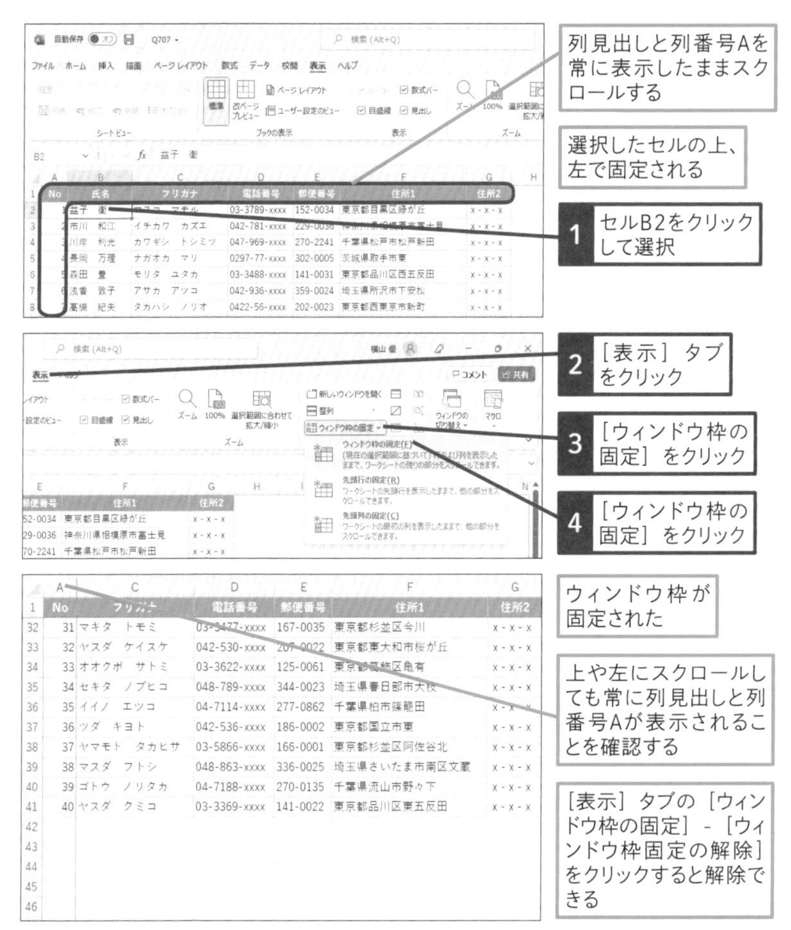

第9章 ブックとファイルの便利技

205 Q 同じブックの複数のワークシートを並べて表示するには

365 2021 2019 2016
お役立ち度 ★★★

A ［新しいウィンドウを開く］で同じブックを開けます

同じブックの複数のワークシートを並べて表示するには、あらかじめ同じブックを複数開いておいて、ウィンドウを整列します。同じブックを複数開いている場合、どのウィンドウで編集しても、その編集内容は、ほかのウィンドウにも反映されます。

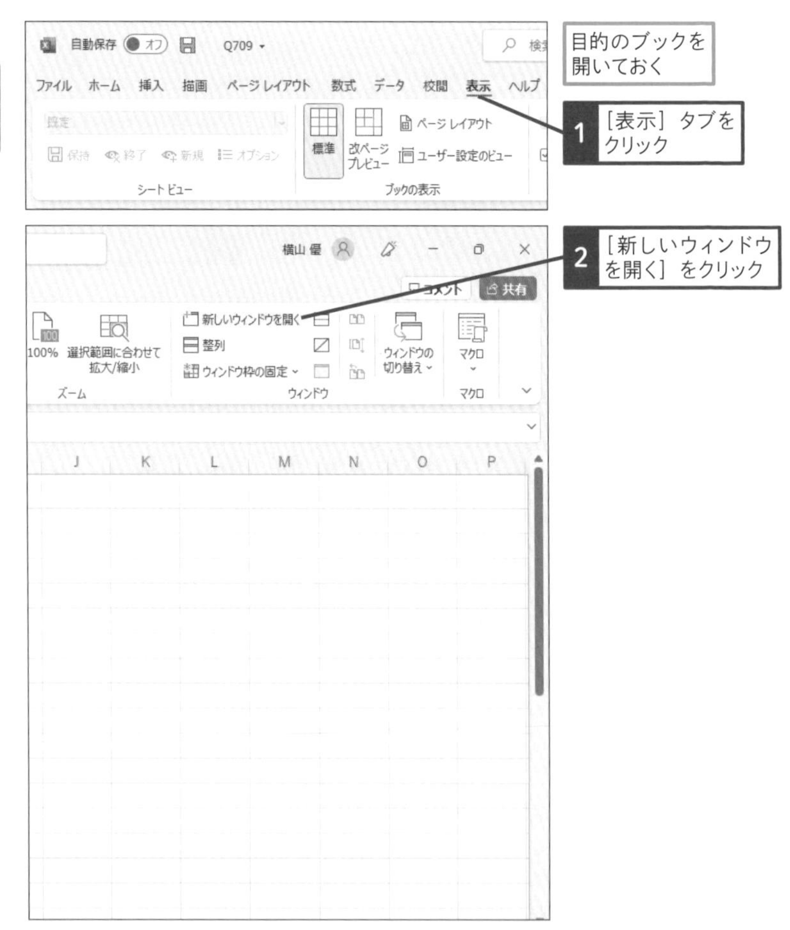

●新しいウィンドウを確認する

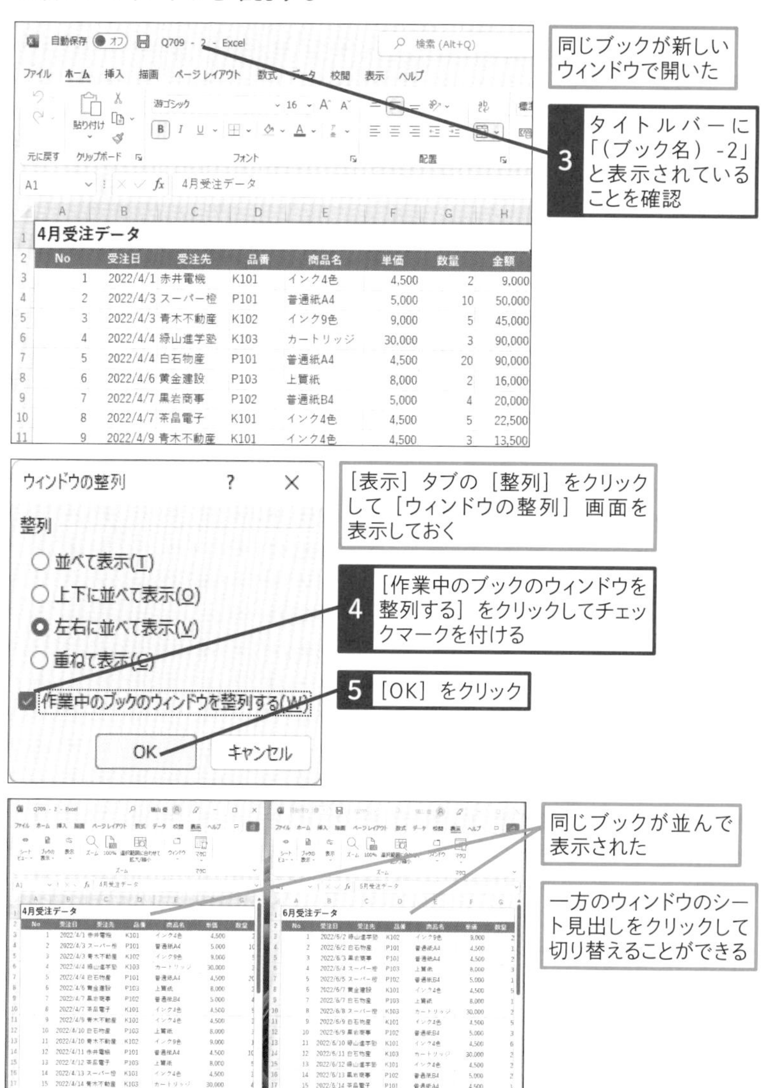

206 Q Excel 2003で作られたブックを2007以降の形式で保存するには

365 2021 2019 2016
お役立ち度 ★★★

A ［変換］してから保存します

以下の手順でExcel 2003形式のブックをExcelブック形式に変換すると、Excel 2007以降の新機能を存分に使えます。また、ファイルサイズが小さくなるというメリットもあります。Excel 2007以前のサポートは終了しているので、このワザの方法で変換しておくといいでしょう。

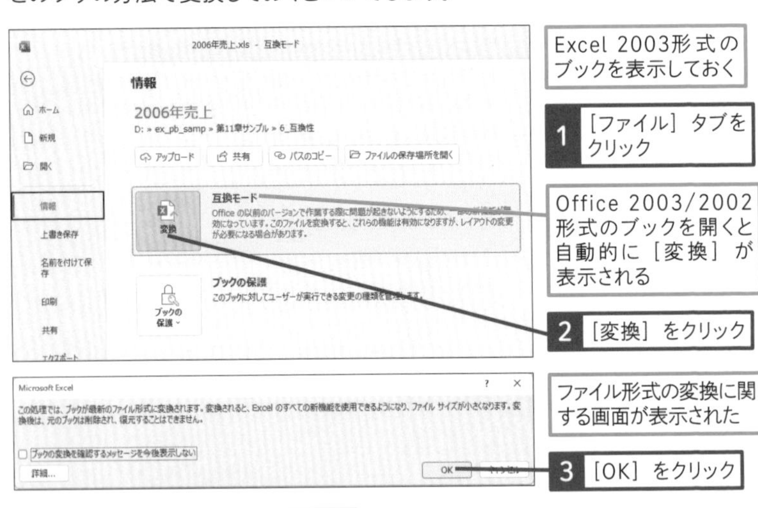

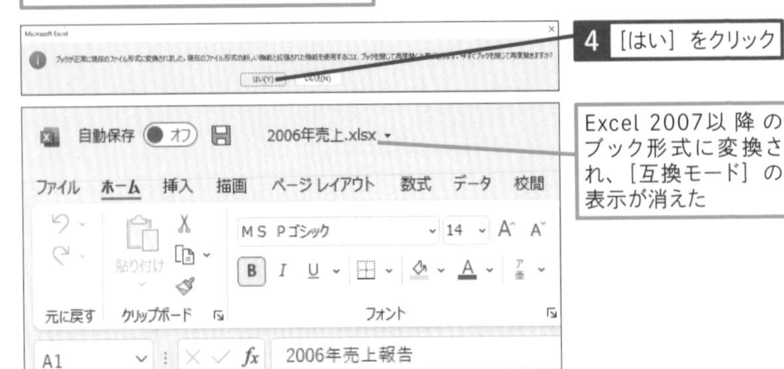

第9章 ブックとファイルの便利技

第10章

共同作業とアプリ連携の便利技

「社内で共有する表が誤操作で書き換えられるのを防ぎたい」「出先に持ち込んだタブレットで表を手直ししたい」「チームで報告書を共有したい」……。この章では、そんなときの便利技を紹介します。

207 Q ワークシート全体を変更されないようにロックしたい

365 2021 2019 2016
お役立ち度 ★★★

A ［シートの保護］を使います

誤操作でワークシートの内容が書き換えられてしまうのを防ぐには、［シートの保護］を設定してワークシートを保護します。ワークシートを保護するとデータの編集ができなくなり、誤ってデータが削除されたり、数式が変更されたりするのを防げます。設定時にパスワードを登録しておくと、パスワードを知っている人しかワークシートの保護を解除できなくなるので、より安全です。

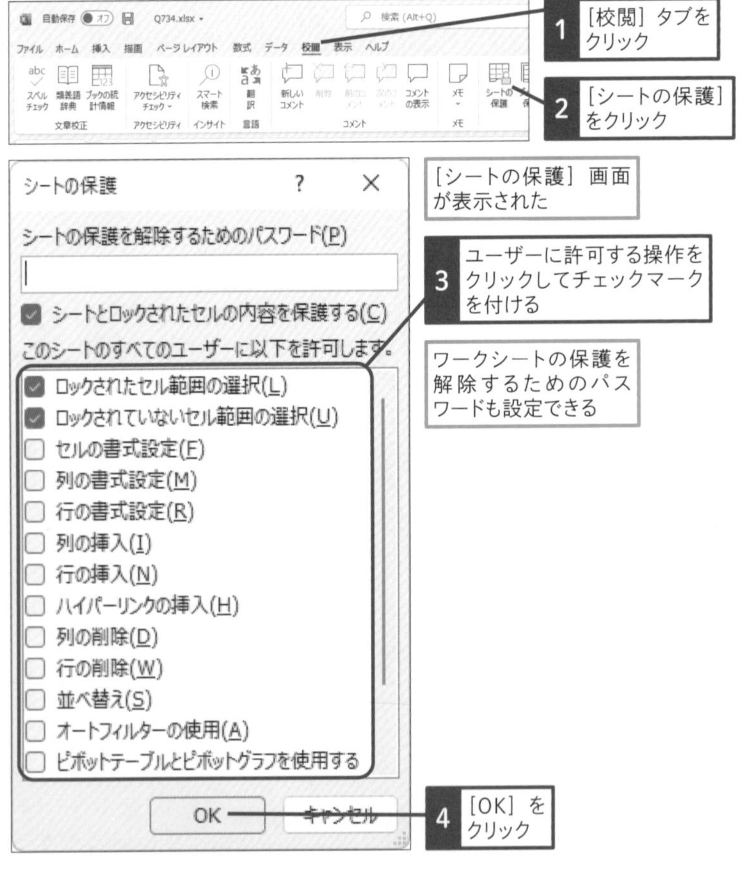

●ワークシートの保護を確認する

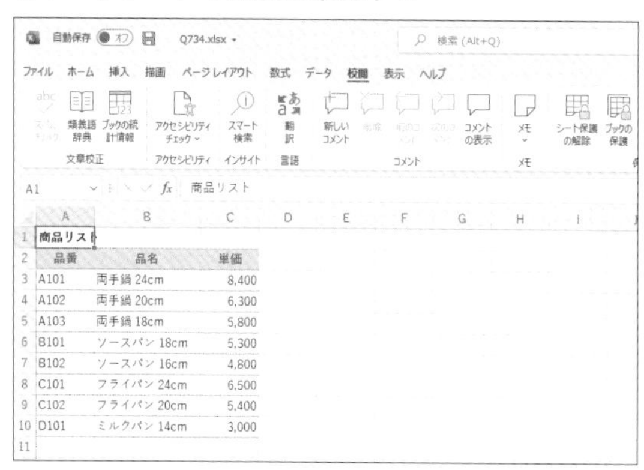

ワークシートが保護された

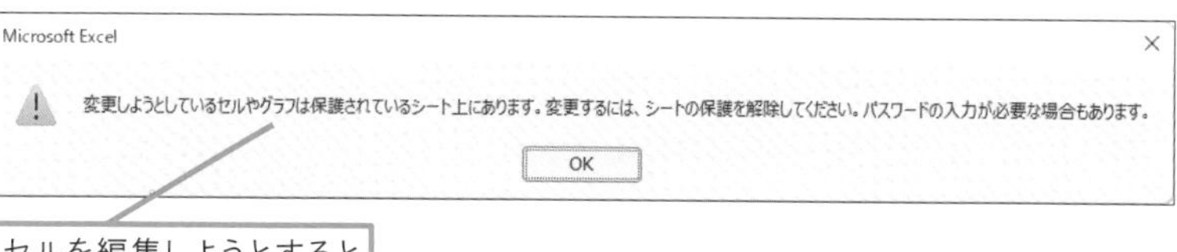

セルを編集しようとするとメッセージが表示される

役立つ豆知識

ワークシートの保護を解除するには？

保護したワークシートのデータを変更する必要があるときは、［校閲］タブの［シート保護の解除］ボタンをクリックしてワークシートの保護を解除し、データを変更します。なお、ワークシートを保護するときにパスワードを設定しなかった場合は即座に解除されますが、パスワードを設定した場合はパスワードの入力を求められます。正しいパスワードを入力しないと、ワークシートの保護を解除できません。

［シート保護の解除］をクリックするとシート保護が解除される

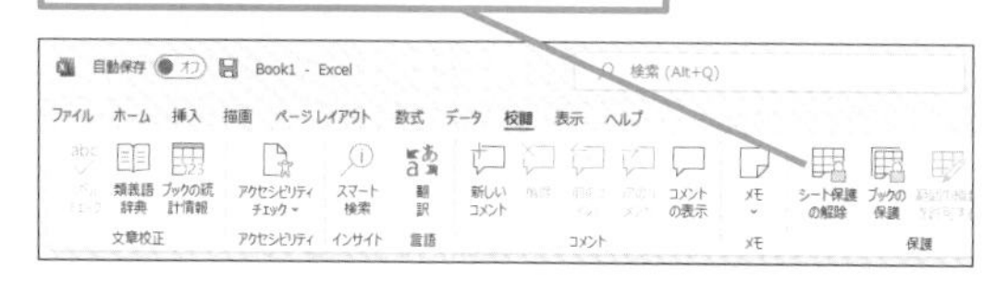

208 Q 一部のセルだけを編集できるように設定するには

365 2021 2019 2016
お役立ち度 ★★★

A セルのロックをオフにします

見積書や請求書など、必要なデータをその都度入力して使い回す表では、[シートの保護] を設定しておくと、表のタイトルや見出し、数式などをうっかり削除してしまう誤操作を防げます。ポイントは、[シートの保護] を設定する前に、入力欄の [セルのロック] をオフにしておくことです。[セルのロック] の初期設定はオンですが、入力欄を選択して [ホーム] タブの [書式] - [セルのロック] をクリックするとオフにできます。それによって、入力欄のセルのロックはオフ、それ以外のセルのロックはオンの状態になります。ただし、そのままではロックのオン/オフは機能しません。実際にセルのロックのオン/オフを作動させるには、[シートの保護] を設定する必要があります。ワザ207を参考に [シートの保護] を設定すると、入力欄は編集可、それ以外は編集不可となります。

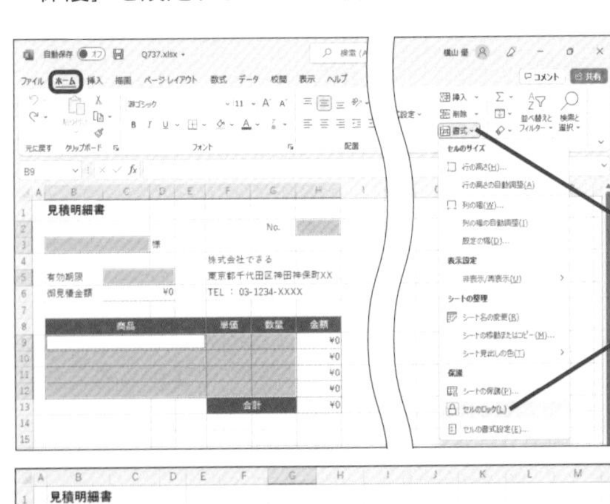

編集可能にしたいセルを選択しておく

1 [ホーム] タブをクリック

2 [書式] をクリック

3 [セルのロック] をクリック

選択したセルのロックが解除された

4 [校閲] タブの [シートの保護] をクリックし、ワークシートを保護

選択したセルだけが編集できるようになった

関連207 ワークシート全体を変更されないようにロックしたい ► P.260

209 Q ワークシートの構成を変更されたくないときは

365 2021 2019 2016
お役立ち度 ★★★

A ［ブックの保護］で変更を防げます

ブックを保護すると、ブック内のワークシートの移動、削除、表示と非表示の切り替え、名前の変更、新規ワークシートの挿入など、ワークシート構成の変更を防げます。ブックを保護するには、以下の手順で操作しましょう。
なお、再度同じ操作を行うとブックの保護を解除できます。パスワードを設定している場合、解除するときにパスワードの入力を求められます。

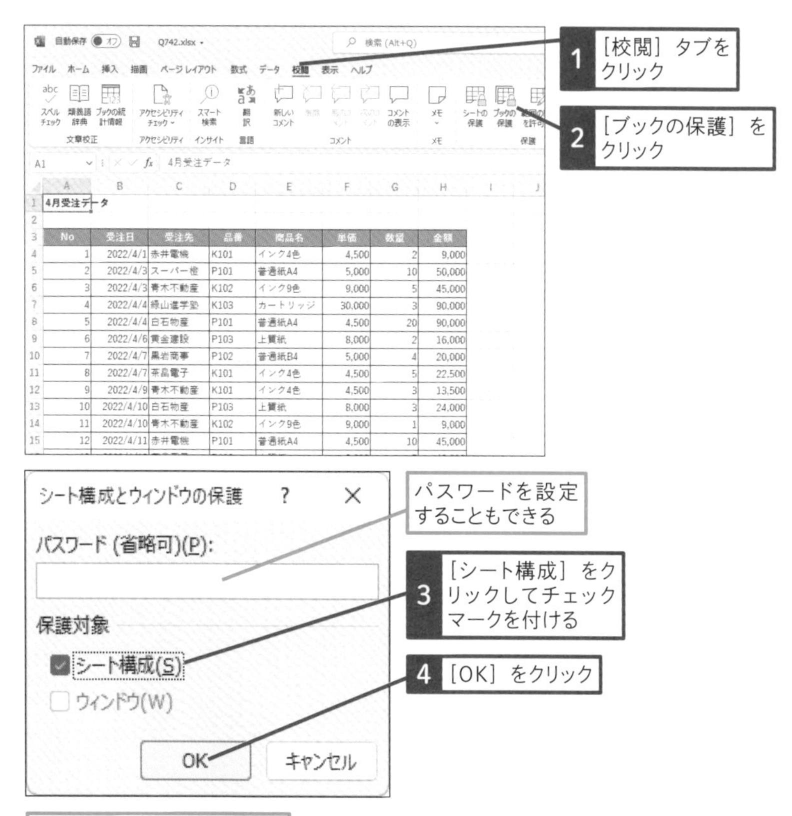

No	受注日	受注先	品番	商品名	単価	数量	金額
1	2022/4/1	赤井電機	K101	インク4色	4,500	2	9,000
2	2022/4/3	スーパー樫	P101	普通紙A4	5,000	10	50,000
3	2022/4/3	青木不動産	K102	インク9色	9,000	5	45,000
4	2022/4/4	緑山進学塾	K103	カートリッジ	30,000	3	90,000
5	2022/4/4	白石物産	P101	普通紙A4	4,500	20	90,000
6	2022/4/6	黄金建設	P103	上質紙	8,000	2	16,000
7	2022/4/7	黒岩商事	P102	普通紙B4	5,000	4	20,000
8	2022/4/7	茶畠電子	K101	インク4色	4,500	5	22,500
9	2022/4/9	青木不動産	K101	インク4色	4,500	3	13,500
10	2022/4/10	白石物産	P103	上質紙	8,000	3	24,000
11	2022/4/10	青木不動産	K102	インク9色	9,000	1	9,000
12	2022/4/11	赤井電機	P101	普通紙A4	4,500	10	45,000

210 Q テキストファイルをExcelで開くには

365 2021 2019 2016
お役立ち度 ★★★

A テキストファイルウィザードを使います

テキストファイルは、さまざまなソフトウェアでデータを保存できるファイル形式です。ほかのソフトウェアでデータをテキストファイルとして保存すると、それをExcelで開いて編集できます。
Excelでファイルを開くときに、［ファイルを開く］画面で拡張子「.txt」のテキストファイルを開くと、自動的に［テキストファイルウィザード］が起動します。ここで区切り文字を指定すると、テキストファイルにある行のデータが区切り文字で分割されて、各セルに読み込まれます。
なお、データを編集して上書き保存すると、元のテキストファイルに上書きされますが、書式やグラフはテキストファイルに保存できません。罫線を使った表やグラフなどをファイルに保存するときは、ブックとして保存しましょう。

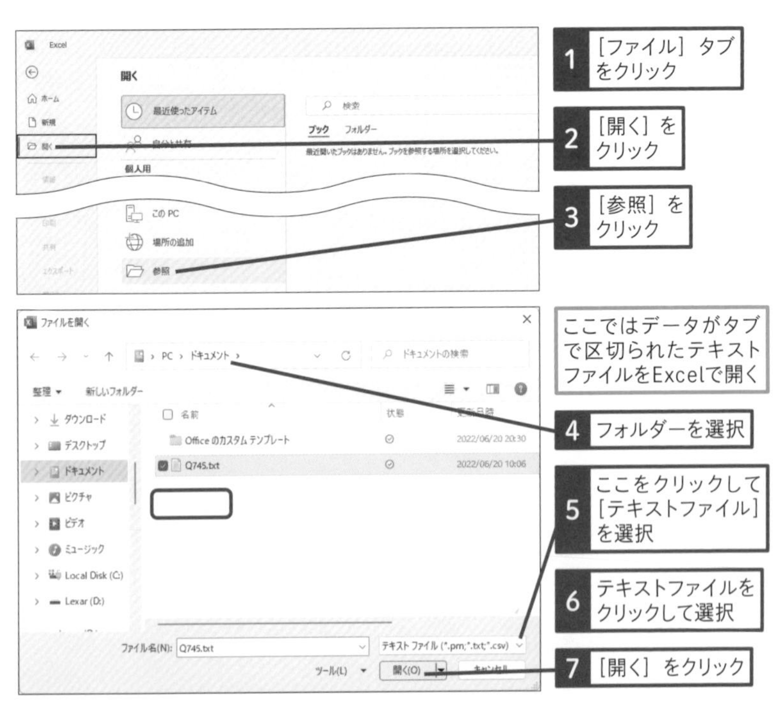

●テキストファイルウィザードで設定を開始する

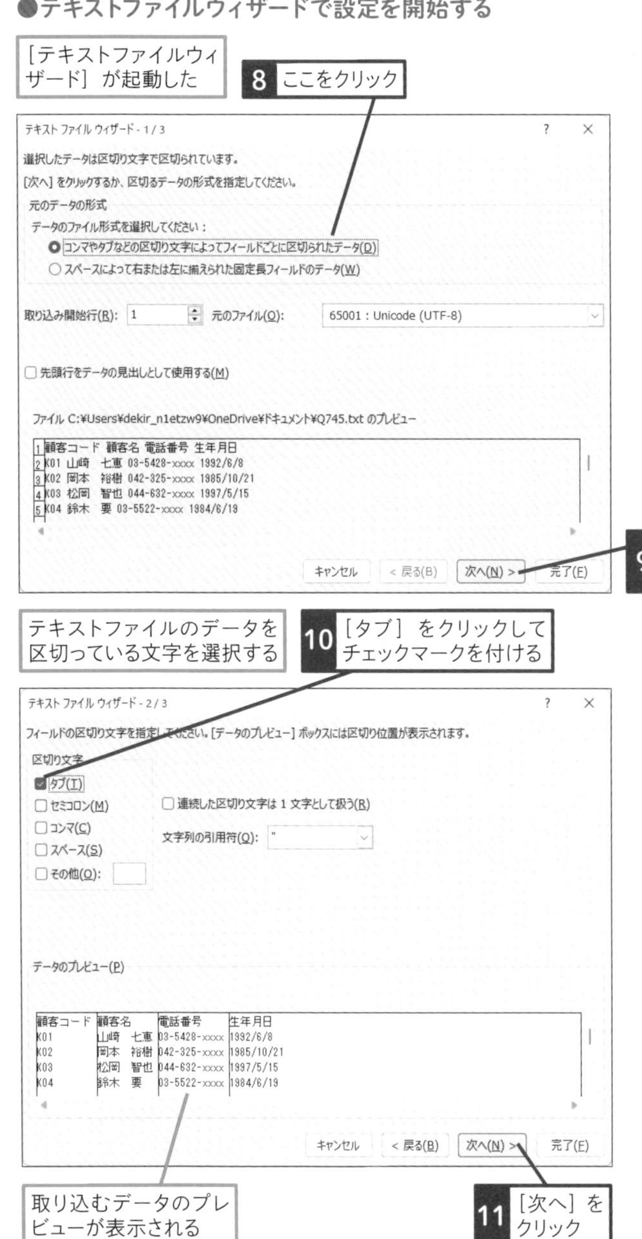

第10章 共同作業とアプリ連携の便利技

次のページに続く

●列のデータ形式を設定する

列ごとに日付や文字列といったデータ形式を指定できる

ここでは［G/標準］のままにしておく

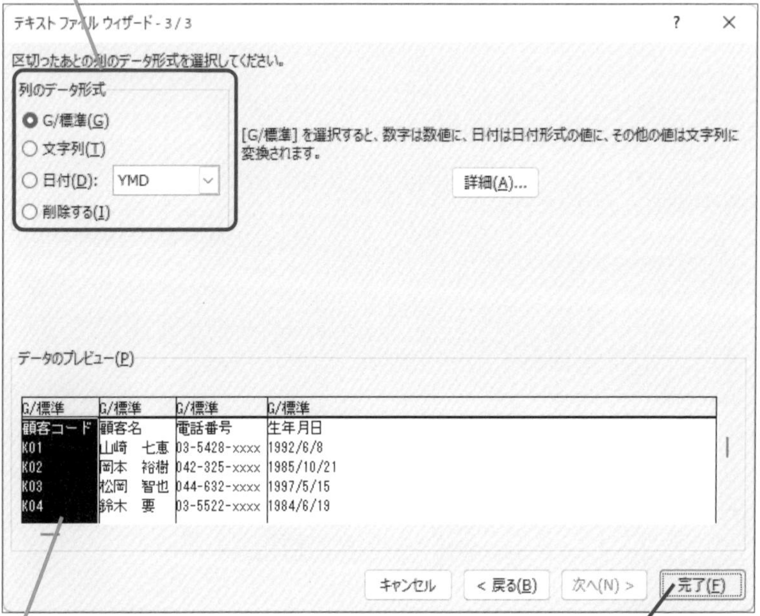

テキスト ファイル ウィザード - 3 / 3

区切ったあとの列のデータ形式を選択してください。

列のデータ形式

- G/標準(G)
- 文字列(T)
- 日付(D): YMD
- 削除する(I)

[G/標準] を選択すると、数字は数値に、日付は日付形式の値に、その他の値は文字列に変換されます。

詳細(A)...

データのプレビュー(P)

G/標準	G/標準	G/標準	G/標準
顧客コード	顧客名	電話番号	生年月日
K01	山崎　七恵	03-5428-xxxx	1992/6/8
K02	岡本　裕樹	042-325-xxxx	1985/10/21
K03	松岡　智也	044-632-xxxx	1997/5/15
K04	鈴木　要	03-5522-xxxx	1984/6/19

キャンセル　< 戻る(B)　次へ(N) >　完了(F)

データ形式をプレビューで確認する

12 ［完了］をクリック

	A	B	C	D
1	顧客コー	顧客名	電話番号	生年月日
2	K01	山崎　七恵	03-5428-x	1992/6/8
3	K02	岡本　裕樹	042-325-x	#######
4	K03	松岡　智也	044-632-x	#######
5	K04	鈴木　要	03-5522-x	#######
6	K05	五十嵐　順	045-257-x	#######
7				
8				
9				
10				

テキストファイルが読み込まれた

列幅を変更しておく

211 Q Microsoftアカウントを取得したい

365 2021 2019 2016
お役立ち度 ★★★

A マイクロソフトのサイトからサインアップします

Microsoftアカウントは、マイクロソフトのサイトからインターネット経由で無料で取得できます。取得にはメールアドレスが必要ですが、手持ちのメールアドレスを登録することも、新しいメールアドレスをその場で作成して登録することも可能です。なお、WindowsにMicrosoftアカウントでサインインしている場合や、すでにマイクロソフトのサービスを利用するためにMicrosoftアカウントを利用している場合は、利用中のMicrosoftアカウントでそのままほかのサービスも利用できます。

▼MicrosoftアカウントのWebページ
https://account.microsoft.com/

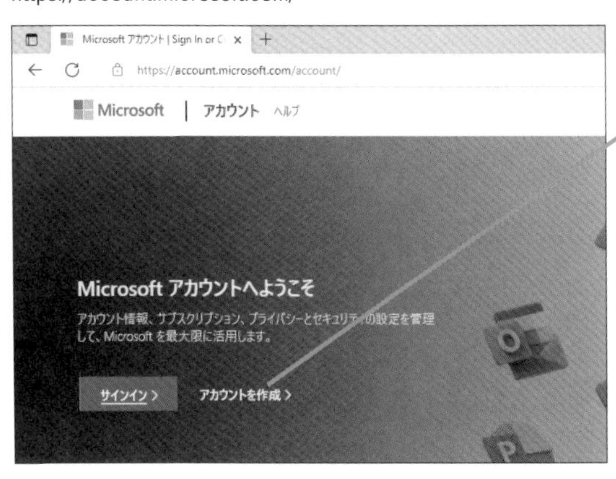

［アカウントを作成］をクリックし、画面の説明にしたがって［作成］をクリックしてMicrosoftアカウントを取得する

第10章 共同作業とアプリ連携の便利技

役立つ豆知識

「Microsoftアカウント」って何？

Microsoftアカウントは、マイクロソフトが提供するさまざまなサービスを利用する際に、ユーザーを認証するためのIDです。WindowsやOfficeのサインインに使用するほか、メールやストレージなどのオンラインサービスを利用するのに使用します。

212 Q「OneDrive」って何？

365 2021 2019 2016
お役立ち度 ★★★

A マイクロソフトのオンラインストレージサービスです

「OneDrive」とは、マイクロソフトが提供するオンラインストレージ（クラウド上のファイルの保管場所）です。Microsoftアカウントを取得すれば、無料で5GBまで利用できます。また、Microsoft 365のユーザーは、1TB（1024GB）を利用できます。OneDriveに保存したファイルはインターネットにつながる環境であればどこからでも使えるので、外出先で編集したり、複数の人と共有したりできます。自分のMicrosoftアカウントでサインインしたパソコンでは、[OneDrive]フォルダーはクラウドのOneDriveと同期しており、通常のファイルを操作する感覚でパソコンの[OneDrive]フォルダーから簡単にクラウドのOneDriveにアクセスできます。出先のパソコンやスマートフォン、タブレットの場合は、Webブラウザーや専用のアプリを使用してOneDriveにアクセスします。

OneDriveを利用すれば、離れた場所にいる複数の人ともファイルをやりとりできる

役立つ豆知識

スマートフォンやタブレットでOneDriveのブックを確認するには

[Microsoft OneDrive]アプリを使用すると、スマートフォンやタブレットから簡単にOneDriveを開けます。OneDriveに保存されているブックをタップすれば、ブックの内容も確認できます。スマートフォンやタブレットのWebブラウザーでOneDriveのサイトを開くこともできますが、アプリのほうが便利です。

●iPhone用の「Microsoft OneDrive」アプリ

●Androidスマートフォン用の「Microsoft OneDrive」アプリ

第10章 共同作業とアプリ連携の便利技

213 Q ExcelからOneDriveにブックを保存したい

365 2021 2019 2016
お役立ち度 ★★★

A 保存場所でOneDriveを指定します

Excelで現在開いているブックをOneDriveに保存するには、Microsoftアカウントでofficeにサインインしておき、以下のように操作します。

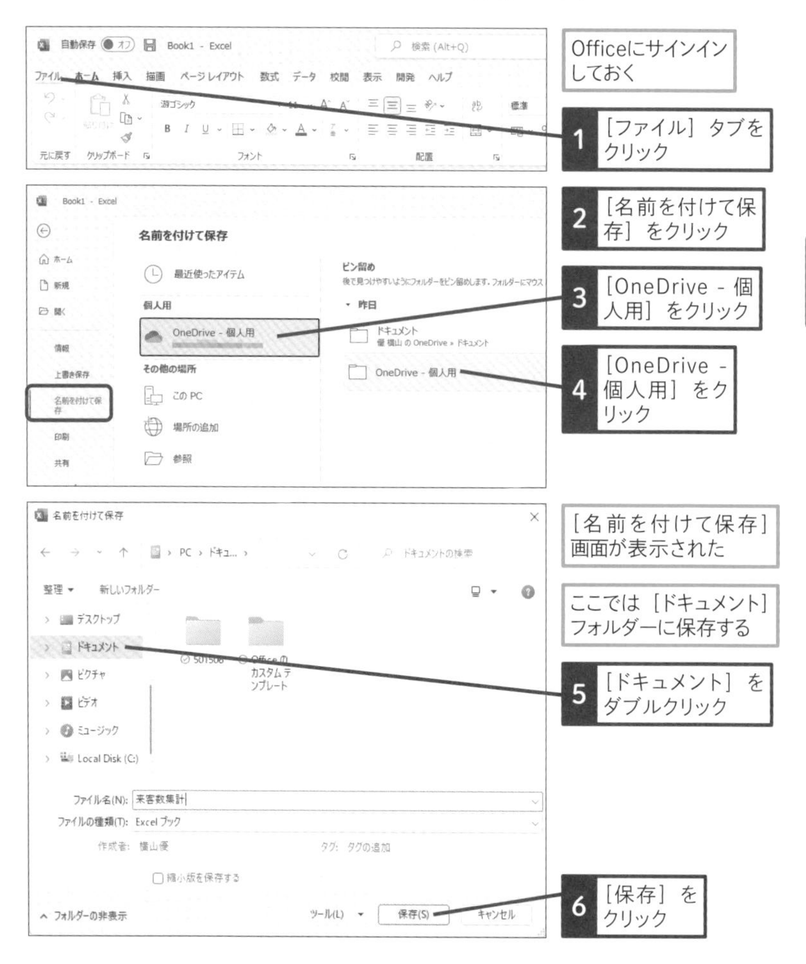

第10章 共同作業とアプリ連携の便利技

214 Q ブックを仲間と共有するには

365 2021 2019 2016
お役立ち度 ★★★

A ［リンクの送信］を実行します

OneDrive上にあるブックを共有するには、このワザで紹介するメールの自動送信の方法と、ワザ216で紹介する自分でURLを共有相手に知らせる方法の2種類があります。メールの自動送信の方法では、指定したメールアドレスに、ブックへのリンクを含む、ワザ215の「役立つ豆知識」で紹介するようなメールが自動で送信されます。

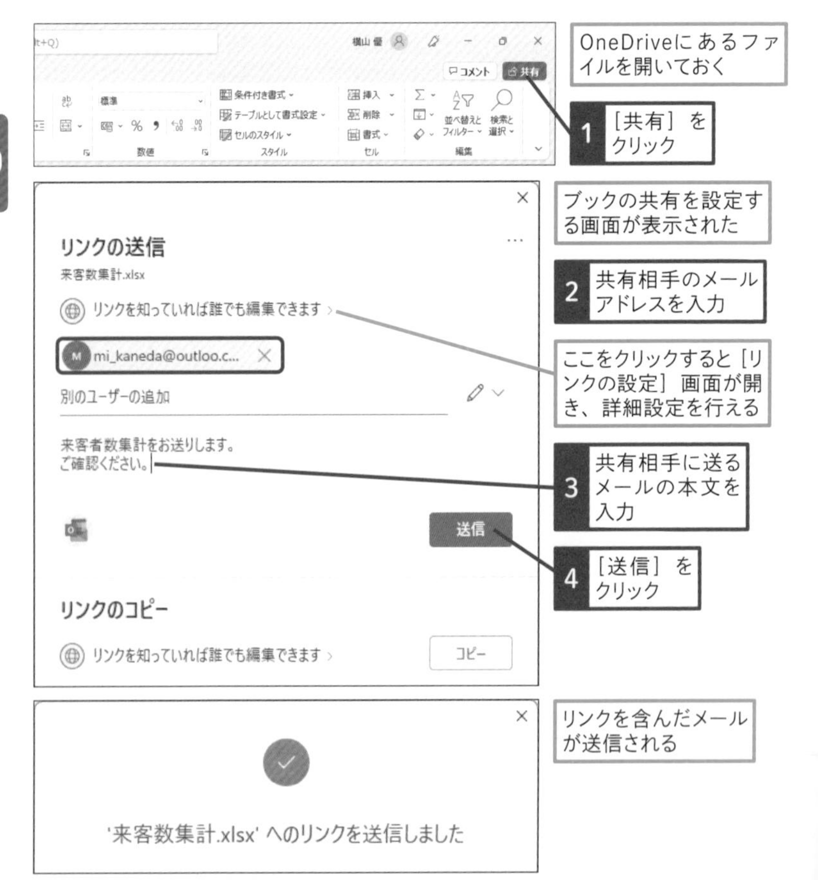

215 Q 共有相手がブックを変更できないようにするには

365 2021 2019 2016
お役立ち度 ★★★

A ［表示可能］を指定します

初期設定では、共有相手はブックの編集が可能です。編集されたくない場合は、リンクを送信する際に［表示可能］を指定します。すると、共有相手はブックを開いて閲覧することはできますが、編集することはできなくなります。

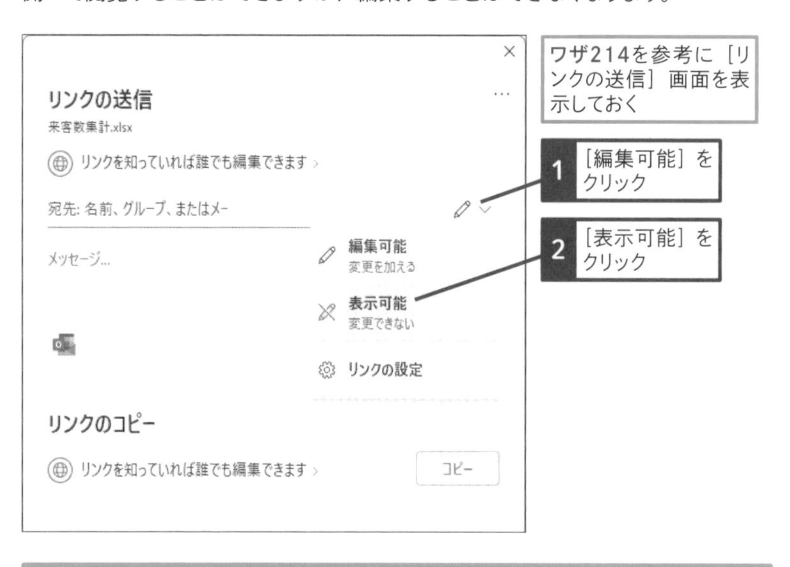

役立つ豆知識

共有を知らせるメールが届いたときは

ブックを共有するメールが届いたときは、ブックへのリンクをクリックします。すると、ブラウザーが起動してWeb用Excelにブックが表示されます。編集の権限が与えられている共有ブックであれば、編集することもできます。なお、共有の設定によっては、ブックが表示される前にOneDriveへのログインを要求される場合があります。

［開く］をクリックすると、Web用Excelでブックが表示される

横山 優さんがファイルをあなたと共有しました

来客数集計をお送りします。ご確認よろしくお願いします。

来客数集計.xlsx

開く

216 Q ブックのURLを取得して共有相手に自分でメールを書きたい

365 2021 2019 2016
お役立ち度 ★★★

A ［リンクのコピー］を実行します

多くの人とブックを共有する場合は、リンク先のURLを取得して、そのURLをメールやSNSで共有相手全員に伝える方法が便利です。［リンクのコピー］を実行するとURLがコピーされるので、それをメールやSNSの画面に貼り付けます。なお、共有相手がブックを編集できないようにするには、［リンクのコピー］の画面で［リンクを知っていれば誰でも編集できます］をクリックして、表示される画面で［編集を許可する］をオフにしてください。

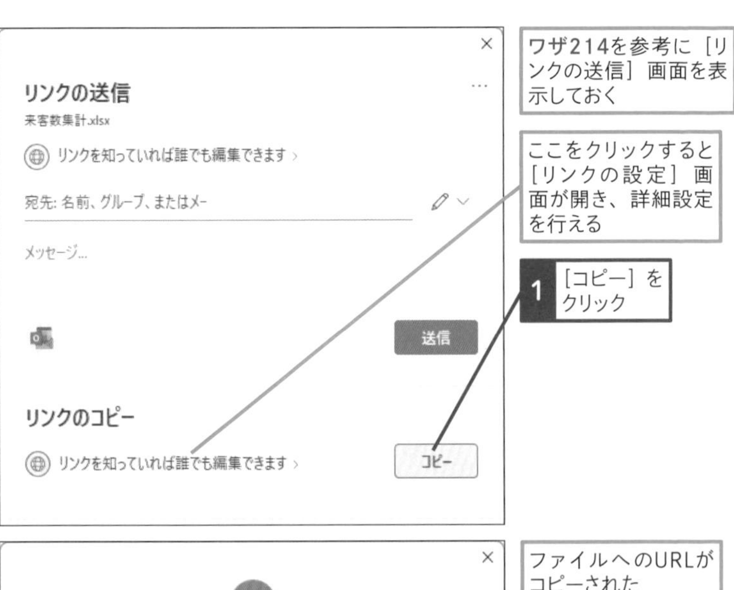

第11章

ショートカットキーの便利技

ショートカットキーを覚えると、リボンまでマウスを移動することなく、素早く操作を実行できます。ショートカットキーの操作を身に付けて、Excelをスマートに使いこなしましょう。

217 ブックを新規作成するには

お役立ち度 ★★

ショートカットキー
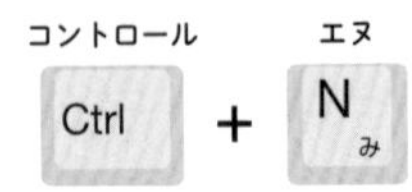

ブックを新規作成するために、[ファイル] タブを開くのは面倒です。Ctrl+Nキーなら、一瞬でブックを新規作成できます。

1 Ctrl+Nキーを押す

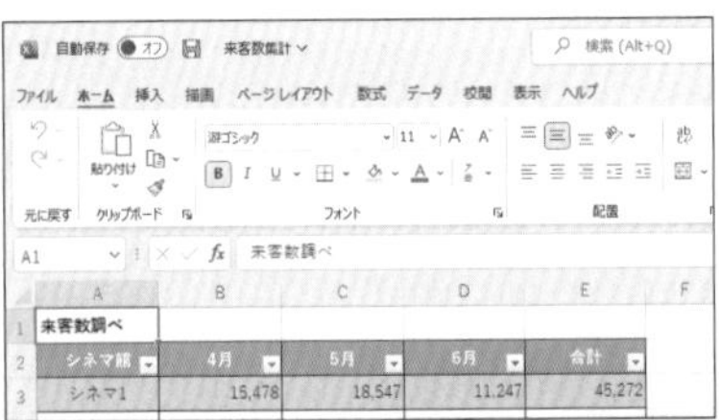

新しいブックが表示された

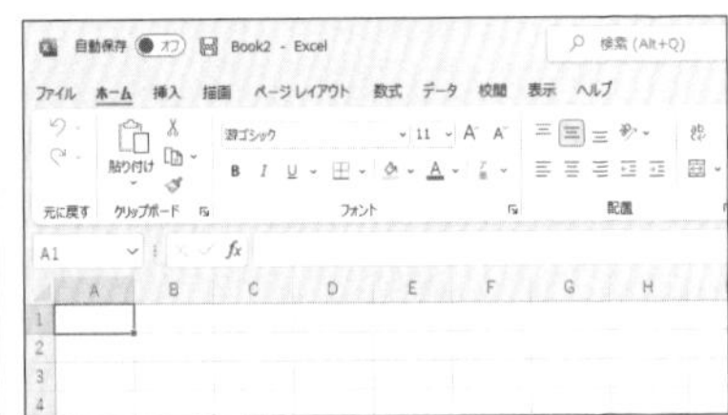

218 ブックを上書き保存するには

お役立ち度 ★★★

ショートカットキー
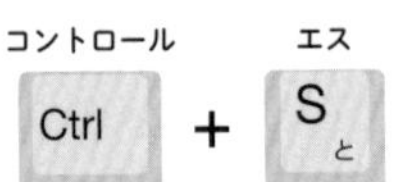

Ctrl+Sキーを押すと、ブックを素早く上書き保存できます。まだ保存したことのない新規ブックの場合は、[このファイルを保存] または [名前を付けて保存] 画面が開きます。

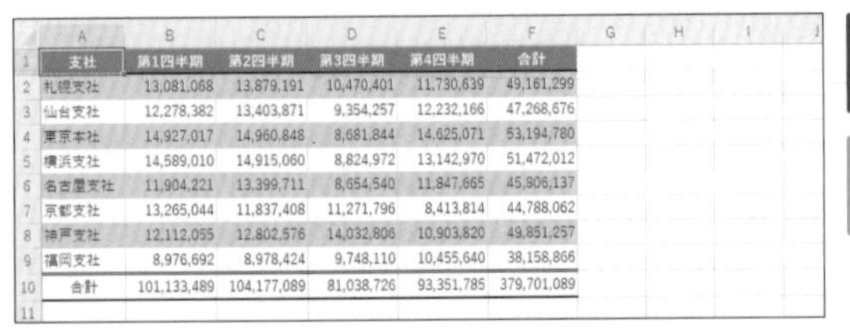

支社	第1四半期	第2四半期	第3四半期	第4四半期	合計
札幌支社	13,081,068	13,879,191	10,470,401	11,730,639	49,161,299
仙台支社	12,278,382	13,403,871	9,354,257	12,232,166	47,268,676
東京本社	14,927,017	14,960,848	8,681,844	14,625,071	53,194,780
横浜支社	14,589,010	14,915,060	8,824,972	13,142,970	51,472,012
名古屋支社	11,904,221	13,399,711	8,654,540	11,847,665	45,806,137
京都支社	13,265,044	11,837,408	11,271,796	8,413,814	44,788,062
神戸支社	12,112,055	12,802,576	14,032,806	10,903,820	49,851,257
福岡支社	8,976,692	8,978,424	9,748,110	10,455,640	38,158,866
合計	101,133,489	104,177,089	81,038,726	93,351,785	379,701,089

1 Ctrl+Sキーを押す

ブックが上書き保存された

219 操作を元に戻すには

お役立ち度 ★★★

ショートカットキー　Ctrl（コントロール）＋ Z（ゼット）

直前に実行した操作を取り消して元の状態に戻すにはCtrl＋Zキー、元に戻した操作を再度やり直すにはCtrl＋Yキーが使えます。

	A	B	C	D
1	来客者数調べ			
2	シネマ館	4月	5月	6月
3	シネマ1	15,478	18,547	11,247
4	シネマ2	8,874	12,458	6,257
5	シネマ3	12,478	15,447	9,824

元の状態に戻った

Ctrl＋Yキーを押すと、文字が入力された状態に戻る

	A	B	C	D
1				
2	シネマ館	4月	5月	6月
3	シネマ1	15,478	18,547	11,247
4	シネマ2	8,874	12,458	6,257
5	シネマ3	12,478	15,447	9,824

220 直前の操作を実行するには

お役立ち度 ★★★

ショートカットキー　F4（エフ4）

複数の個所に同じ操作を行いたいときは、「セルを選択してF4キーを押す」操作を繰り返すと、直前に行ったのと同じ操作を次々と実行できます。

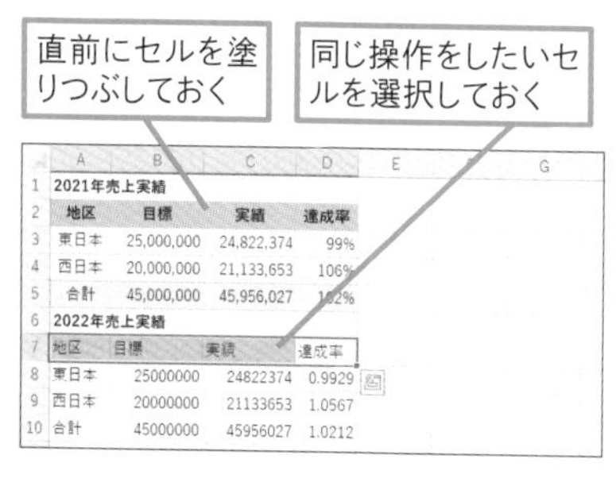

	A	B	C	D
1	2021年売上実績			
2	地区	目標	実績	達成率
3	東日本	25,000,000	24,822,374	99%
4	西日本	20,000,000	21,133,653	106%
5	合計	45,000,000	45,956,027	102%
6	2022年売上実績			
7	地区	目標	実績	達成率
8	東日本	25000000	24822374	0.9929
9	西日本	20000000	21133653	1.0567
10	合計	45000000	45956027	1.0212

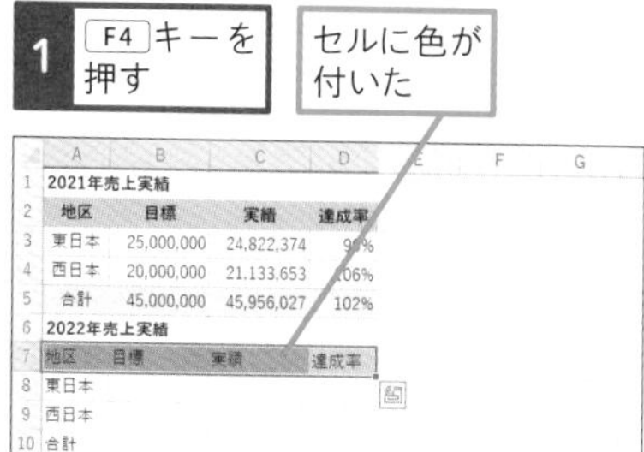

	A	B	C	D
1	2021年売上実績			
2	地区	目標	実績	達成率
3	東日本	25,000,000	24,822,374	99%
4	西日本	20,000,000	21,133,653	106%
5	合計	45,000,000	45,956,027	102%
6	2022年売上実績			
7	地区	目標	実績	達成率
8	東日本			
9	西日本			
10	合計			

221 素早くコピーや貼り付けするには

お役立ち度 ★★★

ショートカットキー

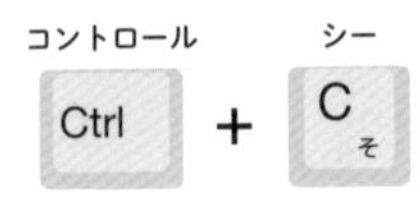

セルを選択してCtrl+Cキーを押すと、選択したセルを素早くコピーできます。切り取りを行いたい場合は、Ctrl+Xキーを押します。

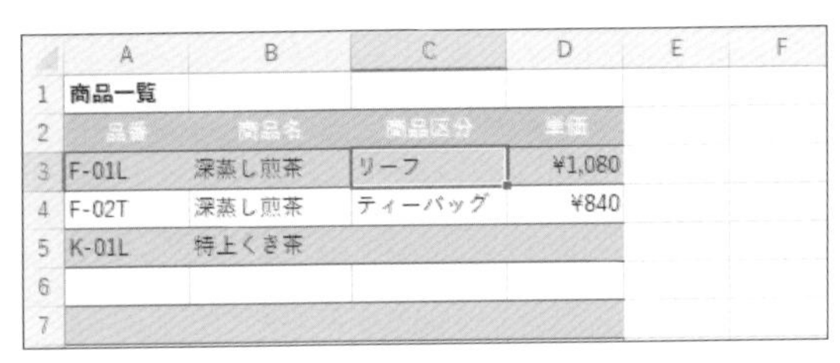

1 Ctrl+Cキーを押す

切り取りたい場合はCtrl+Xキーを押す

ショートカットキー

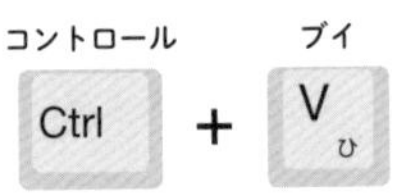

コピーや切り取りを行った後、セルを選択してCtrl+Vキーを押すと、貼り付けを行えます。貼り付け後にCtrlキーを押すと、値だけを貼り付けたり、元の列幅を維持したりと、貼り付け方法を変更できます。

コピーを実行しておく

1 Ctrl+Vキーを押す

セルが貼り付けられた

222 素早くセルを移動するには

お役立ち度 ★★★

ショートカットキー　Ctrl（コントロール）＋Home（ホーム）

Ctrl＋Homeキーを押すと、セルA1に移動します。遠くのセルからでも、自動でスクロールして一気にワークシートの先頭に移動できるので便利です。

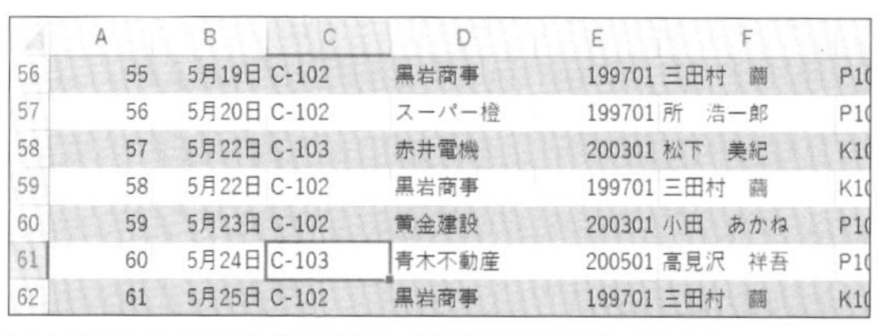

	A	B	C	D	E	F	
56	55	5月19日	C-102	黒岩商事	199701	三田村　繭	P1(
57	56	5月20日	C-102	スーパー橙	199701	所　浩一郎	P1(
58	57	5月22日	C-103	赤井電機	200301	松下　美紀	K1(
59	58	5月22日	C-102	黒岩商事	199701	三田村　繭	K1(
60	59	5月23日	C-102	黄金建設	200301	小田　あかね	P1(
61	60	5月24日	C-103	青木不動産	200501	高見沢　祥吾	P1(
62	61	5月25日	C-102	黒岩商事	199701	三田村　繭	K1(

1 Ctrl＋Homeキーを押す

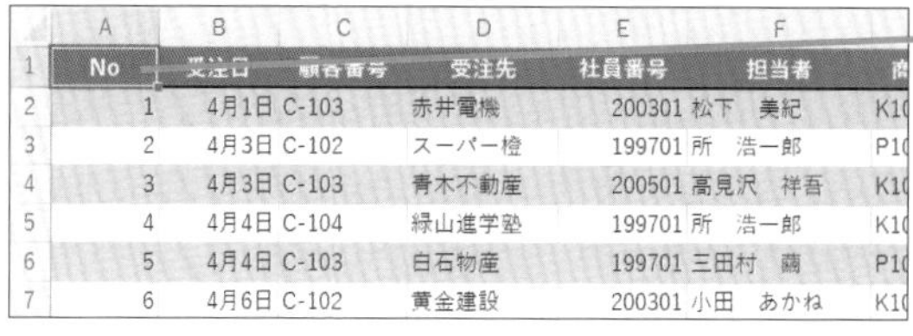

	A	B	C	D	E	F	
1	No	受注日	顧客番号	受注先	社員番号	担当者	商
2	1	4月1日	C-103	赤井電機	200301	松下　美紀	K1(
3	2	4月3日	C-102	スーパー橙	199701	所　浩一郎	P1(
4	3	4月3日	C-103	青木不動産	200501	高見沢　祥吾	K1(
5	4	4月4日	C-104	緑山進学塾	199701	所　浩一郎	K1(
6	5	4月4日	C-103	白石物産	199701	三田村　繭	P1(
7	6	4月6日	C-102	黄金建設	200301	小田　あかね	K1(

セルA1に移動した

Ctrl＋Endキーを押すと、データが入力された最後のセルに移動する

ショートカットキー　Ctrl（コントロール）＋↑（上）（↓（下）←（左）→（右））

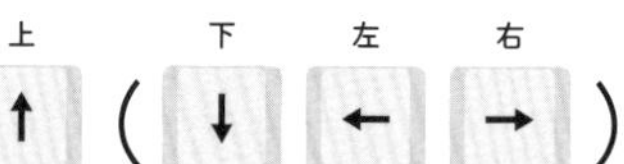

大きな表の中で上端や下端、左端、右端のセルに移動するには、断然ショートカットキーが便利です。Ctrlキーと一緒に目的の方向キーを押しましょう。

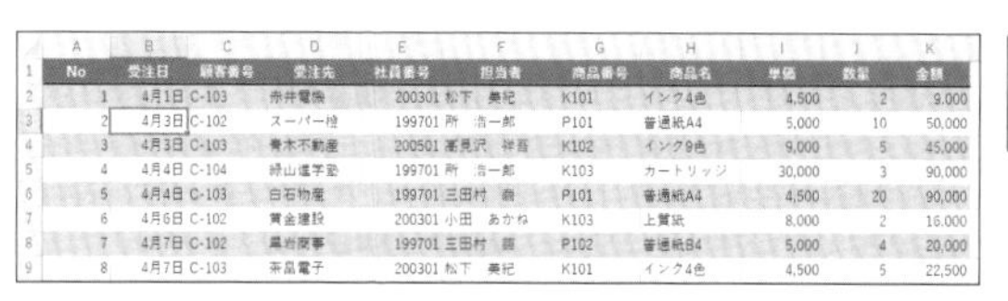

	A	B	C	D	E	F	G	H	I	J	K
1	No	受注日	顧客番号	受注先	社員番号	担当者	商品番号	商品名	単価	数量	金額
2	1	4月1日	C-103	赤井電機	200301	松下　美紀	K101	インク4色	4,500	2	9,000
3	2	4月3日	C-102	スーパー橙	199701	所　浩一郎	P101	普通紙A4	5,000	10	50,000
4	3	4月3日	C-103	青木不動産	200501	高見沢　祥吾	K102	インク9色	9,000	5	45,000
5	4	4月4日	C-104	緑山進学塾	199701	所　浩一郎	K103	カートリッジ	30,000	3	90,000
6	5	4月4日	C-103	白石物産	199701	三田村　繭	P101	普通紙A4	4,500	20	90,000
7	6	4月6日	C-102	黄金建設	200301	小田　あかね	K103	上質紙	8,000	2	16,000
8	7	4月7日	C-102	黒岩商事	199701	三田村　繭	P102	普通紙B4	5,000	4	20,000
9	8	4月7日	C-103	茶畠電子	200301	松下　美紀	K101	インク4色	4,500	5	22,500

1 Ctrl＋→キーを押す

	A	B	C	D	E	F	G	H	I	J	K
1	No	受注日	顧客番号	受注先	社員番号	担当者	商品番号	商品名	単価	数量	金額
2	1	4月1日	C-103	赤井電機	200301	松下　美紀	K101	インク4色	4,500	2	9,000
3	2	4月3日	C-102	スーパー橙	199701	所　浩一郎	P101	普通紙A4	5,000	10	50,000
4	3	4月3日	C-103	青木不動産	200501	高見沢　祥吾	K102	インク9色	9,000	5	45,000
5	4	4月4日	C-104	緑山進学塾	199701	所　浩一郎	K103	カートリッジ	30,000	3	90,000
6	5	4月4日	C-103	白石物産	199701	三田村　繭	P101	普通紙A4	4,500	20	90,000
7	6	4月6日	C-102	黄金建設	200301	小田　あかね	K103	上質紙	8,000	2	16,000
8	7	4月7日	C-102	黒岩商事	199701	三田村　繭	P102	普通紙B4	5,000	4	20,000
9	8	4月7日	C-103	茶畠電子	200301	松下　美紀	K101	インク4色	4,500	5	22,500

右端のセルへ移動した

223 表のセル範囲を一瞬で選択するには

お役立ち度 ★★★

ショートカットキー

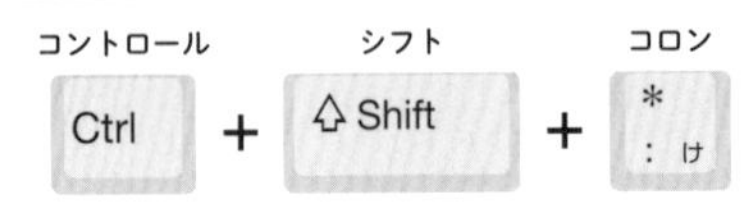

空白行と空白列で囲まれた表であれば、表内のセルを選択して Ctrl + Shift + : キーを押すことで、表全体を一気に選択できます。

1 Ctrl + Shift + : キーを押す

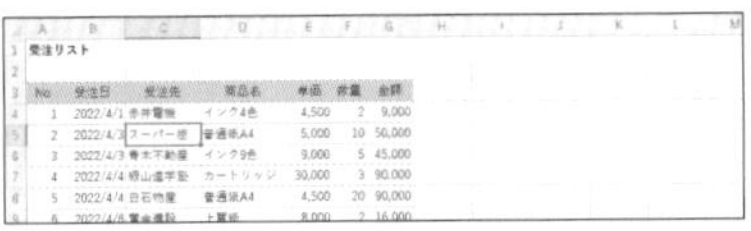

表のセル範囲が選択された

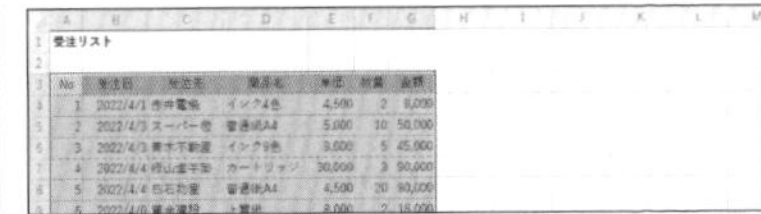

224 同じデータを複数のセルに一括で入力するには

お役立ち度 ★★★

ショートカットキー

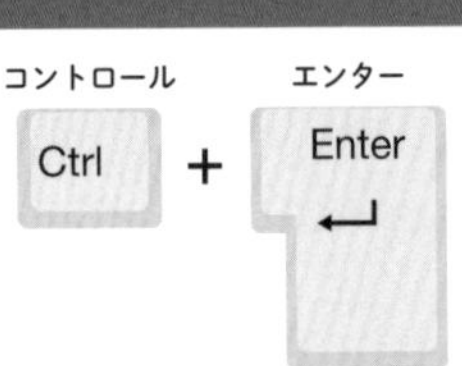

複数のセルを選択してからデータを入力し、Ctrl + Enter キーで確定すると、同じデータを一括入力できます。入力が1回で済むので効率的です。

同じデータを入力したい複数のセルを選択しておく

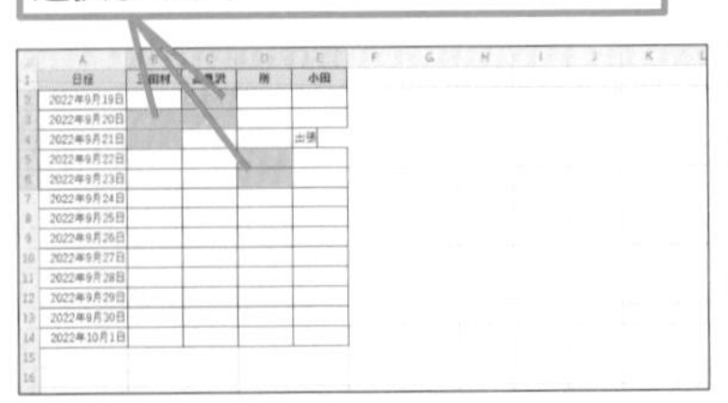

1 セルにデータを入力し、Ctrl + Enter キーを押す

選択しているセルに同じデータが入力された

225 セル内で改行するには

お役立ち度 ★★★

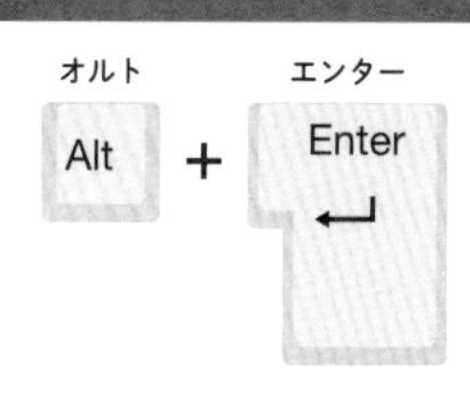

入力の途中で[Alt]+[Enter]キーを押すと、セル内で改行できます。入力済みのセルの場合は、[F2]キーを押して編集モードにしてからカーソルを合わせて改行しましょう。

1 改行する位置にカーソルを移動

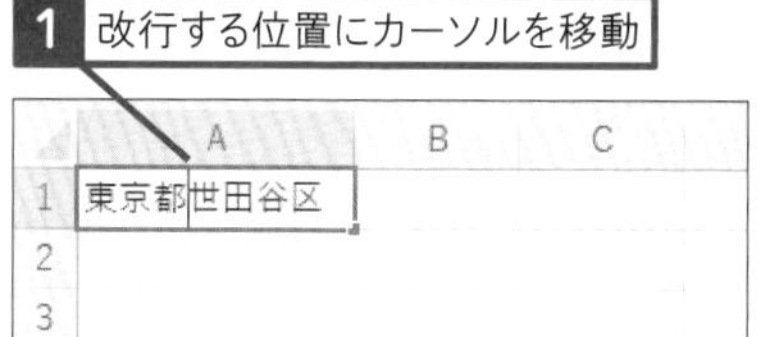

2 [Alt]+[Enter]キーを押す

セル内で改行された

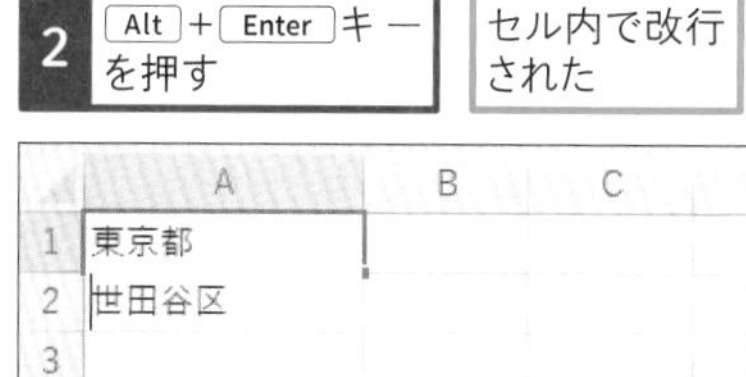

226 今日の日付を入力するには

お役立ち度 ★★

ショートカットキー　コントロール Ctrl ＋ セミコロン ;

[Ctrl]+[;]キーを押すと、セルに今日の日付を素早く入力できます。ちなみに、常に現在の日付を表示したい場合は、「=TODAY()」と入力しましょう。

1 [Ctrl]+[;]キーを押す

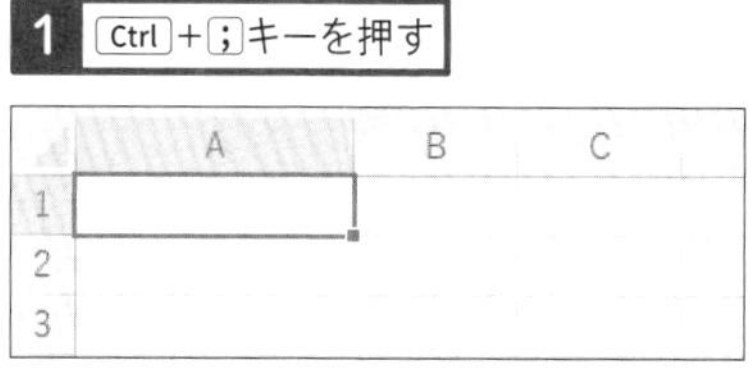

今日の日付が入力された

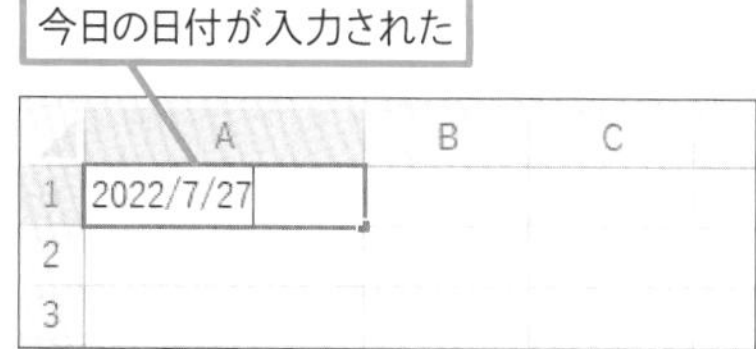

227 1つ上のセルと同じデータを入力するには

お役立ち度 ★★★

ショートカットキー　コントロール Ctrl ＋ ディー D

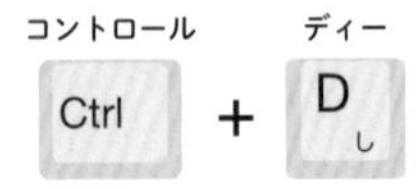

Ctrlキーを押しながらDキーを押すと、1つ上のセルの値や書式をコピーできます。数式も相対参照でコピーされて便利です。

1 Ctrl＋Dキーを押す

	A	B	C	D	E
1	No	受注日	受注先	商品名	単価
2	1	2022/4/1	赤井電機	インク4色	4,5
3	2	2022/4/3	スーパー橙	普通紙A4	5,0
4	3	2022/4/3	青木不動産	インク9色	9,0
5	4	2022/4/4	緑山進学塾		
6					
7					

1つ上のセルに入力されているデータがコピーされた

	A	B	C	D	E
1	No	受注日	受注先	商品名	単価
2	1	2022/4/1	赤井電機	インク4色	4,5
3	2	2022/4/3	スーパー橙	普通紙A4	5,0
4	3	2022/4/3	青木不動産	インク9色	9,0
5	4	2022/4/4	緑山進学塾	インク9色	
6					

228 SUM関数を挿入するには

お役立ち度 ★★★

ショートカットキー　オルト Alt ＋ シフト Shift ＋ イコール ＝

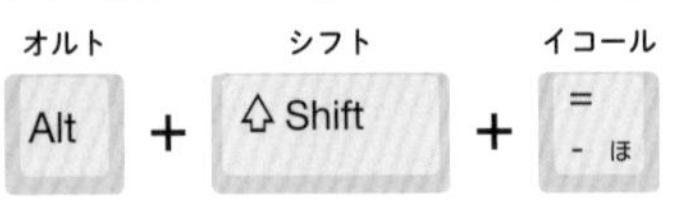

合計欄のセルを選択してAltキーとShiftキーを押しながら＝キーを押すと、即座にSUM関数が入力されます。

1 Alt＋Shift＋＝キーを押す

	A	B	C	D	E
1	受注明細				
2	品番	単価	個数	金額	
3	PP-203	500	5	2,500	
4	OY-527	1,000	3	3,000	
5	HB-137	1,200	2	2,400	
6			合計		
7					

SUM関数が入力された

	A	B	C	D	E
1	受注明細				
2	品番	単価	個数	金額	
3	PP-203	500	5	2,500	
4	OY-527	1,000	3	3,000	
5	HB-137	1,200	2	2,400	
6			合計	=SUM(D3:D5)	
7				SUM(数値1, [数値2], ...)	

付録 ショートカットキー一覧

さまざまな操作を特定の組み合わせで実行できるキーのことをショートカットキーと言います。ショートカットキーを利用すれば、ExcelやWindowsの操作を効率化できます。

● セルの移動とスクロール

1画面スクロール	Page Down（下）／Page Up（上）／Alt＋Page Down（右）／Alt＋Page Up（左）／
行頭へ移動	Home
最後のセルへ移動	Ctrl＋End
[ジャンプ] 画面の表示	Ctrl＋G／F5
選択範囲内でセルを移動	Enter（次）／Shift＋Enter（前）／Tab（右）／Shift＋Tab（左）
先頭のセルへ移動	Ctrl＋Home
次のブック、またはウィンドウへ移動	Ctrl＋F6／Ctrl＋Tab
データ範囲、またはワークシートの端のセルへ移動	Ctrl＋↑／Ctrl＋↓／Ctrl＋←／Ctrl＋→
前のブック、またはウィンドウへ移動	Ctrl＋Shift＋F6／Ctrl＋Shift＋Tab
ワークシートの挿入	Alt＋Shift＋F1
ワークシートを移動	Ctrl＋Page Down（右）／Ctrl＋Page Up（左）
ワークシートを分割している場合、ウィンドウ枠を移動	F6（次）／Shift＋F6（前）

●行や列の操作

行全体を選択	Shift＋space
行の非表示	Ctrl＋9（テンキー不可）
非表示の行を再表示	Ctrl＋Shift＋9（テンキー不可）
行や列をグループ化	Alt＋Shift＋→
行や列のグループ化を解除	Alt＋Shift＋←
列全体を選択	Ctrl＋space
列の非表示	Ctrl＋0（テンキー不可）

●データの入力と編集

入力モードのアクティブセルと同じ値を選択範囲に一括入力	Ctrl + Enter
入力モードのカーソルの左側にある文字を削除	Back space
[クイック分析] の表示	Ctrl + Q
[セルの挿入] 画面の表示	Ctrl + Shift + + (テンキー不可)
[検索] タブの表示	Shift + F5 ／ Ctrl + F
コメントの挿入／編集	Shift + F2
新規グラフシートの挿入	F11
新規グラフエリアの挿入	Alt + F1
新規ワークシートの挿入	Shift + F11 ／ Alt + Shift + F1
セル内で改行	Alt + Enter
セル内で行末までの文字を削除	Ctrl + Delete
選択範囲の数式と値をクリア	Delete
[削除] 画面の表示	Ctrl + −
選択範囲の方向へセルをコピー	Ctrl + D (下) ／ Ctrl + R (右)
選択範囲を切り取り	Ctrl + X
選択範囲をコピー	Ctrl + C
[置換] タブの表示	Ctrl + H
直前操作の繰り返し	F4 ／ Ctrl + Y
直前操作の取り消し	Alt + Back space ／ Ctrl + Z
[テーブルの作成] 画面の表示	Ctrl + L ／ Ctrl + T
入力の取り消し	Esc
[ハイパーリンクの挿入] 画面の表示	Ctrl + K
貼り付け	Ctrl + V
形式を選択して貼り付け	Ctrl + Alt + V
編集・入力モードの切り替え	F2

●セルの選択

選択の解除	Shift + Back space
選択範囲を1画面拡張	Shift + page down (下) ／ Shift + page up (上)
選択範囲を拡張	Shift + ↑ ／ Shift + ↓ ／ Shift + ← ／ Shift + →
拡張選択モードの切り替え	F8
入力の確定／入力を確定後、次のセルを選択	Enter
入力を確定後にセルを選択	Shift + Enter (前) ／ Tab (右) ／ Shift + Tab (左)
ワークシート全体を選択／データ範囲の選択	Ctrl + A ／ Ctrl + Shift + Space

●セルの書式設定

下線の設定／解除	Ctrl+U／Ctrl+4
罫線の削除	Ctrl+Shift+\
[時刻] スタイルを設定	Ctrl+@
斜体の設定／解除	Ctrl+I／Ctrl+3
[セルの書式設定] 画面の表示	Ctrl+1（テンキー不可）
[外枠] 罫線を設定	Ctrl+Shift+6
[通貨] スタイルを設定	Ctrl+Shift+4
取り消し線の設定／解除	Ctrl+5（テンキー不可）
[日付] スタイルを設定	Ctrl+Shift+3
標準書式を設定	Ctrl+Shift+^
[パーセント] スタイルを設定	Ctrl+Shift+5
太字の設定／解除	Ctrl+B／Ctrl+2

●数式の入力と編集

1つ上のセルの値をアクティブセルへコピー	Ctrl+Shift+2
1つ上のセルの数式をアクティブセルへコピー	Ctrl+Shift+7
SUM関数を挿入	Alt+Shift+−
[関数の挿入] 画面の表示	Shift+F3
[関数の引数] 画面の表示	（関数の入力後に）Ctrl+A
現在の時刻を挿入	Ctrl+:
現在の日付を挿入	Ctrl+;
数式を配列数式として入力	Ctrl+Shift+Enter
相対／絶対／複合参照の切り替え	（引数の選択時に）F4
開いているブックの再計算	F9

索引

さ

た

■著者
きたみ あきこ

東京都生まれ。神奈川県在住。テクニカルライター。コンピューター関係の雑誌や書籍の執筆を中心に活動中。近著に『できるイラストで学ぶ 入社1年目からの Excel』『できる イラストで学ぶ入社1年目からのExcel VBA』『できるExcel グラフ Office365/2019/2016/2013対応 魅せる&伝わる資料作成に役立つ本』（以上、インプレス）『極める。Excel デスクワークを革命的に効率化する［上級］教科書』（翔泳社）『自分でつくるAccess販売・顧客・帳票管理システム』（マイナビ出版）などがある。

●Office kitami ホームページ
http://www.office-kitami.com

STAFF

シリーズロゴデザイン	山岡デザイン事務所 <yamaoka@mail.yama.co.jp>
カバー・本文デザイン	伊藤忠インタラクティブ株式会社
カバーイラスト	こつじゆい
本文イメージイラスト	ケン・サイトー
本文イラスト	松原ふみこ・福地祐子
DTP 制作	町田有美・田中麻衣子
編集制作	トップスタジオ
デザイン制作室	今津幸弘 <imazu@impress.co.jp>
	鈴木　薫 <suzu-kao@impress.co.jp>
制作担当デスク	柏倉真理子 <kasiwa-m@impress.co.jp>
編集	小野孝行 <ono-t@impress.co.jp>
編集長	藤原泰之 <fujiwara@impress.co.jp>

■商品に関する問い合わせ先
このたびは弊社商品をご購入いただきありがとうございます。本書の内容などに関するお問い合わせは、下記のURLまたは二次元バーコードにある問い合わせフォームからお送りください。
https://book.impress.co.jp/info/
上記フォームがご利用いただけない場合のメールでの問い合わせ先
info@impress.co.jp
※お問い合わせの際は、書名、ISBN、お名前、お電話番号、メールアドレス に加えて、「該当するページ」と「具体的なご質問内容」「お使いの動作環境」を必ずご明記ください。なお、本書の範囲を超えるご質問にはお答えできないのでご了承ください。

- 電話やFAXでのご質問には対応しておりません。また、封書でのお問い合わせは回答までに日数をいただく場合があります。あらかじめご了承ください。
- インプレスブックスの本書情報ページ　https://book.impress.co.jp/books/1122101057 では、本書のサポート情報や正誤表・訂正情報などを提供しています。あわせてご確認ください。
- 本書の奥付に記載されている初版発行日から3年が経過した場合、もしくは本書で紹介している製品やサービスについて提供会社によるサポートが終了した場合はご質問にお答えできない場合があります。

■落丁・乱丁本などの問い合わせ先
FAX　03-6837-5023
service@impress.co.jp
※古書店で購入された商品はお取り替えできません。

できるポケット
Excel困った！&便利技 339
Office 2021/2019/2016 & Microsoft 365対応

2022年9月1日　初版発行
2024年3月1日　第1版第2刷発行

著　者　きたみあきこ&できるシリーズ編集部

発行人　小川 亨

編集人　高橋隆志

発行所　株式会社インプレス
〒101-0051　東京都千代田区神田神保町一丁目105番地
ホームページ　https://book.impress.co.jp/

印刷所　図書印刷株式会社
ISBN978-4-295-01513-0 C3055

Printed in Japan